JN087529

React.js & Next.js 超入門 第2版

Tuyano SYODA
掌田津耶乃 著

秀和システム

サンプルのダウンロードについて

サンプルファイルは秀和システムのWebページからダウンロードできます。

●サンプル・ダウンロードページURL

https://www.shuwasystem.co.jp/support/7980html/6398.html

ページにアクセスしたら、下記のダウンロードボタンをクリックしてください。ダウンロードが始まります。

ダウンロード

●注　意

1. 本書は著者が独自に調査した結果を出版したものです。
2. 本書は内容において万全を期して制作しましたが、万一不備な点や誤り、記載漏れなどお気づきの点がございましたら、出版元まで書面にてご連絡ください。
3. 本書の内容の運用による結果の影響につきましては、上記2項にかかわらず責任を負いかねます。あらかじめご了承ください。
4. 本書の全部または一部について、出版元から文書による許諾を得ずに複製することは禁じられています。

はじめに

ようこそ、リアクティブ・プログラミングの世界へ！

Webサイトを JavaScriptで操作する——本格的なWeb開発をしようと思ったら、これは必ず必要になる技術です。最先端をゆくWebサイトを見ると、まるで普通のアプリケーションのように自在に画面が変化します。こうした最先端のWebサイトでは、実をいえば高度な表現を可能にする秘密兵器を使っています。それが「フレームワーク」です。

「React」は、最近使われるようになってきているJavaScriptフレームワークの中でも、もっとも注目されているものの一つです。これは「リアクティブ」と呼ばれる機能を実現するプログラムで、データの更新に応じて自動的に画面表示が更新されるような仕組みを提供してくれます。このReactの基本部分を覚え、とにかく自分で使えるようになろう、というのが本書の目標です。

本書は、2019年に出版された「React.js&Next.js超入門」の改訂版です。Reactは、2020年秋にver.17という新しいバージョンがリリースされました。本書はこの新バージョンをベースにしています。

本書では、Reactの中心機能である「コンポーネント」についてしっかりと学び、コンポーネントを更に強力にするための「ステート」と「フック」について説明をします。また、Reactをパワーアップしてくれる「Next.js」というパッケージや、データベースやユーザー認証などの機能を提供してくれる「Firebase」というサービスの利用についても説明をします。

ずいぶんいろんなことについて説明をしていますが、これでもおそらくReact全体の半分にも満たない機能しか取り上げてはいないのです。この本だけでReactを完全マスターすることは多分無理でしょう。けれど、少なくとも「Reactを使ったWebアプリ」の基本的なものぐらいは自分で作れるようになるはずです。

Reactのような「フロントエンドフレームワーク」と呼ばれるJavaScriptのプログラムは、これからのWeb開発に必須の技術となることでしょう。今、Reactが使えれば、それはあなたの大きなアドバンテージとなってくれるはずです。

ぜひ、この本で「新しいWeb開発の世界」を体験してください。なぜ、Reactなのか。Reactは何を実現してくれるのか。それをきっと感じ取れるはずですよ。

2021.2 掌田津耶乃

Contents

目次

Chapter 1 Reactを準備しよう！ 11

1-1 Reactを動かそう！ 12

フロントエンドとバックエンド 12
複雑な画面表示を支える技術 13
JavaScriptの開発って？ 15
React ってなに？ 15
必要なのはNode.jsと「npm」 18
開発ツールは必要か？ 18
HTMLファイル1つでReactアプリ！ 20
Reactの最新版はver. 17 21
Reactでメッセージを表示しよう 22
表示を更新しよう 25

1-2 プロジェクト開発をしよう 27

Node.jsを用意しよう 27
Windows版のインストール 29
macOS版のインストール 33
Create React Appを使おう 37
プロジェクト操作のコマンドについて 38
プロジェクトを実行してみる 40
プロジェクトの中身をチェック！ 41
プロジェクトをビルドしよう 42
React Developer Toolsを使おう 44
スタンドアロン版について 48
スタンドアロン版を動かす 49

1-3 Visual Studio Codeを用意しよう 51

開発ツールの準備について 51
Visual Studio Codeの日本語化 55
Visual Studio Codeを使おう 56
入力支援機能について 59
ターミナルについて 60
この章のまとめ 61

Chapter 2

JSXをマスターしよう！ 63

2-1 Reactの基本を復習しよう 64
HTMLファイルの内容をチェック！ 64
DOMの仕組みを理解しよう 66
表示作成の基本スクリプト 68
スクリプトを分離しよう 70
複雑な表示を作るには？ 71

2-2 Bootstrapでデザインしよう 74
ページのデザインはどうする？ 74
CDNでBootstrapを使う 74
ReactエレメントでBootstrapを使う 77
Bootstrapのテキスト表示クラス 79
フォームの表示 82
その他の重要なコンテンツについて 85

2-3 JSXを使おう！ 89
JSXを準備しよう 89
JSXを書いてみよう！ 90
JSXに値を埋め込む 92
属性の値を設定する 94
スタイルの設定 96
関数でJSXを作る 98

2-4 JSXの構文的な使い方 102
条件で表示する 102
真偽値による表示の切り替え 104
配列によるリストの表示 107
mapを使った表示の繰り返し 108
アロー関数を活用しよう 112

2-5 表示の更新とイベント 115
表示を更新する 115
更新が動かない！ 117
クリックして更新する 118
フォームの値を利用する 120
この章のまとめ 123

Chapter 3 コンポーネントをマスターしよう！ 125

3-1 コンポーネントを作ろう 126
コンポーネントってなに？........ 126
シンプルな「関数」コンポーネント........ 127
コンポーネントを表示しよう 127
「属性」を利用しよう 130
計算するコンポーネント........ 133
関数からクラスへ！ 135
コンポーネントのクラス........ 136
簡単なコンポーネントを作ってみよう 137
属性を利用する........ 139

3-2 プロジェクトでコンポーネント開発！ 143
プロジェクト、再び！ 143
プロジェクトの表示用ファイルについて........ 143
index.htmlについて 144
index.jsについて 146
Appコンポーネントについて........ 148
Appコンポーネントを書き換えよう 150
属性を利用する........ 152
コンポーネントを別ファイルにする 154

3-3 ステートを使いこなそう 158
ステートを利用しよう 158
ステートを用意する 159
ステートの更新........ 161
イベントをバインドしよう........ 164
ステートで表示を切り替える 167
プロパティとステートの連携 170
リスト表示コンポーネント........ 173

3-4 コンポーネントの様々な機能 178
子エレメントを活用するには？ 178
フォームの利用........ 181
値のチェックを行うには？........ 184
コンポーネントのイベント作成........ 186
onCheckイベントを持ったコンポーネント........ 187
コンテキストについて 191
コンテキストを使おう 192
Providerでコンテキストを変更する........ 194
コンテキストでテーマを作る 196
この章のまとめ........ 199

Chapter 4 フックで状態管理しよう！ 201

4-1 フックを使ってみよう 202
クラスから関数へ！ 202
フック(Hooks)とは？ 203
ステートフックについて 204
フックでステートを表示する 206
ステートで数字をカウントする 207
ステートは複数作れる！ 209
あらゆる値は「ステート」で保管する 212

4-2 関数コンポーネントを使いこなす 214
コンポーネントにコンポーネントを組み込む 214
属性で値を渡す 216
双方向に値をやり取りする 221
フォームを利用する 226

4-3 副作用フックの利用 232
更新時に処理を実行する 232
複数の副作用フック 235
副作用のスキップ 238

4-4 独自フックを作ろう 243
関数コンポーネントの汎用性 243
独自フックの基本 244
数字をカウントするフックを作る 245
より複雑な操作を行うフック 248
アルゴリズムをフックに抽出する 252
useCalcで各種の計算を行う 253

4-5 ステートフックの永続化 258
ステートはリロードで消える！ 258
ローカルストレージに保管するフックを作る 259
usePersistフックでデータを保存する 261

4-6 簡易メモを作る！ 265
フックを使ってメモアプリを作る 265
App.jsを作成する 268
MemoPageコンポーネントを作る 269
Memoコンポーネントを作る 270
Itemコンポーネントを作る 273
AddFormコンポーネントを作る 274

DelFormコンポーネントを作る 276
FindFormコンポーネントを作る 279
この章のまとめ 281

Chapter 5 Next.jsでReactをパワーアップ！ 283

5-1 Next.jsを使おう 284
Reactの限界 284
Next.js ってなに？ 284
Next.jsプロジェクトを作ろう 287
プロジェクトの構成をチェック！ 290
Next.jsは「pages」でページを用意する 291
ページを作ろう！ 291
index.jsを作成しよう 292
スタイルを適用する 294
styled-jsxを使おう！ 295
CSSファイルは「styles」フォルダで！ 298
<head>をコンポーネント化しよう 298

5-2 複数ファイルを活用しよう 301
複数のページを作ろう 301
レイアウトを考えよう 304
レイアウト用コンポーネントの作成 305
ページでレイアウトを利用する 307
静的ファイルの利用 309
Imageコンポーネントを利用する 311

5-3 外部データを利用しよう 313
サーバーからデータを取得する 313
JSONデータを用意しよう 315
fetch APIでJSONデータにアクセスする 316
SWRを利用する 319
useSWRでステートを用意する 320
テキストデータはエラーになる？ 322
Web APIについて 324
hello APIをチェックする 325
データ用コンポーネントを用意する 326
hello APIにidパラメータを追加する 327
hello APIをページから利用する 328
[id].jsでIdパラメータを処理する 330
複数パラメータの取得 331
[...params].jsを利用する 333

5-4 プログラマブル電卓を作ろう 337
計算履歴を記録する電卓アプリ 337
作成するスクリプトについて 339
Funcモジュールを作る 340
func APIを作成する 342
Calcコンポーネントを作る 342
Calcコンポーネントの内容をチェック！ 345
この章のまとめ 349

Chapter 6 FirebaseでReactをパワーアップ！ 351

6-1 Firebaseでデータベース！ 352
Firebaseって何？ 352
Firebaseってどういうもの？ 353
Firebaseプロジェクトを作る 354
「プロジェクトの概要」をチェック！ 357
「Web」アプリを追加する 358
Firebase SDKのコードはどこに？ 359
Firebase SDKのコードについて 362

6-2 Firestoreデータベースを使おう 363
Cloud FirestoreとRealtime Database 363
データベースを作ろう 364
Firestore画面について 366
Firestoreのデータ構造 366
データを作成しよう 367
セキュリティルールの修正 371

6-3 JavaScriptからFirestoreを利用する 374
ReactでFirebaseを使おう！ 374
Fireコンポーネントを用意しよう 375
Firestoreアクセスの手順 376
fire/index.jsを作成する 377
Firestoreアクセスの流れ 380
なぜ、useEffectを使うのか？ 383
ドキュメントの作成 384
ドキュメントの新規作成処理について 386
ページのリダイレクト 388
ドキュメントの削除 389
ドキュメントの検索 392
検索ページを作る 393

6-4 Authでユーザー認証しよう 398
ユーザー認証ってなに？ 398
ユーザー認証の設定 399
Authenticationによる認証の基本処理 401
Googleによるログインを利用する 404
Firestoreをログイン必須にする 407
ログインしたらFirestoreを表示する 408

6-5 メッセージが送れるアドレスブック 413
メッセージ機能付きアドレス帳 413
アプリの設計をしよう 416
index.jsを作成する 417
add.jsを作成する 421
info.jsを作成する 424
これから先はどうするの？ 429

Addendum JavaScript超入門！ 433

A-1 JavaScriptの基本を超簡単おさらい！ 434
この章の目的は？ 434
この章で説明すること 434
値と変数について 435
文の終わりについて 437
制御構文について 438
配列について 440
「関数」について 441
アロー関数について 444
オブジェクトについて 446
オブジェクトを使う 447
メソッドについて 448
クラスを使おう！ 450
Reactのために必要な知識とは？ 452

索引 454

Chapter

1

Reactを準備しよう！

ようこそ、Reactの世界へ！ まずはReactがどういうものか理解し、実際にReactを使ったプログラムを作成し動かしてみましょう。また開発に必要となるツールとしてVisual Studio Codeの準備も行いましょう。

Section 1-1 Reactを動かそう！

フロントエンドとバックエンド

「Webアプリケーションの開発」というと、皆さんはどういうイメージを持っていますか？普通のWebサイトを作るのとは少し違う感じはするでしょう。多少知識のある人なら、「サーバーで動くプログラムをプログラミング言語で作ってるんじゃないか」といったイメージを持っているかもしれません。

普通のWebサイトは、ただHTMLファイルなどをサーバーに置くだけです。が、本格的なWebアプリケーションでは、サーバー側にプログラムを設置し、そこで複雑な処理をしたり、データベースにアクセスしてデータをやり取りしたりします。そして画面に表示される内容を作成し、それをアクセスした側(クライアントといいます)に送り返します。

つまり、「本格的なWebアプリの開発＝サーバー側のプログラム開発」となるわけですね。こうしたサーバー側の開発は「バックエンド」と呼ばれます。しばらく前までは「バックエンドのプログラム作成こそがWebアプリケーション開発の中心部分だ」というイメージが定着していました。

……が、それで本当に高度なWebアプリが作れるんでしょうか。バックエンドの開発だけで？ 本当に？

重要なのは「フロントエンド」！

例えば、最先端の技術を用いたWebアプリケーションといって思い出すのはどんなものでしょうか。例えば、GoogleマップやGmailなどのアプリを思い浮かべてみて下さい。これらは、もちろんサーバー側でとても複雑な処理をしているでしょう。それは確かです。が、「サーバー側の処理」さえできれば、こうしたものは作れるでしょうか。

いいえ！ それだけでは絶対に作れません。これらのアプリがWebブラウザに表示される内容をよく思い浮かべて下さい。想像以上に複雑な機能が組み合わせられていることがわかるはずです。それらはリアルタイムに動き、更新され変化していきます。これは一体どうなっているんでしょうか。これらの画面をHTMLとJavaScriptのスクリプトを書くだけであなたに作れますか？

断言してもいいでしょう。まず間違いなく、こんなもの普通は作れません。高度なWebアプリの「すごい！」という部分を支えているのは、実は「高度なフロントエンドのプログラム」なのです。

こうしたサイトでは、フロントエンドにあるプログラムでインタラクティブな操作を行ったり、サーバー側のプログラムと連携してデータを受け取ったりしながら、表示をリアルタイムに更新して動いているのです。それには、非常に高度なスクリプトの作成が必要になるんです。

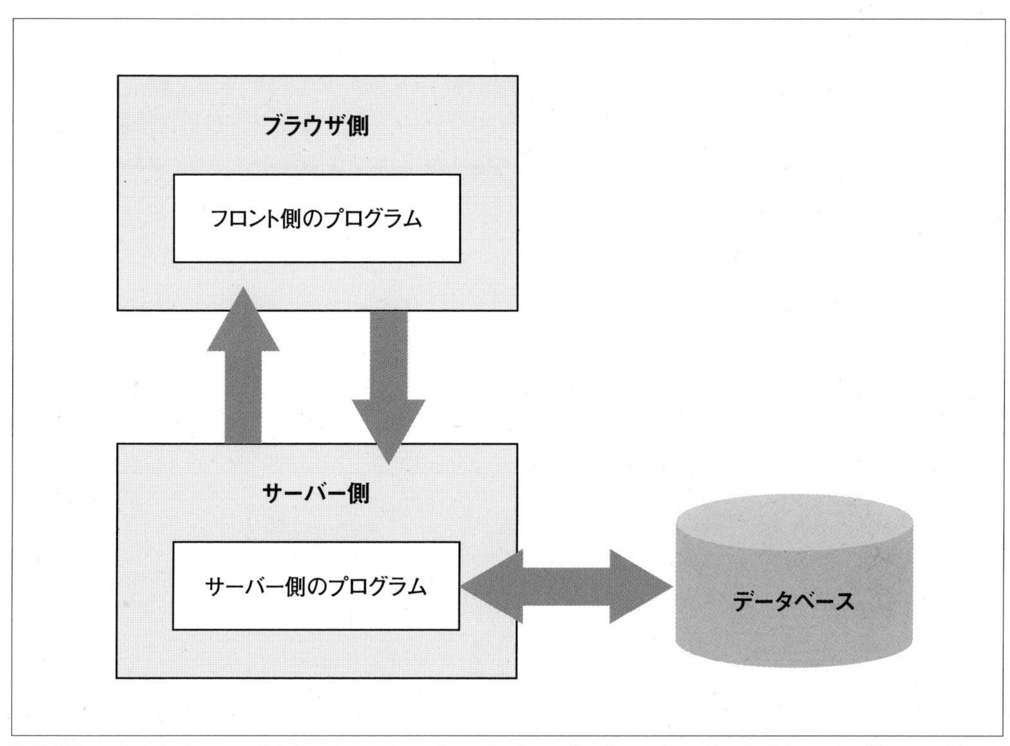

図1-1　高度なWebアプリケーションは、サーバー側のプログラムと、ブラウザ側のプログラムの間でやり取りしながら動いている。

Chapter 1
Chapter 2
Chapter 3
Chapter 4
Chapter 5
Chapter 6
Addendum

複雑な画面表示を支える技術

では、こんな複雑な画面を作り出している人たちは、どうやって開発をしているのでしょうか。まぁ、GoogleやFacebookなどのプログラマが、私たちとは比較にならないくらい優秀な人たちなのは確かでしょう。けれど、こうした高度なWebサイトを作れるのは「彼らが優秀だから」だけではありません。そのための秘密兵器を使っているからです。

それは、フロントエンド開発のための「フレームワーク」です。

フロントエンド・フレームワークって？

多くの人は勘違いしています。Webサイトの画面なんていうのは、「HTMLとJavaScriptの組み合わせなんだし、誰でもちょっと時間をかければ作れるものだ」と。

確かに、ただテキストや絵が並んでるだけの単純なものならそうでしょう。けれど、高度な表現を実現しているWebの画面は、そんな単純なものではありません。高度な表現を可能にするためのソフトウェアを駆使して開発しているのです。そのベースとなっているのがフレームワークです。

フレームワークというのは、さまざまな機能と「仕組み」を提供するソフトウェアです。ただ機能を提供するだけでなく、アプリ全体のシステムまでを提供してくれるものなのです。プログラマは、ただフレームワークが用意するシステムに従って、必要な処理だけを作成し組み込んでいけば、高度な機能を持ったアプリが実現できるのです。

以前は、フレームワークといえば、サーバーサイドの開発で用いられるものでした。が、画面の処理が複雑になるにつれ、フロントエンドでもこうした技術が用いられるようになってきたのです。

フレームワークは「仕組み」そのものを提供してくれます。これが、高度な開発を実現する秘密です。本来ならば膨大なプログラムを書かなければ実現できないような仕組みが、フレームワークを組み込むだけで実現できてしまうのです。

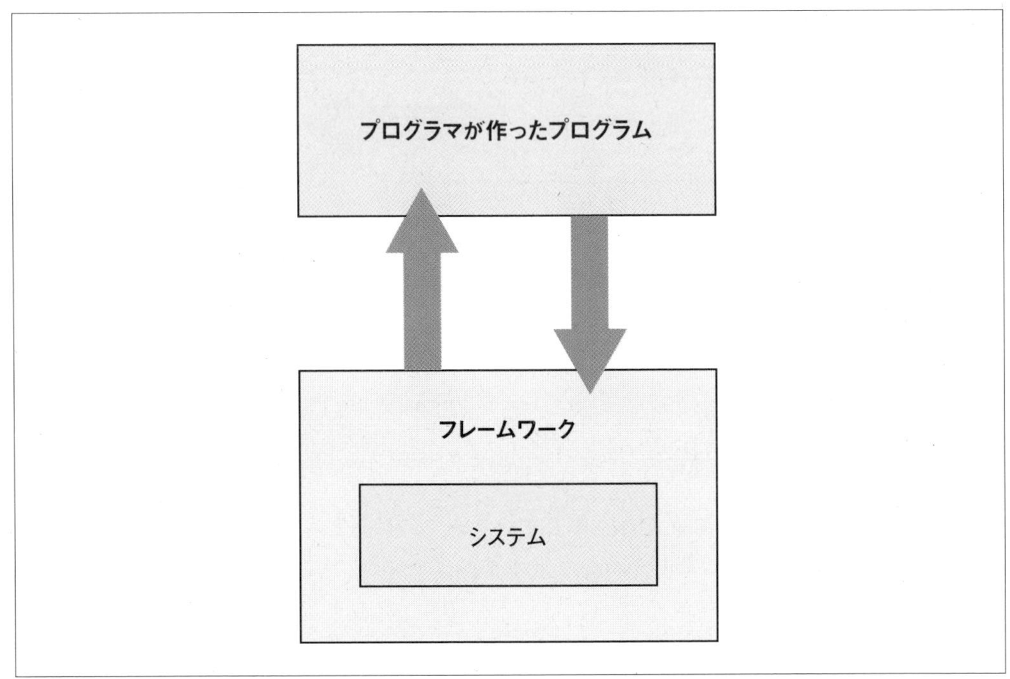

図1-2　フレームワークは、システムそのものを持っている。プログラマが作ったプログラムと必要に応じてやり取りしながら動いている。

JavaScriptの開発って？

ざっと説明したところで、「フレームワークっていうので高度な機能を実現できるってのはわかった……でも所詮、JavaScriptなんだし」なんて思った人、いませんか。

JavaScriptは、Webブラウザに組み込まれている簡易言語。Webページをちょっと操作したりするのに使うもの。そう思っている人も多いはず。そんな貧弱な言語で、高度なプログラムなんてできるのかな？ なんて疑問に思っていませんか。

そう思っている人は、JavaScriptを見くびっています。JavaScriptは、プログラミング言語としても非常に強力な機能を持った本格言語なんですよ。

実はサーバー側の開発もできる！

ここ数年で、Webの開発にJavaScriptが注目されるようになったのは、ただ「フロントエンドで複雑なことをさせるようになった」というだけではありません。実は、サーバー側の開発もJavaScriptを利用するようになってきているからです。「えっ、WebブラウザのJavaScriptでサーバーの開発？」と不思議に思うかもしれません。

JavaScriptは、別に「Webブラウザの中」だけでしか使えないわけではないんですよ。世の中には、スクリプトをパソコンの中で直接実行できるJavaScriptもあるのです。現在、広く使われるようになっているのは「Node.js」というJavaScript実行環境です。これを使うことで、サーバープログラムそのものをJavaScriptで開発するようにもなっています。

そうすると、「フロントエンドのプログラム」も俄然、意味合いが変わってきます。サーバー側(バックエンド)とフロントエンドの両方を同じプログラミング言語で開発できるようになると、それまで想像もしなかったような使い方ができるようになってくるのです。「バックエンドからフロントエンドまですべてJavaScriptで統合的に開発したらどんなことができるか」を、今まさにさまざまなところで試しているといっていいでしょう。

Reactってなに？

そんな中、数あるフロントエンドのフレームワークの中でも、もっとも注目されているものの一つが「React（リアクト）」というソフトウェアなのです。

Reactは、Facebookによって開発されたオープンソースのフロントエンドフレームワークです。このReactを使うことで、フロントエンドの開発がぐんと楽になります。

では、このReactはどのような特徴を持ったソフトウェアなのでしょうか。簡単に整理しましょう。

リアクティブ・プログラミング！

Reactの特徴としてまず挙げられるのが「リアクティブ・プログラミング」でしょう。リアクティブというのは、何かの値が変化するとそれがすぐに反映される仕組みのことです。

Reactは、「値がどのように伝わっていくか」を重視しています。そして、もとの値が変更されると、その値が利用されているところがすべて更新されていきます。

今までは、表示を更新するときは、プログラマが必要に応じて値をチェックし、表示内容を変更する操作を行っていました。が、Reactは違います。あらかじめ用意した値を画面に表示するように設定しておけば、元の値を変更するだけで表示も自動的に更新されるのです。

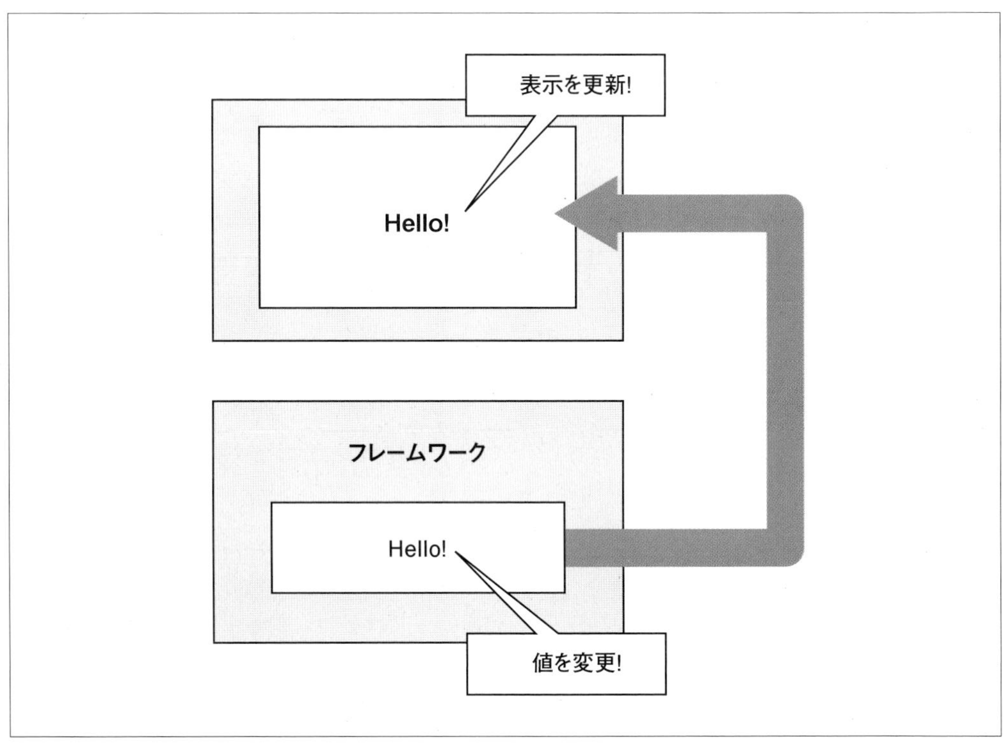

図1-3 リアクティブは、値の伝搬を中心にした考え方。元になる値を操作すると、それを利用する表示も自動的に更新される。

仮想DOM

JavaScriptでHTMLの表示を操作するときには、「DOM」と呼ばれるものを使います。これは「Data Object Model」の略で、画面に表示しているさまざまな要素をJavaScriptのオブジェクトとして扱えるようにしたものです。

このDOMは簡単にJavaScriptから画面の表示を操作できて便利なのですが、とても遅いのです。ですから、たくさんの要素を高速に変更したりすると、表示に負荷がかなりかかってしまいます。

Reactでは「仮想DOM」といって、プログラム的に仮のDOMを構築し、それを操作することで、本来のDOMに反映されるような仕組みを用意しました。この仮想DOMは、通常のDOMに比べてかなり高速です。

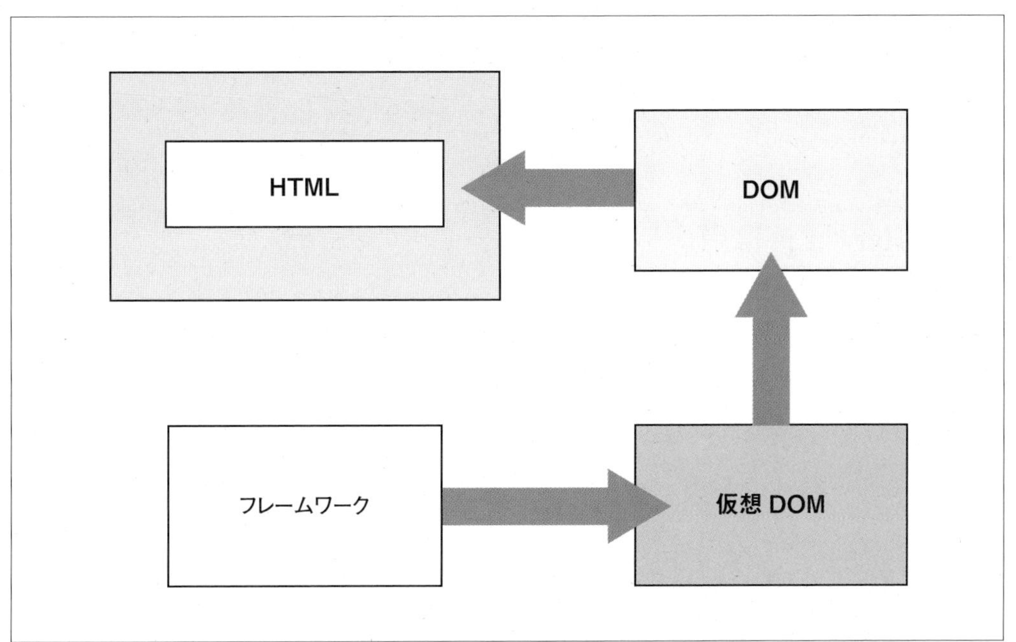

図1-4　Reactでは、フレームワークから仮想DOMを作成し、それをもとにHTMLのDOMに内容を反映して表示が生成される。

豊富な拡張機能

Reactでは、コンポーネントと呼ばれる形でプログラムを作成していきます。このコンポーネントは、たくさんのものが流通しています。特にUI関係(画面に表示される部品)のコンポーネントなどは多数あり、それらを組み込んで使うことができます。

その他にもさまざまな形でReactを拡張するプログラムが存在します。こうしたものを組み合わせていくことで、Reactは本来以上の力を発揮することができます。

必要なのはNode.jsと「npm」

では､Reactを利用するには､どのようなものが必要になるのでしょうか。実をいえば､「何もいりません」。

Reactを利用した開発の必要最小限の形、それは「HTMLファイル1つだけ」です。他には何もいりません。Reactのインストール？ 不要です。開発に必要なツール？ ありません。ただHTMLファイルを1つ作り、適当なテキストエディタで編集するだけで作れるのです。

もちろん、Reactのさまざまな機能を駆使して本格的に開発をしようと思ったら、もっといろいろと環境を整えていく必要があります。「Reactをちょっと試してみるだけ」なら何も必要ないんですよ。

npm/Node.jsは用意しよう

本格的な開発を行うようになれば、「テキストエディタを使い、全部手作業でファイルを作っていく」というやり方は非常に非効率的です。こうした場合は、必要なものが一式揃っている「プロジェクト」というものを作成し、これをベースに開発をしていくのが一般的でしょう。また、こうすることで、必要なソフトウェアのインストールやアップデートなども行いやすくなります。

こうした開発を行うには、「npm」というプログラムを利用します。npmは、JavaScriptのパッケージ管理ツールで、JavaScriptのさまざまなソフトウェアを簡単なコマンドでインストールしたりアップデートしたりできます。

このnpmは､「Node.js」というプログラムに組み込まれています｡Node.jsは､先ほどチラッと触れましたが､JavaScriptの実行環境です｡特にサーバーサイドまで含めたアプリケーションをJavaScriptで開発するのに用いられます。

このNode.jsに内蔵されているnpmは、JavaScriptのライブラリ類の標準的なパッケージ管理ツールとなりつつあり、JavaScriptのプログラムは何をするにも「npmでインストール」が基本となっています。

というわけで、「JavaScriptでプログラミングするなら、とりあえずNode.jsを入れておく！」と考えてください。

開発ツールは必要か？

多くの開発では、専用の開発ツールを使ってプログラミングをするのが一般的です。Reactでプログラミングをする場合、こうした開発ツールは必要なのでしょうか？

もし､先に行ったように「1つのHTMLファイルを用意して使うだけ」というなら､特にツー

ルは必要ないでしょう。HTMLファイルはただのテキストファイルですから、テキストを編集するエディタ(Windowsのメモ帳やmacOSのテキストエディット)で十分です。

が、npmを使い、プロジェクトと呼ばれる形で開発を行うようになると、メモ帳でプログラミングしていくのはかなり困難になります。理由は、「編集するファイルの多さ」と「入力支援機能の豊富さ」です。

ファイルの多さ

プロジェクトとして開発を行う場合、多数のファイルやライブラリ類を使ってアプリケーションを作成していくことになります。単純に、Webページを構成するHTMLファイルやイメージファイルなどだけでなく、様々なライブラリや、プロジェクトの設定やビルドなどに関するファイルが多数作られます。

こうした多くのファイルを管理し、同時に複数のファイルを編集しながら開発を進めていくためには、単純なテキストファイルでは難しいでしょう。多数のファイルを管理できる専門のツールが必要です。

支援機能の豊富さ

特にフレームワークを利用するようになると、フレームワーク由来のオブジェクトが多数登場します。こうしたオブジェクトに用意されているメソッドやプロパティなどを使ってプログラムを作っていくことになります。

ある程度、フレームワークに習熟すれば別ですが、慣れないうちはどのオブジェクトにどんなメソッドがあるか、覚えるだけで大変です。多くの開発ツールでは、使用するライブラリやフレームワークに用意されているオブジェクトやクラスを調べ、利用可能なメソッドなどを入力時にポップアップ表示するなどして入力を支援してくれます。こうした支援機能があるのとないのとでは、開発効率は格段に違ってくるのです。

無料の開発支援ツールを狙え！

といっても、本格的な統合開発環境のようなものは、Webアプリケーションの開発には必要ありません。また、高価なツールを購入する必要もないでしょう。今は、無料で使えるツールがいくつもリリースされています。そうしたものの中から、Webアプリケーション開発に向いたものを選んでインストールすればいいでしょう。

一般に広く利用されているものとしては、Microsoftの「Visual Studio Code」や、Adobeの「Brackets」、Githubの「Atom」といったものが挙げられます。こうしたものの中から使いやすいものを利用すれば良いでしょう。

(開発ツールについては、後ほど改めて説明をします。今すぐソフトを探してダウンロードする必要はありませんよ)

HTMLファイル1つでReactアプリ！

では、とにかくReactというフレームワークがどんなものか体験してみることにしましょう。Reactは、HTMLファイルを1つ作成するだけで使うことができます。

テキストエディタ(メモ帳やテキストエディットなどでかまいません)などを起動し、以下のHTMLのソースコードを記述して下さい。

リスト1-1

```
<!DOCTYPE html>
<html>
<head>
    <meta charset="UTF-8" />
    <title>React</title>
    <script src="https://unpkg.com/react@17/umd/react.development.js">
        </script>
    <script src="https://unpkg.com/react-dom@17/umd/ ↲
        react-dom.development.js"></script>
</head>
<body>
    <h1>React</h1>
    <div id="root">wait...</div>
</body>
</html>
```

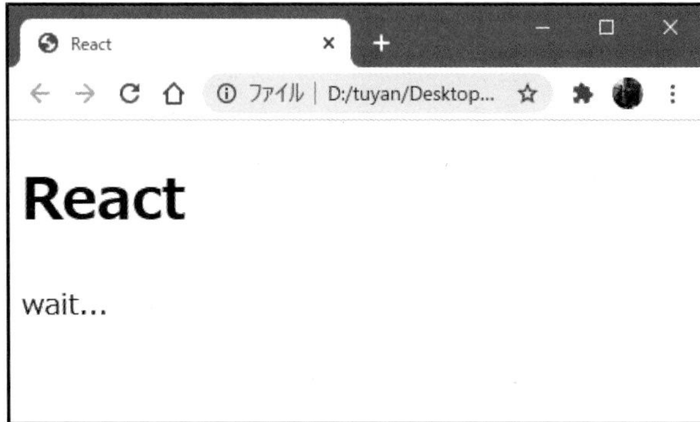

図1-5　サンプルとして用意したWebページ。Reactの下に「wait...」とメッセージが表示されている。

記述したら、適当な場所に.html拡張子をつけてファイルを保存しましょう。ここではサンプルとして、「react_app.html」という名前でデスクトップに保存しておきました。なお保存の際はテキストのエンコーディングを「UTF-8」に設定して保存するようにして下さい。そして、保存したファイルを、Webブラウザで開いてみてください。Reactというタイトルの下に「wait...」とメッセージが表示されます。

「これがReactか！」なんて思った人。残念でした。これ自体は、まだReactは使っていません。これは「React利用のベースとなるもの」と考えてください。これでReactを利用するための準備が整った状態になっているので、「後は、Reactの処理を追加するだけですぐに動くようになるよ」っていうわけです。

CDNでReactを動かす！

ここでは、2つの<script>タグが記述されていますね。このsrc属性の部分を見ると、以下のように書かれています。

```
src="https://unpkg.com/react@17/umd/react.development.js"
src="https://unpkg.com/react-dom@17/umd/react-dom.development.js"
```

これは、unpkg.comというサイトにアップロードされているReactのスクリプトファイルを指定しています。このunpkg.comは、「CDN」と呼ばれるサイトの一つです。

CDNは「Content Delivery Network」の略で、JavaScriptのスクリプトなどをオンラインで配布するサイトです。さまざまなコンテンツがオンライン経由で利用可能になっており、JavaScriptのスクリプトなどが多数利用できるようになっています。

ここでは、ReactとReact-Domというライブラリを読み込んでいます。この2つは、Reactのもっとも基本となるものです。Reactを利用する際には、まずこの2つを読み込んで使えるようにしておきます。

Reactの最新版はver. 17

パスの中に「react@17」と書かれていますが、これはReactのver.17というものを読み込んでいることを示します。ver. 17は、2020年11月にリリースされたばかりの最新版です。Reactは、長らくver. 16の時代が続き、ver. 17は3年ぶりにリリースされた新しいメジャーバージョンなのです。

Reactは、メジャーバージョンをあげるのに2〜3年かけており、このver. 17も当分の間は最新バージョンとして使われ続けることになります。新しいメジャーバージョンである17が登場したばかりの今は、Reactを学び始めるのに絶好の機会といってよいでしょう。

古いものとの互換性もOK

この17は、長い期間をかけて開発されましたが、実をいうとそれ以前の16とはそれほど大きな違いはありません。17はReact内部のアップデートを中心に改良がされているので、実際の機能などがガラリと変わっているわけではないのです。

従って、それ以前の16で書かれたプログラムも殆どのものは修正なしで動くでしょう。インターネットなどでReactについて調べる際も、特に「17に対応しているか」を注意しなくともたいていは問題なく動かせるはずです。

ただし、Reactを拡張するライブラリなどは、より内部でプログラムを利用していることもありますから注意が必要です。利用の際には「17に対応しているか」を確認する必要があるでしょう。

本書では、Reactをベースにいろいろなパッケージを組み込んだ「Next.js」についても利用していますが、これは既に17に対応済みであることを確認してあります。

Reactでメッセージを表示しよう

では、HTMLファイルにスクリプトを書き加えて、Reactの機能を少しだけ使ってみましょう。先ほどのHTMLファイルの内容を以下のように書き換えてください。

リスト1-2

```
<!DOCTYPE html>
<html>
<head>
    <meta charset="UTF-8" />
    <title>React</title>
    <script src="https://unpkg.com/react@17/umd/react.development.js">
        </script>
    <script src="https://unpkg.com/react-dom@17/umd/ ↵
        react-dom.development.js"></script>
</head>
<body>
    <h1>React</h1>
    <div id="root">wait...</div>
    <script>
    let dom = document.querySelector('#root');
    let element = React.createElement(
      'p', {}, 'Hello React!'
    )
    ReactDOM.render(element, dom)
    </script>
</body>
</html>
```

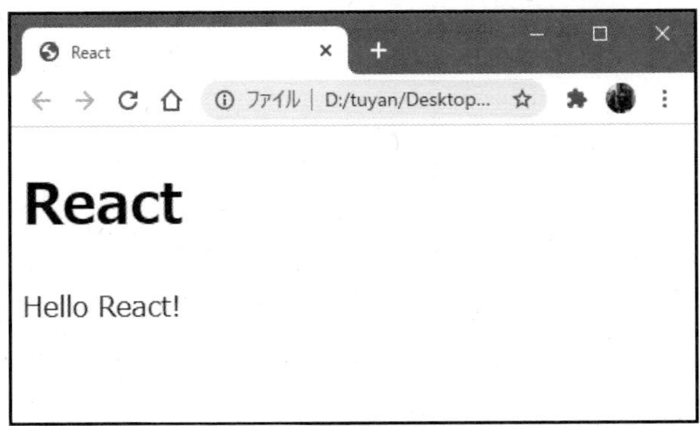

図1-6　Webブラウザで表示すると、「Hello React!」というメッセージが表示される。

先ほど「wait...」と表示されていたところに「Hello React!」とメッセージが表示されます。これが、Reactによって作成された表示です。

ここでは、HTMLのソースコードには以下のようなタグしか用意されていません。

```
<h1>React</h1>
<div id="root">wait...</div>
```

この<div>タグの部分がReactによって書き換わります。Webページにブラウザからアクセスすると、このid="root"のタグ部分は以下のように書き換わります。

```
<div id="root"><p>Hello React!</p></div>
```

id="root"のタグの中に、<p>タグが組み込まれているのがわかるでしょう。これが、Reactによって作成された表示なのです。

Reactはタグを書き換える

Reactは、このように、もともと用意されているHTMLのタグの一部を書き換えて独自の表示を組み込みます。ここでは、<div>タグの中に<p>タグを組み込んでいますが、この<div>タグの中にある「wait...」というテキストの代りに<p>タグが表示されるようになったのです。

どの部分にどのような内容が組み込まれることになるか、その変化の仕方を最初に理解しておく必要があるでしょう。

Reactによるタグの作成と表示

では、このスクリプトでどういうことが行われているのか、簡単に整理しておきましょう。といっても、今、ここで内容を理解する必要はありませんよ。次の章でしっかり説明するので、今は「どんな感じのものかざっと眺めておく」程度に考えてください。

●エレメントの作成

```
React.createElement( タグ名 , 属性 , 中に組み込まれるもの )
```

最初にあるReact.createElementというのは、「エレメント」を作成するためのものです。エレメントというのは、HTMLのタグとして組み込まれているものをJavaScriptの中でオブジェクトとして扱うようにしたものです。このエレメントを作成し組み込むことで、HTMLのタグによる表示が作成されます。

●レンダリングした表示の作成

```
ReactDOM.render( エレメント , DOM );
```

作成したエレメントは、ReactDOMというオブジェクトの「render」を使ってレンダリングをします。「レンダリング」というのは、プログラムのオブジェクトを具体的に目に見えるような形に変換する作業です。

コラム 「エレメント」って？ Column

(JavaScriptを少しかじったことのある人は、「エレメント」と聞いて、「ふーん、DOMのエレメントか……」なんて思ったかもしれません。が、これは違います。Reactでは「仮想DOM」という独自の技術を使っていて、これはその「仮想DOMのエレメント」なのです。このあたりについては、次章で改めて説明します。今は深く考える必要は全くありませんよ。

表示を更新しよう

Reactによる表示の作成がわかったら、簡単なイベント処理を追加して表示を更新してみましょう。先ほどのHTMLファイルを以下のように書き換えてみます。

リスト1-3

```
<!DOCTYPE html>
<html>
<head>
    <meta charset="UTF-8" />
    <title>React</title>
    <script src="https://unpkg.com/react@17/umd/react.development.js">
        </script>
    <script src="https://unpkg.com/react-dom@17/umd/ ↲
        react-dom.development.js"></script>
    <style>
    #root {
        cursor: pointer;
        font-size:20pt;
        background-color:lightblue;
        padding:1px 20px;
    }
    </style>
</head>
<body>
    <h1>React</h1>
    <div id="root" onclick="doCount();">wait...</div>
    <script>
    let counter = 0;
    let dom = document.querySelector('#root');
    doCount();

    function doCount(){
        counter++;
        let element = React.createElement(
            'p', {}, "count: " + counter
        )
        ReactDOM.render(element, dom)
    }
    </script>
</body>
</html>
```

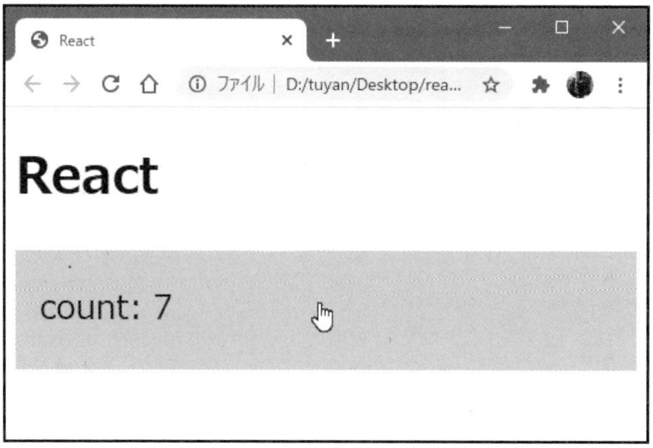

図1-7　表示をクリックすると数字が増えていく。

背景色がつけられているところをクリックすると、「count: 1」という数字が1ずつ増えていきます。

ここではdoCountという関数を用意して、<div>タグの部分をクリックすると実行するようにしてあります。そして、この関数の中で、createElementしてrenderするという処理を実行しています。

Reactの表示更新の基本は、「更新の必要が生じたら、仮想DOMという仕組みのエレメントを作ってレンダリングする」というものです。仮想DOMが何かよくわからないでしょうが、要するに「更新しないといけなくなったら、また新しく表示を作って組み込む」という、ごく単純な考え方なんです。

ただし、ここでの例のように、毎回createElementしてrenderして……というようなやり方は、実際にはあまり用いません。Reactには「コンポーネント」という仕組みがあって、もっとすっきりと整理された形で表示を作っていくことができるようになっています。

ただ、基本の考え方として、「表示を更新したければ、またエレメントを作ってレンダリングしなおせばいい」ということは、Reactの基本的な仕組みとして頭に入れておきましょう。

Section 1-2 プロジェクト開発をしよう

 Node.jsを用意しよう 

とりあえず、HTMLファイルでReactを動かすことはできました。が、実際の開発では、こんな具合にHTMLをテキストエディタで開いてコードを書いていく、なんてやり方をすることはまずありません。おそらく「プロジェクト」を使ったやり方が多用されることになるはずです。そこで、プロジェクトを実際に作成し、どのように開発していくかをここで体験しておきましょう。

まずは、プロジェクト作成に必要となるソフトウェアを準備しておきます。プロジェクト開発に必要となるのは「Node.js」というソフトウェアです。

Node.jsは、先ほど説明したように、JavaScriptでサーバープログラムの開発を行うのに多用されている、JavaScriptの実行環境です。これに用意されているパッケージ管理ソフトを使い、さまざまなJavaScriptのソフトウェアのインストールなどを行います。Reactの開発を行うためのソフトウェアも、これを利用して用意するようになっているのです。

Node.jsは、以下のアドレスで公開されています。

```
https://nodejs.org/ja/
```

図1-8　Node.jsのWebサイト。ここからインストーラをダウンロードする。

Webサイトのトップページに、ダウンロードのためのボタンが表示されています。ここでは「14.xxx.LTS 推奨版」(xxxには任意のバージョン番号が入ります)と表示されている部分をクリックしてください。これでソフトウェアがダウンロードされます。

本書を読まれているときには更に新しいバージョンが出ているかも知れませんが、その場合は「偶数バージョン(14、16、18といったもの)を使うようにして下さい。

コラム　Node.jsのバージョン番号と「LTS」　Column

本書では偶数バージョンを使うことにしていますが、これは「LTS（Long-Term Support」といって長期間サポートされるバージョンです。

Node.jsのバージョンには2つの種類があります。1つは、長い期間、安定してサポートされ続けるバージョンで、これは通常、偶数のバージョンがあてられます。もう1つは短期間のサポートしかない代りに、新しい機能などを意欲的に盛り込んだバージョンで、通常は奇数バージョンがあてられます。

これから新たにNode.jsを利用しようというのであれば、なるべく長期間、安定して使えたほうがよいでしょう。そこで、本書ではLTSバージョンを使うことにします。必ずしもLTSでなければいけないわけではありませんが、奇数バージョンは半年ほどでサポートが終わり、また新たなバージョンが登場するため、常にバージョンアップし続けないといけません。落ち着いて使いたいなら、LTSを選択すべきです。

LTSでないものを使うと、半年か一年であっという間に使えなくなってしまいますよ！

Windows版のインストール

では、Node.jsのインストールを行いましょう。ダウンロードしたsetup.exeをダブルクリックして起動し、以下の手順で作業してください。

●1. Welcome to Node.js Setup Wizard

起動すると、「Welcome ～」というメッセージを表示したウインドウが現れます。これは「Welcome画面」というものです。これはそのまま右下の「Next」ボタンをクリックして次に進みます。

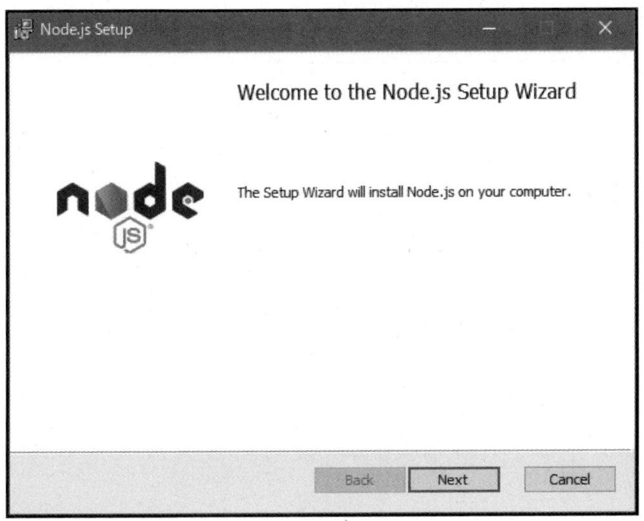

図1-9　Welcome画面。そのまま次に進む。

●2. End-User License Agreement

ユーザーの使用許諾契約に関する表示に進みます。下にある「I accept ～」のチェックボックスをONにして、次に進みましょう。

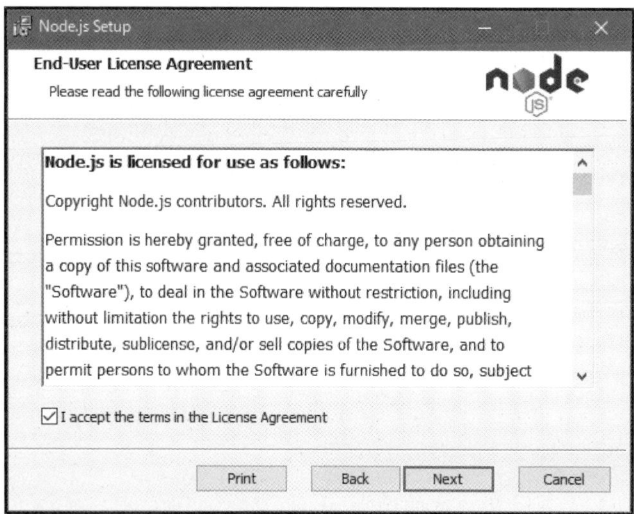

図1-10　使用許諾契約画面。チェックボックスをONにして次に進む。

●3. Destination Folder

インストールする場所を指定します。デフォルトでは、「Program Files」フォルダ内に「nodejs」フォルダを作ってインストールするようになっています。特に理由がない限りそのままにしておきましょう。

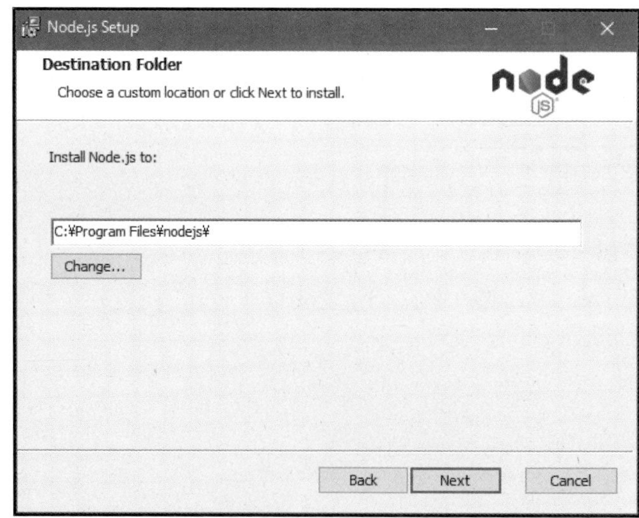

図1-11　インストール場所の指定。デフォルトのままでOKだ。

●4. Custom Setup

その他の設定です。主にインストールするソフトウェアを設定するものです。これはデフォルトのままにしておきましょう。

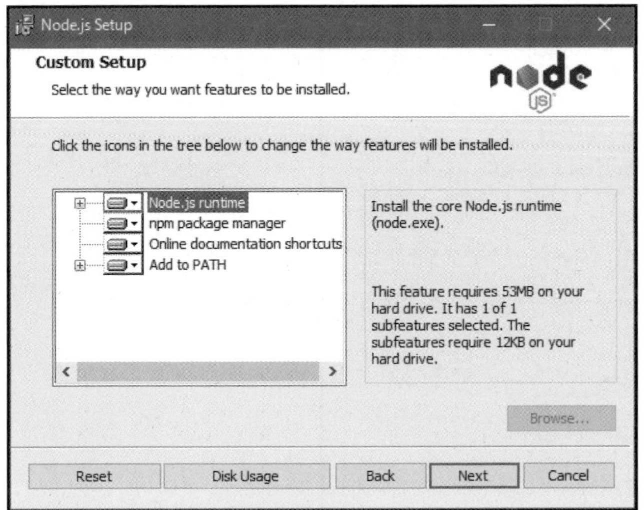

図1-12　インストールする内容の指定。デフォルトのままにしておく。

●5. Tools for Native Module

ネイティブモジュールのインストールに必要となるツール類をインストールするためのものです。これはそのままにしておいてください。ここでは特に使いません。

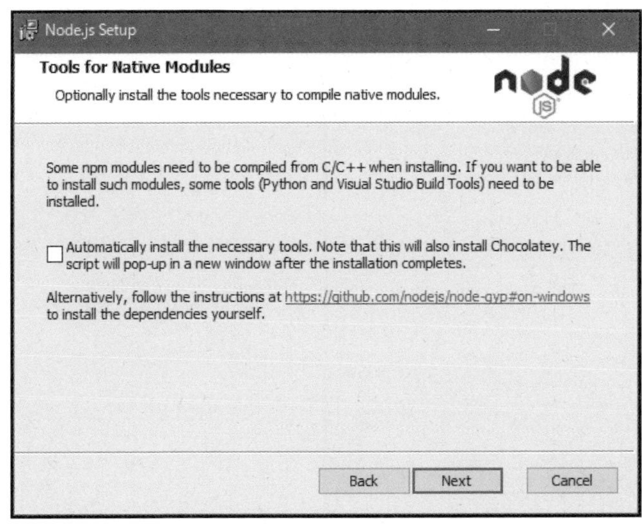

図1-13　ネイティブモジュール用ツールのインストール。デフォルトはOffになっている。

●6. Ready to install Node.js

これでインストールのための設定がすべて完了しました。そのまま「Install」ボタンをクリックすれば、インストールを開始します。

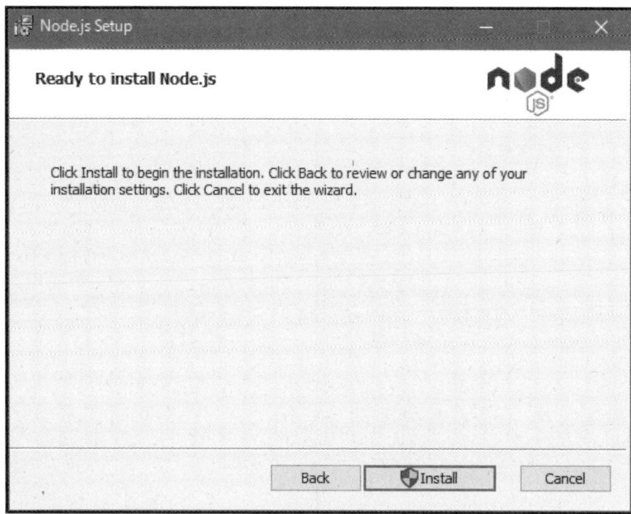

図1-14　準備完了。「Install」ボタンをクリックする。

●7. Completed the Node.js Setup Wizard

インストールが完了すると、このような表示が現れます。「Finish」ボタンを押してインストーラを終了しましょう。

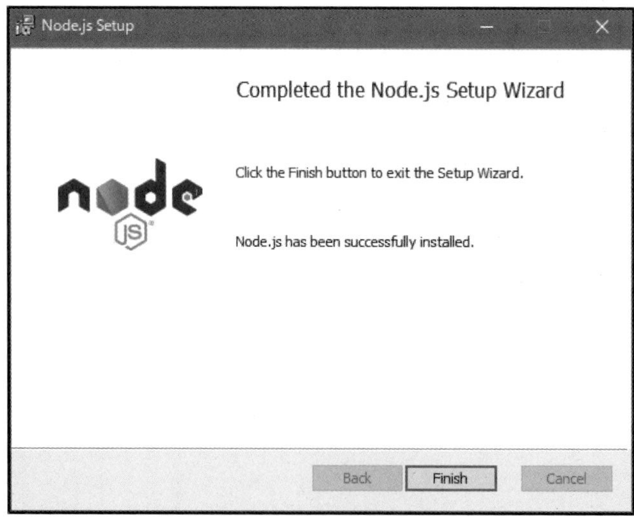

図1-15　インストールが完了したところ。

macOS版のインストール

macOSでは、パッケージファイルがダウンロードされます。これをダブルクリックして以下の手順に従いインストールを行います。

●1. ようこそNode.jsインストーラへ

まずは「ようこそ」画面が現れます。これはそのまま「続ける」ボタンを押して次に進みます。

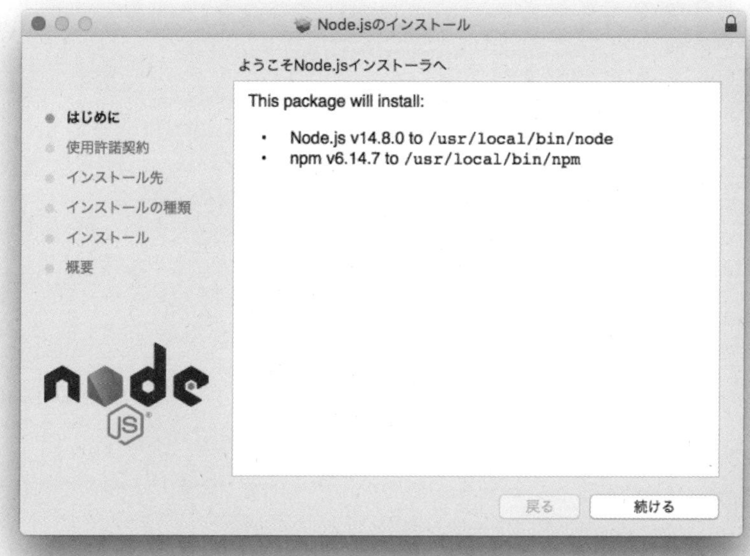

図1-16　ようこそ画面。そのまま進む。

●2. 使用許諾契約

ユーザーの使用許諾契約の画面になります。右下の「続ける」ボタンをクリックすると、画面上部から同意を求めるダイアログシートが現れます。「同意する」ボタンをクリックしてください。

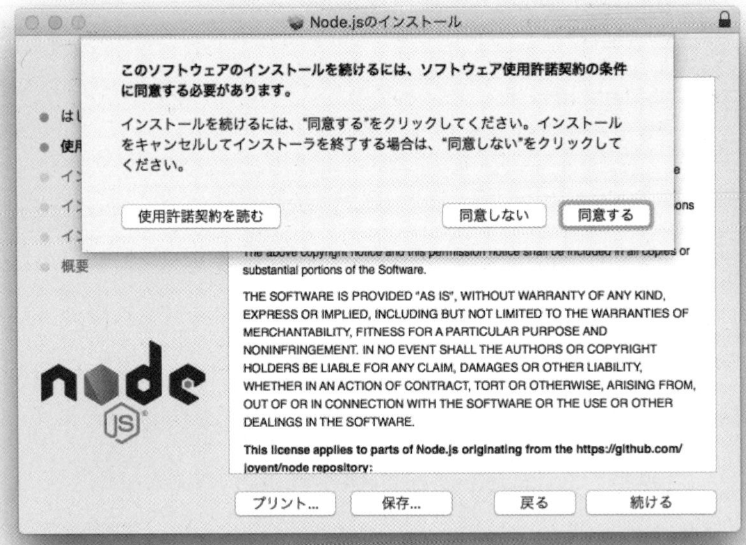

図1-17　使用許諾契約画面。「続ける」ボタンを押し、現れたダイアログで「同意する」を選ぶ。

●3. インストールの選択

インストールするボリュームを選択します。ハードディスクが1台の場合は自動選択されます。

図1-18　インストール先の選択。インストールするボリュームを選ぶ。

●4. インストールの種類

標準インストールのための表示が現れます。そのまま「インストール」ボタンを押してインストールを開始しましょう。

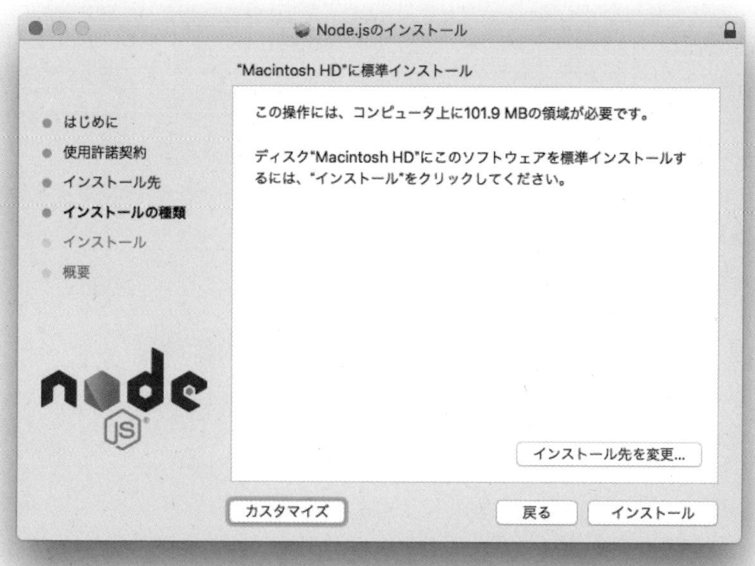

図1-19 インストールの種類。通常はそのままインストールを開始する。

●5. 概要

インストールが完了すると、インストール内容を表示した画面が現れます。そのまま「閉じる」ボタンを押してインストーラを終了してください。

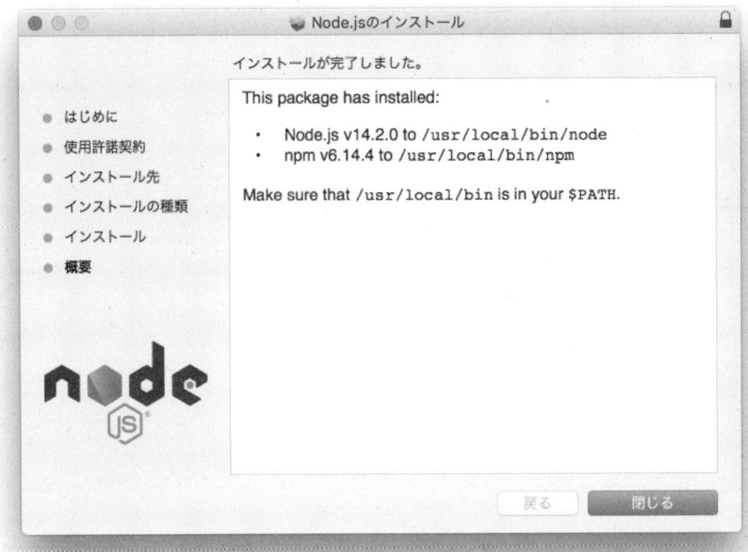

図1-20　インストールが終了したら、「閉じる」ボタンでインストーラを閉じる。

動作を確認する

インストールが完了したら、ちゃんとNode.jsが動くことを確認しておきましょう。コマンドプロンプトまたはターミナルを起動し、以下のように実行して下さい。

```
node --version
```

これは、Node.jsのバージョンを表示するコマンドです。これで「v14.xxx」(xxxは任意のバージョン)といったバージョン番号が表示されれば、問題なくNode.jsがインストールされています。

図1-21　node --versionでバージョンを表示する。

Create React Appを使おう

Reactのアプリケーションを作成するには、「Create React App」というプログラムを使います。これは、特にインストールなどは必要ありません。これは、Node.jsに組み込まれている「npx」というプログラムを使います。これはコマンドプログラムで、コマンドプロンプトやターミナルから実行します。

では、コマンドプロンプトまたはターミナルを起動してください。そして、cdコマンドを使い、プロジェクトを作成する場所に移動をしましょう。例えば、デスクトップに作るなら、「cd Desktop」と実行すればいいでしょう。

そして、以下のようにコマンドを実行してください。

```
npx create-react-app react_app
```

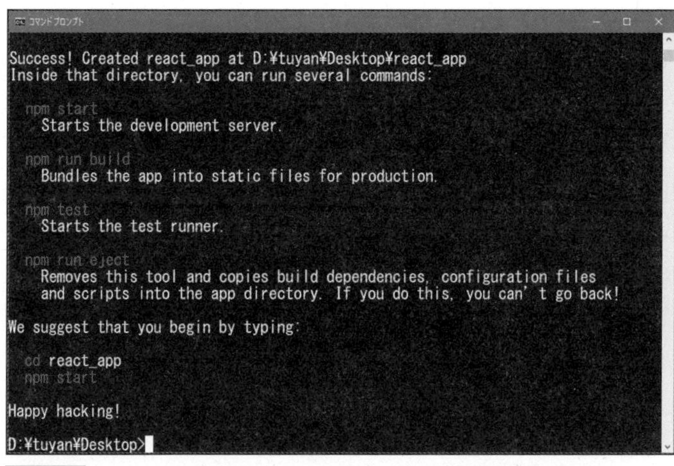

図1-22　npx create-react-appでプロジェクトを作成する。

実行すると、その場に「react_app」というフォルダを作成し、その中にファイルやフォルダ類を作成していきます。この「react_app」フォルダが、Reactアプリケーションのプロジェクトです。プロジェクトは、このようにフォルダの形で作成されます。この中に、アプリケーション開発に必要なものが全て揃えられているのです。

npx create-react-appコマンドについて

ここで利用したのは、npx create-react-appというコマンドです。このコマンドは、その後にプロジェクト名を続けて書いて実行します。

```
npx create-react-app プロジェクト名
```

これで、その場にプロジェクト名のフォルダを作成し、そこにプロジェクトのファイルやフォルダを保存します。

npmでも使える！

このCreate React Appは、npmというコマンドでも使えます。ただし少し書き方が違います。

```
npm init react-app プロジェクト名
```

これで、先ほどのnpx create-react-appと全く同じようにプロジェクトが作成できます。作られるプロジェクトの内容も同じものですから、どちらでも好きな方を覚えておけばいいでしょう。

プロジェクト操作のコマンドについて

コマンドを使ってプロジェクトを作成すると、作成が完了した後で、以下のようなテキストが出力されているのに気がついたことでしょう。

```
Success! Created react_app at ……略……¥react_app
Inside that directory, you can run several commands:

  npm start
    Starts the development server.

  npm run build
    Bundles the app into static files for production.

  npm test
    Starts the test runner.

  npm run eject
    Removes this tool and copies build dependencies, configuration files
    and scripts into the app directory. If you do this, you can't go
back!

We suggest that you begin by typing:

  cd react_app
  npm start
```

```
Happy hacking!
```

これらは、作成したプロジェクトの操作に関する説明テキストです。作成したプロジェクトにはいくつかのコマンドが用意されており、その説明が出力されていたのです。なお、標準ではnpmというコマンドについて説明が表示されますが、既にnpmを使ったことがある場合、「yarn」というコマンドの説明が出力される場合もあります。これも含めて以下にまとめておきましょう。

●npm start（または、yarn start）

開発用のサーバープログラムを使ってプロジェクトを実行します。その場でWebブラウザでアクセスし、動作を確認できます。

●npm run build（または、yarn build）

プロジェクトのビルドを行います。これは、プロジェクトのファイルから、実際にWebサーバーにアップロードして利用するファイル類を生成する作業です。

●npm test（または、yarn test）

テストプログラムを実行し、アプリケーションのテストを行います。

●npm run eject（または、yarn eject）

プロジェクトのイジェクトを行います。これは、プロジェクトのさまざまな依存関係をすべてプロジェクト内に移動し、完全に独立した形で扱えるようにする作業です。まぁ、これは当分使うことはありませんから、今すぐ働きを理解する必要はないでしょう。

これらのコマンドの中で、もっとも重要なのは「start」と「build」でしょう。startでアプリケーションの動作チェックを行い、buildでアプリケーションを生成します。この2つについてだけ頭に入れておくようにしましょう。

コラム yarnって何？ Column

ここでは、プロジェクトの実行などを行うのに「yarn」と「npm」という2つのコマンドを掲載しておきました。普通はnpmコマンドが使われますが、yarnというコマンドが利用される場合もあるのです。

npmというのは、先に触れましたが、Node.jsに組み込まれているパッケージ管理ツールです。プロジェクトで利用するさまざまなソフトウェアを組み込んだり、プロジェクトのビルドや実行などさまざまな処理を行うことができます。

では、yarnというのは何か？ 実は、これもパッケージ管理ツールなのです。yarnは、Facebookが開発するソフトなのです。そしてReactを開発しているのもFacebook。というわけで、既にyarnがインストールされている場合、Reactはnpmではなくyarnのコマンドを優先して表示するようになっていたのですね。

両者は機能などが微妙に違いますが、どちらを使っても同じことができるようになっています。ですから、どちらか片方だけ覚えておけば大丈夫でしょう。なお、本書ではNode.js標準のnpmベースで説明をしていきます。

ちなみに、本書では「npx」というコマンドも使いましたが、これも実はnpmなどと同じパッケージ管理ツールの一種です。これは、パッケージのダウンロードと実行を一括して行うもので、「より便利になったnpm」と考えておけばいいでしょう。このnpxは、Node.jsの標準機能ですから、yarnのように別途インストールなどは必要ありません。npmと同様、標準で使うことができます。

プロジェクトを実行してみる

では、作成されたプロジェクトを実際に動かしてみましょう。コマンドプロンプトまたはターミナルから、「cd react_app」を実行して、react_appフォルダの中に移動してください。そして以下のようにコマンドを実行します。

```
npm start
```

実行すると、Webブラウザが開かれ、「http://localhost:3000/」にアクセスをします。これが、公開されるアプリケーションのアドレスになります。

npm startは、開発用のWebサーバープログラムを起動し、そこでWebアプリケーションを公開し、アクセスできる状態にします。

アクセスすると、Reactのロゴがゆっくりと回転する画面が表示されます。これが、サンプルとして用意されているページです。とりあえず、プロジェクトを実行してWebブラウザでアプリの画面を表示する、という基本はできましたね。

動作を確認できたら、コマンドプロンプトまたはターミナルに戻り、Ctrlキーを押したまま「C」キーを押してスクリプトの実行を中断しましょう。これで開発用サーバーは終了し、またコマンドを入力できる状態になります。

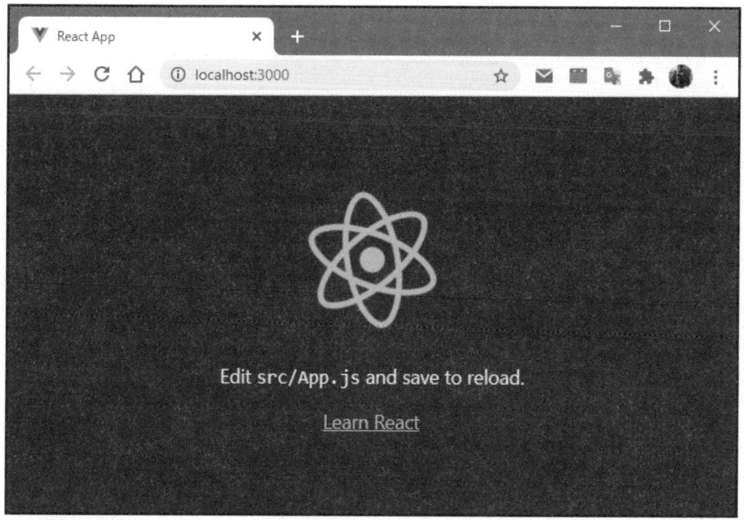

図1-23 http://localhost:3000/にアクセスし、アプリケーションの表示を確認する。

 プロジェクトの中身をチェック！ 

では、作成したプロジェクトがどのようになっているのか、「react_app」フォルダの中身を見てみましょう。すると、たくさんのフォルダやファイルが作成されているのがわかります。ざっと内容を整理すると以下のようになるでしょう。

◎フォルダ関係

「node_modules」フォルダ	npmで管理されるモジュール類(プログラム)がまとめてあります。
「public」フォルダ	公開フォルダです。HTMLやCSSなど公開されるファイル類が保管されます。
「src」フォルダ	ここに、Reactで作成したファイルなどがまとめられます。

◎ファイル関係

.gitignore	Gitというツールで使うものです。
package.json	npmでパッケージ管理するための設定情報ファイルです。
README.md	リードミーファイルです。
package-lock.json または yarn.lock	npmあるいはyarnに関する設定情報を記述したファイルです。

いろいろとファイルやフォルダがありますが、ここにあるファイル類は、しばらくは編集したりすることはありません。ですから、何がどういう役割のものか、全部忘れてかまいません。

フォルダの中では、「src」フォルダが最も重要です。ここに、Reactで作成するスクリプトなどのファイルが記述されます。このフォルダの中のファイルを作成することが、Reactのアプリケーション開発の基本だ、と考えていいでしょう。

「public」フォルダも、いずれ使うことになるでしょう。ここには、プログラムから利用するイメージやスタイルシートといったファイル類を配置します。これは「そういうフォルダが用意してある」程度に覚えておけば十分です。「node_modules」フォルダは、その中身を私達が直接編集することはありません。これも今は忘れてOKです。

プロジェクトをビルドしよう

プロジェクトの中には、たくさんのファイルが保存されています。「これ、全部サーバーにアップロードしないといけないのか」なんて思った人。いいえ、そんな必要はありませんよ。

これは、プロジェクトであり、これ自体がアプリケーションそのものというわけではありません。プロジェクトは、「アプリケーションを開発するために必要なものを一通り揃えたもの」です。ここにあるものすべてがアプリケーションで必要となるわけではありません。

では、アプリケーションとしてWebサーバーに設置するのはどのファイルなのか。これは、コマンドを使って「作る」のです。

Reactのプロジェクトは、「ビルド」という作業を実行して、実際に公開するWebアプリケーションのファイルを生成します。では、実際にやってみましょう。

コマンドプロンプトまたはターミナルに表示を切り替えてください。cdコマンドで、「react_app」フォルダの中に移動していますね？ その状態で、以下のコマンドを実行しましょう。

```
npm run build
```

```
D:¥tuyan¥Desktop¥react_app>npm run build

> react_app@0.1.0 build D:¥tuyan¥Desktop¥react_app
> react-scripts build

Creating an optimized production build...
Compiled successfully.

File sizes after gzip:

  41.2 KB  build¥static¥js¥2.319ef205.chunk.js
  1.39 KB  build¥static¥js¥3.059a73fb.chunk.js
  1.17 KB  build¥static¥js¥runtime-main.4d06358a.js
  592 B    build¥static¥js¥main.5e3f4998.chunk.js
  531 B    build¥static¥css¥main.8c8b27cf.chunk.css

The project was built assuming it is hosted at /.
You can control this with the homepage field in your package.json.

The build folder is ready to be deployed.
You may serve it with a static server:

  npm install -g serve
  serve -s build

Find out more about deployment here:

  https://cra.link/deployment


D:¥tuyan¥Desktop¥react_app>
```

図1-24　npm run buildでビルドを実行する。

これで、プロジェクトのビルドが実行されます。ビルドが完了すると、プロジェクトのフォルダの中に「build」というフォルダが作成されます。これが、ビルドされたアプリケーションのフォルダです。

もし、作成したプロジェクトをどこかのレンタルサーバーなどを使って公開したい場合は、このフォルダの中身を、そのままWebサーバーにアップロードすれば、react_appのアプリケーションを公開することができます。フォルダの中には、ファイルやフォルダがいくつも用意されていますが、プロジェクト全体に比べれば非常に小さいサイズになっています。これなら、アップロードも簡単でしょう。

アップロードの方法などはレンタルサーバーによって異なりますので、ここでは触れません。実際に、今、アップロードする必要はありませんよ。「公開するときは、そうすればいい」ということだけわかっていれば、ここでは十分でしょう。

コラム ビルドしたアプリが表示されない！ Column

ビルドした「build」フォルダの中には、index.htmlが用意されています。アップロードした場所にアクセスすると、まずこのファイルが読み込まれ表示されるようになっています。が、実際にWebサーバーにアップロードして試してみた人の中には、「アクセスしても何も表示されない！」という人もいたことでしょう。

実は、ビルドによって生成されるファイルでは、ファイルの指定がすべて絶対パスで指定されています。例えば、「static」フォルダの中に「image.jpg」というファイルがあったとすると、"/static/image.jpg"と指定されています。どういうことかというと、Webサーバーのルートに設置しないと動かないようになっているのです。例えば、http://○○/taro/といった場所にアップロードすると、もうパスが正しく指定されないため表示がされなくなります。

これは、ビルドする際にホームとなるページのアドレスを設定していないために起こります。プロジェクトのフォルダ内にある「package.json」というファイルを開いてください。そして最初の方にある、

```
{
  "name": "react_app",
  "version": "0.1.0",
  "private": true,
```

こういう記述を探して下さい。そして、この部分の後に以下を追記してください。

```
  "homepage": "./",
```

これで保存し、もう一度プロジェクトをビルドしてみましょう。今度は、index.htmlを開くと、ちゃんと表示されるようになります。

React Developer Toolsを使おう

Reactは、ソースコードに書かれている内容がそのまま表示されるのではなく、実行時に全く別の表示に変わってしまいます。ですから、「動作を調べようと思ってソースコードを表示させてみたら全然表示と違う！」ということになってしまいます。

Reactの動作を調べたりするためには、Reactの動作状況に応じて表示などを解析するツールが必要になるでしょう。Reactでは、こうしたデバッグ用のツールを用意し配布していま

す。それが「React Developer Tools」というものです。

これは、ChromeやFirefoxのプラグイン（アドオン）プログラムとして作成されています。まずはそれぞれのプラグインをブラウザにインストールしておきましょう。

・Chrome Webストア

```
https://chrome.google.com/webstore
```

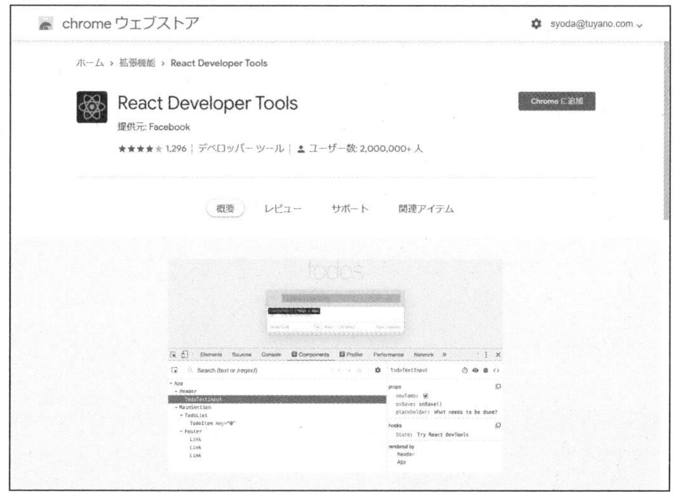

図1-25　Chrome Webストアで「React Developer Tools」を検索し、インストールする。

・Firefox Add-ons

```
https://addons.mozilla.org/ja/firefox/
```

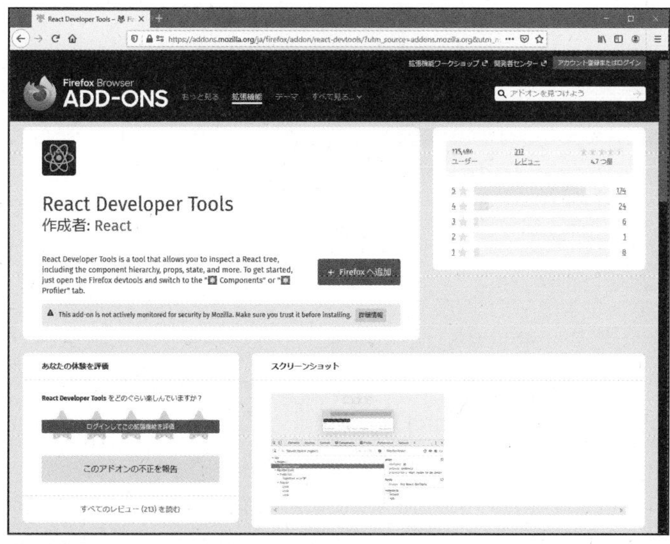

図1-26　Firefox Add-onsで「React Developer Tools」を検索し、インストールする。

Chrome WebストアまたはFirefox Add-onsにアクセスし、「React Developer Tools」で検索をしてください。そして見つかったプログラムのページに移動し、インストールしましょう。

React Developer Toolsの使い方

では、React Developer Toolsを使ってみましょう。これは、ブラウザのデベロッパーツールに組み込まれる形で動きます。

まず、Reactアプリケーションにアクセスをしましょう。プロジェクトを既に終了してしまっている人は、もう一度「npm start」で起動して、http://localhost:3000/ にアクセスして下さい。

React Developer Toolsは、ReactによるWebページがブラウザで表示されている状態のときに働きます。Chromeの場合、「その他のツール」メニューから「デベロッパーツール」を選んでください。画面にデベロッパーツールが表示されます。

なおデベロッパーツールのウインドウの右上にある「⋮」をクリックして、「Dock side」のアイコンを選べばドッキングする場所を変更できます。

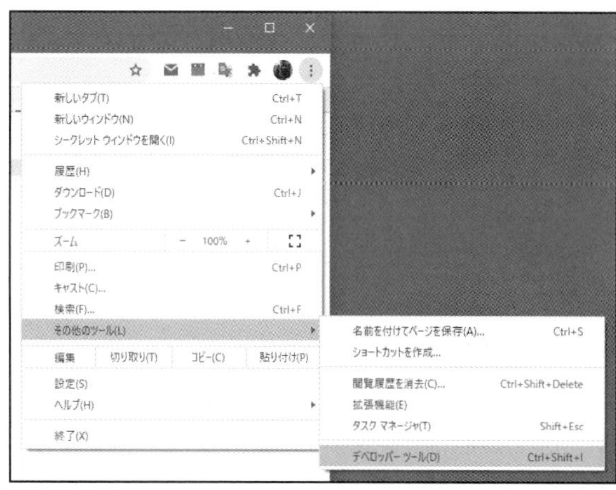

図1-27 「デベロッパーツール」メニューを選ぶとデベロッパーツールが現れる。

「Components」に切り替える

デベロッパーツールでは、上部に「Elements」「Console」……というように表示を切り替えるメニューが用意されています。その一番右端に「Components」という項目が追加表示されているはずです。これをクリックすると、Reactの「コンポーネント」と呼ばれる部品に関する表示に切り替わります。

Componentsでは、ツールの左側のエリアに、Reactによって組み込まれている表示部分のタグが階層的に表示されます。そこからタグをクリックして選択すると、右側にそのタグの属性や内部に組み込まれているタグの情報などを表示します。これらの表示により、Reactによって生成された表示の内容がどのようになっているのか確認することができます。

この他、「Profiler」という表示も用意さており、これはアプリのプロファイリングに関する機能です。こちらは実際にReactアプリの開発に入らないと使う意味がないものなので、当面利用することはないでしょう。「Componentsでコンポーネント構造がわかる」ということだけ覚えておきましょう。

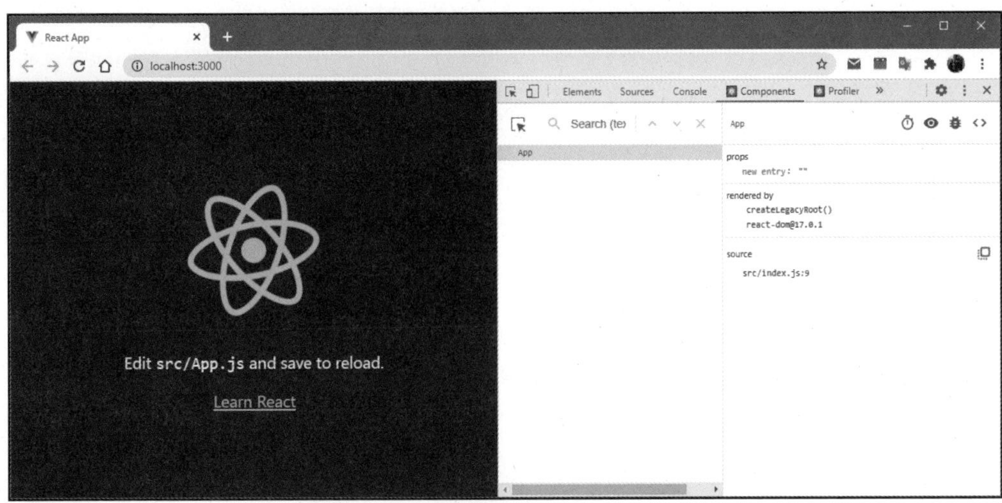

図1-28 Componentsでは、Reactによって組み込まれた内容を確認できる。

ポイントは「現在の値」のチェック

「単に、組み込むタグを表示するだけ？ だったら、別に専用のツールなんて使わなくても、組み込んでるスクリプトとかを調べればいいんじゃない？」

そう思った人もきっといるでしょうね。ここで表示された内容を見た限りでは、あんまりReact Developer Toolsの役割は大きくなさそうに思えるでしょう。

が、実はそうではありません。このReact Developer Toolsでは、組み込まれているタグはもちろんですが、同時に「Reactで使われているさまざまな値」についても確認できるのです。

Reactでは、「プロパティ」や「ステート」と呼ばれる値を使って、さまざまな処理や表示を行えるようになっています。こうした「Reactの内部で使われている値」というのは、実行中、常に書き換わっているため、単にスクリプトの内容を見ただけでは「今、どうなっているのか」がわからないのです。

こうした、「現在のさまざまな値の内容がどうなっているのか」をReact Developer Toolsでは確認することができます。これにより、「思ったような値になっていない」「途中で値がおかしくなっている」といったことを調べることができるのです。

 スタンドアロン版について 

このReact Developer Toolsは、React開発には必須ともいえるツールです。が、「うちはChromeもFirefoxも使ってないよ」という人もいるでしょう。こうした人はどうすればいいのでしょう。諦めるしかない？

いいえ、そんなことはありません。React Developer Toolsは、スタンドアロン版(独立したアプリケーションとして使えるもの)も用意されています。これを利用すれば、ChromeやFirefox以外のブラウザでもReact Developer Toolsを使うことができます。

スタンドアロン版は、npmコマンドを使ってインストールします。コマンドプロンプトまたはターミナルを起動し、以下のように実行してください。

```
npm install -g react-devtools
```

これで、React Developer Toolsがインストールされます。これは、現在コマンドプロンプトやターミナルで開いている場所にインストールするわけではありませんから、cdでインストール場所を移動したりする必要はありません。

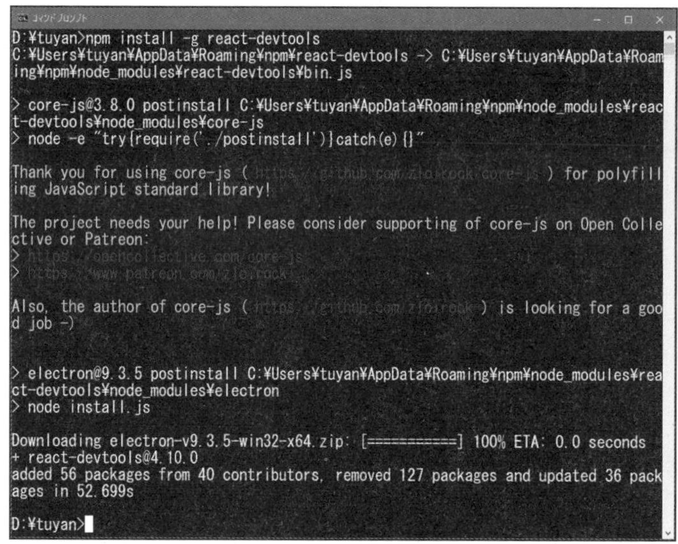

図1-29 npm installでReact Developer Toolsをインストールする。

React Developer Toolsを起動する

では、React Developer Toolsを起動しましょう。起動も、やはりコマンドプロンプトまたはターミナルから行います。Reactのプロジェクトの実行もコマンドで行いますから、コマンドプロンプトまたはターミナルのウインドウを2枚開いておきましょう。そして、片方でReact Developer Toolsを起動し、もう片方でReactプロジェクトを実行するのですね。

では、片方のウインドウで、以下のようにコマンドを実行してください。

```
react-devtools
```

これで、React Developer Toolsが起動します。起動したReact Developer Toolsは、「Waiting for React to connect…」といったメッセージが表示されているでしょう。これは、まだReactのアプリケーションと接続されていないことを示します。今のところ、まだ開発ツールとしての表示は何もされていません。

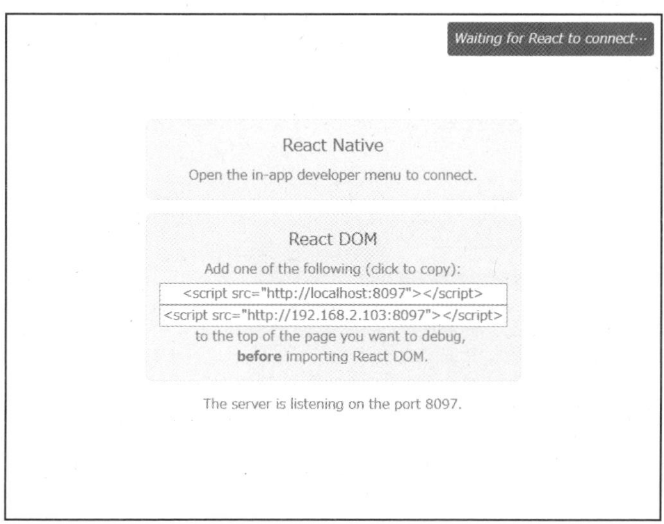

図1-30 React Developer Toolsの起動画面。まだReactのプログラムと接続されていない。

スタンドアロン版を動かす

では、スタンドアロン版でReactのアプリケーションの内容を表示させることにしましょう。これには、HTMLファイルに<script>タグを1つ用意する必要があります。

では、先ほど作成したreact_appプロジェクトのフォルダを開き、「public」フォルダの中にある「index.html」をテキストエディタなどで開いてください。これが、最初に表示されるWebページになります。このHTMLファイルの<head>タグ内の適当なところに、以下のタグを追記し、保存しましょう。

```
<script src="http://localhost:8097"></script>
```

これが、React Developer Toolsのプログラムにアクセスし、必要なスクリプトをロードするためのタグです。これを記述することで、そのWebページが表示された際に、React Developer Toolsに接続されるようになるのです。

動作を確認しよう

タグを追記したら、開いておいたもう1枚のコマンドプロンプトまたはターミナルのウインドウに切り替え、cdコマンドでreact_appのプロジェクト内に移動してあるのを確認してから、「npm start」でプロジェクトを実行しましょう。

http://localhost:3000/ にアクセスしWebページが表示されると、React Developer Toolsのウインドウの表示が更新され、接続されたWebページのReact部分がReact Developer Toolsウインドウに表示されるようになります。

ウインドウに表示される内容は、プラグイン版と全く同じです。ウインドウの左側にReactで生成されたタグ関係が表示され、そこからタグをクリックすると右側にその内容などが表示されます。

Chapter 1 Chapter 2 Chapter 3 Chapter 4 Chapter 5 Chapter 6 Addendum

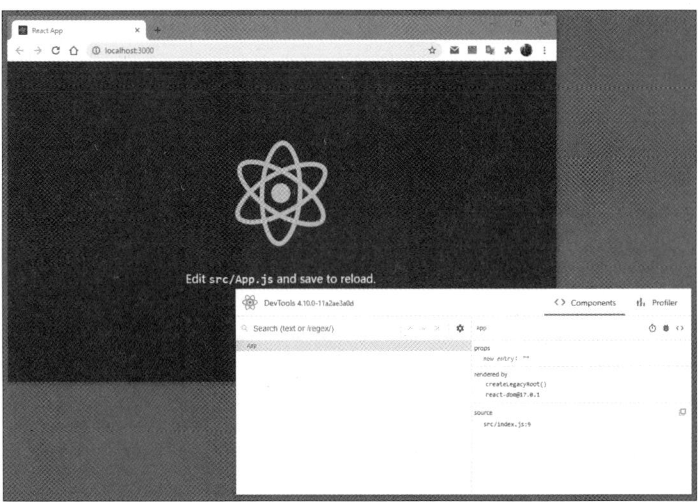

図1-31　スタンドアロン版React Developer Toolsと接続されたところ。

<script>タグの削除忘れに注意！

スタンドアロン版は、HTMLファイルに<script>タグを追加する必要がありますが、実際の動作や起動はプラグイン版と全く変わりありません。

ただし、<script>タグを追記するため、アプリケーションが完成した際には、追記したタグを削除してから公開する、という点を忘れないようにしましょう。

Visual Studio Code を用意しよう

開発ツールの準備について

最後に、開発に必要となる「開発ツール」についても触れておきましょう。

Reactのプロジェクトで開発を行う場合、必要となる開発ツールは「多数のファイルを並行して編集できるもの」です。プロジェクトは、とにかく多数のファイルがあり、それらの中からいくつものファイルを開いて並行して編集することになります。

が、必要になるのは、そうした「編集機能」のみです。プロジェクトの実行やビルドなどは、基本的にコマンドを使って実行すればいいので、開発ツールにこうした機能が用意されている必要はありません。

その点では、多数のファイルを同時に開いて編集できるならテキストエディタでも構いません。「既に使い慣れたエディタを持ってる」というなら、それをそのまま使えばいいでしょう。

「そうしたものは持ってない」という人は、無料の手頃なツールを1つ用意しておきましょう。ここでは、Web開発者の間で開発ツールとして広く使われている「Visual Studio Code」を紹介しておきます。Visual Studio Codeは非常にパワフルなエディタ機能を持っており、更にアプリ内でコマンドの実行を行うターミナル機能も用意されています。これを使えば、別途コマンドプロンプトなどを開いておく必要がなく、これ一本で開発を進められます。

Visual Studio Code

Visual Studioは、Microsoftがリリースする統合開発環境です。これは本格的な開発のためのかなり大掛かりなプログラムです。

Visual Studio Codeは、このVisual Studioから「ソースコードの編集」に関する部分だけを抜き出してまとめたものです。以下のアドレスから無償配布されています。

```
https://code.visualstudio.com/
```

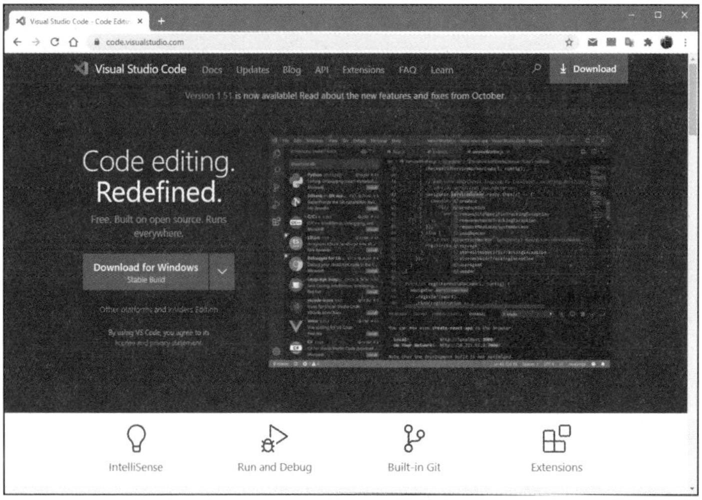

図1-32　Visual Studio CodeのWebサイト。

ここから、「Download for ○○」(○○は使用しているプラットフォーム)と表示されたボタンをクリックして、プログラムをダウンロードします。

Windows版のインストール

Windowsの場合、専用のインストールプログラムがダウンロードされます。これを起動してインストールを行います。

●1. 使用許諾契約書の同意

インストーラが起動すると、プログラムの利用に関するライセンス契約の内容が表示されます。下の方にある「同意する」ラジオボタンを選択し、次に進んでください。

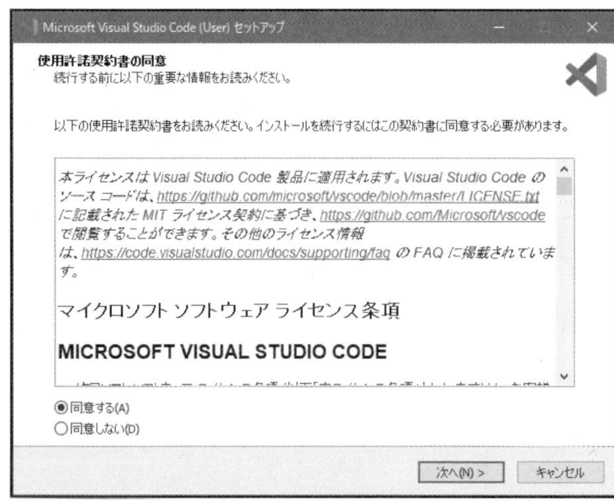

図1-33　使用許諾契約書の同意画面。

●2. 追加タスクの選択

その他の設定がまとめて表示されます。デスクトップにアイコンを作成したり、エクスプローラーのコンテキストメニューに追加をしたり、ファイルの種類に登録設定を行ったりするものです。自分なりに「これは設定しておこう」というものがあればONにしておき、後はすべてデフォルトのままでいいでしょう。

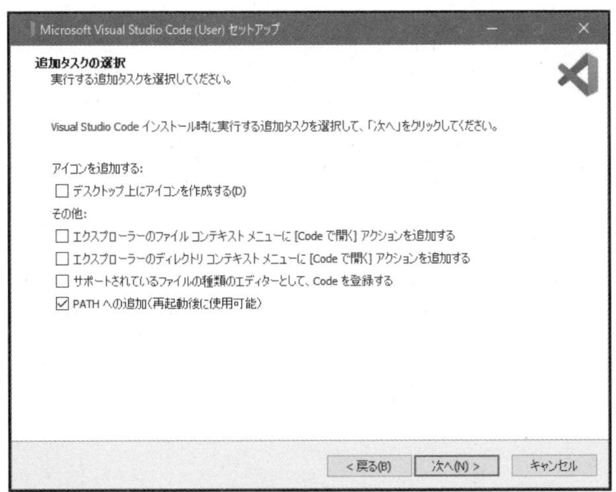

図1-34　追加タスクの選択画面。

●3. インストール準備完了

これで準備が整いました。インストール内容が表示されるので、それで問題がなければ「インストール」ボタンをクリックしてインストールを開始してください。後は待つだけです。すべて完了したら、そのままインストーラを終了してください。

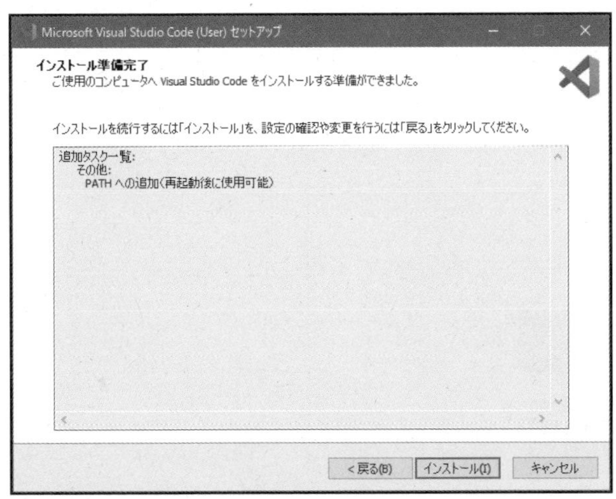

図1-35　インストール準備完了の画面。

コラム System Installerについて Column

Windows版の場合、Visual Studio CodeのWebサイトにある「Download for Windows」ボタンをクリックすると、「User Installer」というインストーラがダウンロードされます。これは、現在の利用者のみにソフトウェアをインストールするものです。

これに対し、すべての利用者が使えるようにシステムにインストールをする「System Installer」というものも用意されています。これは以下のダウンロードページから直接ダウンロードする必要があります。

https://code.visualstudio.com/Download

ここから「System Installer」というところにあるボタンをクリックするとダウンロードできます。

System Installerの場合、「使用許諾契約書の同意」の次に「インストール先の指定」「プログラムグループの指定」といった項目が表示されます。これで、インストールする場所と「スタート」ボタンに用意されるグループ名の設定が行なえます。

User InstallerでもSystem Installerでも、どちらを使っても利用する上での違いはありません。もし、複数の人間がパソコンを使っていてそれぞれがVisual Studio Codeを使うなら、System Installerが便利でしょう。それ以外の場合は、デフォルトのUser Installerでいいでしょう。

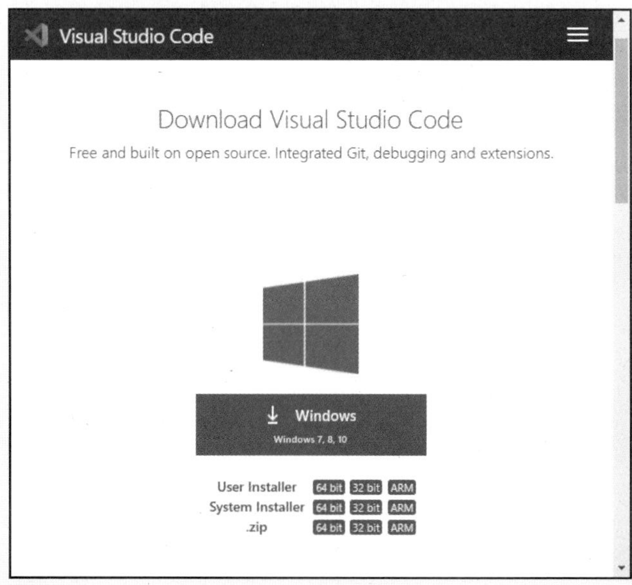

図1-36 Visual Studio CodeのダウンロードページからSystem Installerをダウンロードできる。

macOSのインストール

macOSの場合は、もっと簡単です。ダウンロードされるのは、Zip圧縮されたファイルです。これを展開すると、Visual Studio Codeが保存されますので、それをそのまま適当な場所に配置して利用してください。

図1-37　Zipファイルを展開するとVisual Studio Code本体が保存される。

Visual Studio Codeの日本語化 

インストールされたVisual Studio Codeを起動してみましょう。すると、おそらく表示がすべて英語になっていることに気がつくはずです。実際にVisual Studio Codeを使い始める前に、表示を日本語化しておきましょう。

ウインドウの一番左端に、縦にいくつかのアイコンが並んでいるのが見えますね？ その上から5番目(いくつかの正方形が組み合わせられた形のもの)をクリックしてください。これは、機能拡張プログラムを管理するためのものです。これをクリックすると右側に機能拡張のリストが表示されるので、その一番上に見える入力フィールドに「japanese」とタイプしEnter/Returnしましょう。これでjapaneseを含む項目が検索されます。

表示された項目の中から、「Japanese Language Pack for Visual Studio Code」という項目を探して選択してください。これが日本語化のための機能拡張です。クリックすると右側に内容が表示されるので、そこにある「Install」というボタンをクリックします。これで機能拡張がインストールされます。

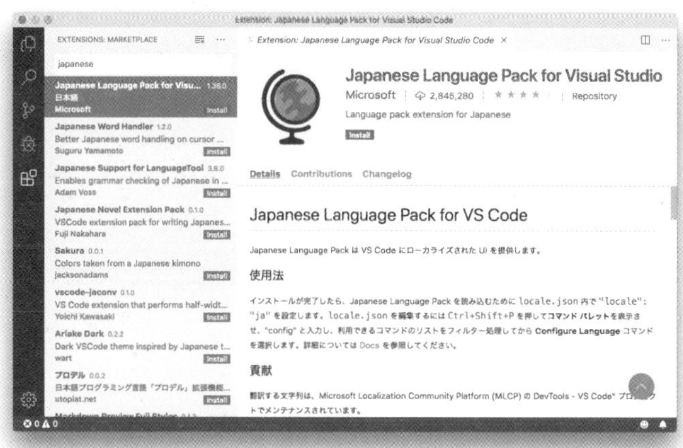

図1-38 Japanese Language Packを検索し、インストールする。

インストールが完了すると、ウインドウの右下にアラートのような表示が現れます。そこにある「Restart Now」というボタンをクリックしてください。これでVisual Studio Codeが再起動されます。次に起動したときには、表示はすべて日本語になっているはずですよ。

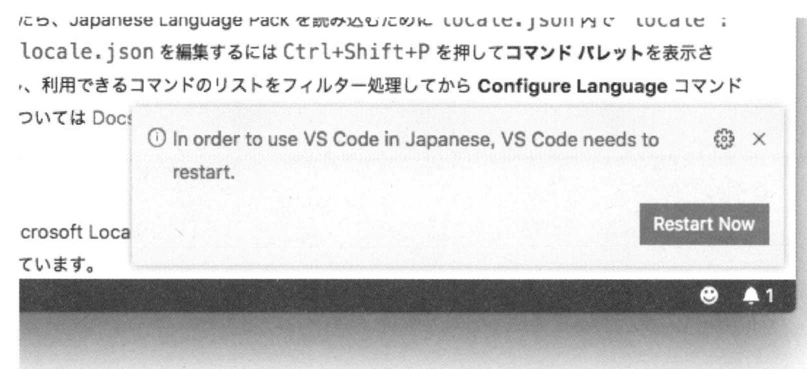

図1-39 右下のアラートにある「Restart Now」ボタンをクリックする。

Visual Studio Codeを使おう

では、起動したVisual Studio Codeの基本的な使い方を説明しておきましょう。なお、ここでの説明は、ざっと目を通す程度でかまいません。実際に使いながら本書を読み進めていけば、基本的な使い方は自然と覚えるはずです。それに、そもそもVisual Studio Codeは「使い方をマスターする」というほど難しいものではありませんから。

では、Visual Studio Codeのウインドウを見てみましょう。このウインドウは、左側にいくつかのアイコンが縦に並んでいるだけのシンプルなものです。実際にファイルを開いて編集する際には、ここにテキストエディタが表示され、編集できるようになります。

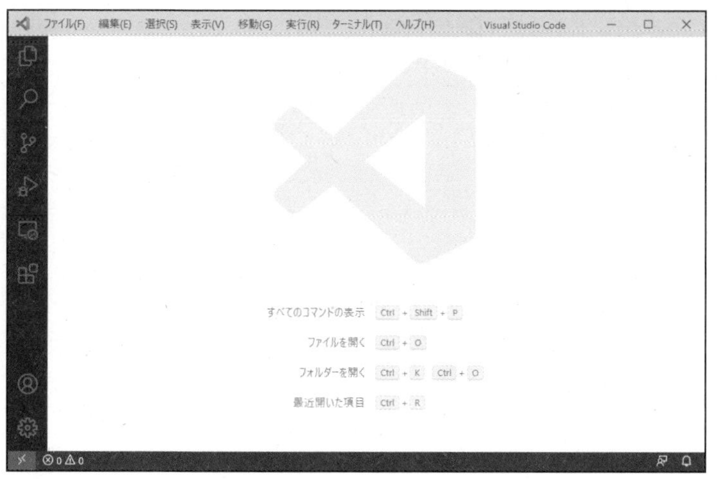

図1-40　Visual Studio Codeのウインドウ。左側にアイコンが表示されている。

なお、場合によっては、「Untitled-1」という真っ白いテキストエディタが表示されているかもしれません。その場合は、上部に見える「Untitled-1」の右側の×アイコンをクリックしてください。これでエディタが閉じられ、図1-40の画面になるでしょう。

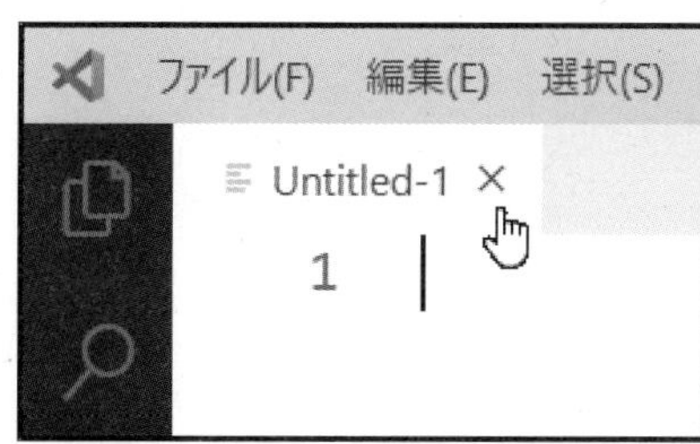

図1-41　真っ白いディタが表示されていたら、×をクリックして閉じておく。

フォルダーを開く

Visual Studio Codeは、「フォルダを開き、その中のファイル類を簡単に編集できるようにする」というものです。ですから、まずはフォルダを開いて使います。

「ファイル」メニューの「フォルダーを開く ...」メニューを選んでください。そしてオープンダイアログが現れたら、先ほど作成した「react_app」プロジェクトのフォルダを選択して開いてください。

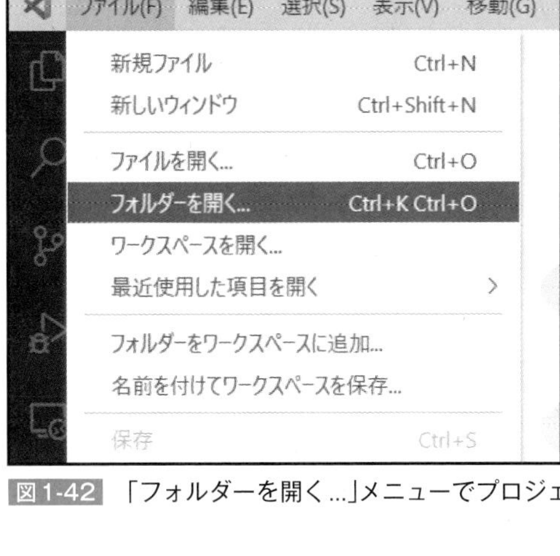

図1-42 「フォルダーを開く...」メニューでプロジェクトのフォルダを開く。

ファイルの階層表示

フォルダを開くと、左側にフォルダ内のファイルやフォルダが階層的に一覧表示されます。リストに表示されるフォルダを選択すると、そのフォルダが展開表示され、その中にあるファイル類が現れます。

またファイルをクリックするとそのファイルが開かれて編集できるようになります。ダブルクリックすると複数のファイルを同時に開いて編集できるようになります。

ファイル類のリストの下には「アウトライン」という項目があり、ここには現在開いているファイルのソースコードの構造が階層的に表示されます。ここでソースコードの全体の構造を把握したり、長いソースコードではクリックして必要な場所にカーソルを移動したりできます。

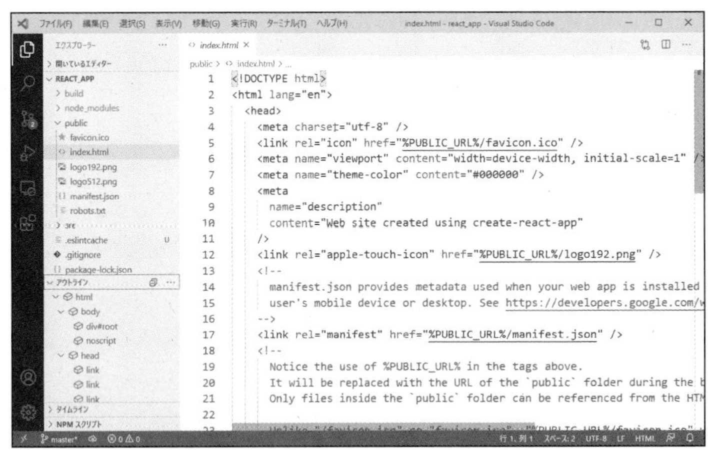

図1-43 左側のリストからファイルをクリックして開いたところ。

入力支援機能について

Visual Studio Codeのテキストエディタには、入力を支援する機能がいろいろと用意されています。ソースコードのファイルを開き、実際に入力をしてみると、さまざまな機能が自動的に働くことがわかるでしょう。以下に主な入力支援機能について簡単にまとめておきましょう。

色分け表示

記述するソースコードは、それぞれの単語や記号の役割ごとに色分け表示されます。その単語が何を意味するのかが直感的にわかります。例えば見覚えのない単語が出てきても、それが変数なのか関数なのかオブジェクトなのか見分けるのは意外と難しいでしょう。色分け表示されていればひと目で分かりますね。

自動インデント

ソースコードは、その構造に応じて文の開始位置をタブや半角スペースで右に移動します。これは「インデント」と呼ばれるものです。インデントにより、その構文がどこからどこまで続くのかがひと目で分かります(インデントした文が、構文の開始位置に戻ってきたら、その構文の終わりです)。HTMLでもタグの構造に応じてインデントがつけられるので、表示の構造を把握するのに役立ちます。

候補の表示

JavaScriptなどでは、入力の途中、必要に応じて候補となる値をポップアップ表示します。例えば、オブジェクトの中のメソッドを利用したい場合、オブジェクト名の後にドットをタイプすると、そのオブジェクトで使えるメソッドやプロパティが一覧表示されます。そこから項目を選べば、書き間違いなくメソッドやプロパティを記述できます。

閉じる記号の自動出力

記号やタグの中には、開始と終了がセットになったものがあります。例えば{}や()といった記号ですね。これらは、開始部分の{や(をタイプすると、自動的に閉じる}や)が出力されます。

また、HTMLで開始タグと終了タグがある場合は、開始タグを記述すると自動的に終了タグも書き出されます。

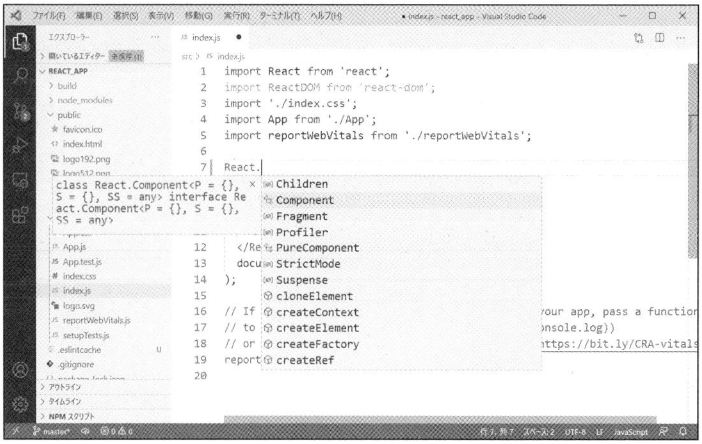

図1-44　Visual Studio Codeのエディタでは、各種の入力支援機能が組み込まれている。

ターミナルについて

Reactの開発では、コマンドを多用します。アプリの実行やビルドなどはすべてコマンドベースになっています。Visual Studio Codeを使って開発する場合でも、やはりコマンドの実行は行わないといけません。

が、Visual Studio Codeには、コマンドを実行できる「ターミナル」という機能が用意されています。これを利用することで、別途コマンドを実行するためのアプリなどを開いておく必要がなくなります。

これは「ターミナル」メニューから「新しいターミナル」メニューを選ぶだけです。これでウインドウの下部にターミナルが現れます。このターミナルは、開いているフォルダが選択された状態になっています。例えば、「react_app」フォルダを開いているなら、この「react_app」フォルダ内でコマンドが実行される形でターミナルが表示されるわけです。いちいちcdで移動する必要がなく、開いたらすぐにreactのコマンドを実行できます。

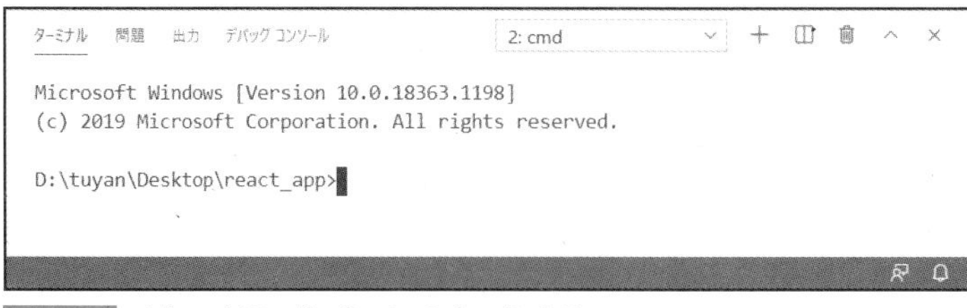

図1-45　Visual Studio Codeのターミナル。

この章のまとめ

この章では、Reactを利用したアプリケーション作成の基本的な手順や操作方法などについて説明をしました。いろいろと取り上げましたが、「絶対に覚えておきたい」というものはそれほど多くはありません。ここで重要なポイントを整理しておきましょう。

HTMLファイル1枚で動かす方法

Reactの利用方法はいくつかありましたが、もっとも基本となるのは、HTMLファイルに<script>タグを追加して使えるようにするやり方です。

これは、既にあるHTMLファイルなどにも簡単に組み込むことができるやり方ですし、なによりシンプルなので学習には持ってこいです。まずは、この方法をしっかり頭に入れておきましょう。

プロジェクトの作成と実行

npmを使い、プロジェクトを作成するやり方も覚えておきましょう。また、プロジェクトを実行する方法もです。これらがわかっていれば、プロジェクト方式の開発はとりあえず始められます。

プロジェクト方式は、今すぐ必要というわけではありませんが、必ず使うことになるものです。今から基本的な使い方は覚えておいたほうが良いでしょう。

「src」フォルダと「public」フォルダ

作成したプロジェクトの中にある「src」フォルダと「public」フォルダの役割は、しっかり理解しておいて下さい。これらは、プロジェクトの開発を行う上でもっとも重要になるものです。それ以外のファイルやフォルダは忘れていいので、この2つだけは絶対に忘れないで！

それ以外のもの、とりあえず忘れていいです。Visual Studio Codeの使い方、忘れていいです。というか、実際にこれでフォルダを開いて編集作業をしていけば、イヤでも基本的な使い方は覚えますから、無理に覚える必要なんてありませんよ。

また、React developer Toolsは、開発には必須ですが、これから学習を始めようという人には「今すぐ覚える」必要はありません。これも実際にプログラミングを始めれば、そのうち自然に覚えることになるでしょう。

そんな細かなことよりも、とにかく実際にReactを使って動かして、「Reactってこういうものなんだ！」ということを知ることのほうが遥かに大切です。というわけで、早速次の章からReactを使っていくことにしましょう！

Chapter

2

JSXをマスターしよう!

Reactでは、「JSX」という機能を使って表示内容を記述します。これは、HTMLのタグをJavaScriptの中で使える、画期的な機能です。このJSXを使った表示作成の基本について、ここでしっかり覚えておきましょう！

Section 2-1 Reactの基本を復習しよう

 HTMLファイルの内容をチェック！ 

では、いよいよReactについて学んでいくことにしましょう。Reactの使い方は、いろいろあります。1枚のHTMLファイルで作れるものもあれば、プロジェクトを使ったものもありましたね。

まずはシンプルな「1枚ファイルでの利用」を使ってReactの基本を説明していくことにしましょう。

前章で、1つのHTMLファイル(react_app.html)だけでReactを利用するサンプルとして、このようなスクリプトを作成しました(リスト1-2参照)。

リスト2-1

```
<!DOCTYPE html>
<html>
<head>
  <meta charset="UTF-8" />
  <title>React</title>
  <script crossorigin src="https://unpkg.com/react@17/umd/ ↵
    react.development.js"></script>
  <script crossorigin src="https://unpkg.com/react-dom@17/umd/ ↵
    react-dom.development.js"></script>
</head>
<body>
  <h1>React</h1>
  <div id="root">wait...</div>
  <script>
  let dom = document.querySelector('#root')
  let element = React.createElement(
    'p', {}, 'Hello React!'
  )
  ReactDOM.render(element, dom)
```

```
    </script>
</body>
</html>
```

これがReactのもっとも基本的な機能によるサンプルです。React利用には3つのポイントがあります。

<script>タグの用意

最初にReactのスクリプトをロードする必要があります。これは、2つの<script>タグとして用意されています。これらのタグは、以下のような形でsrcを指定してあります。

```
src="https://unpkg.com/react@17/umd/react.development.js"
src="https://unpkg.com/react-dom@17/umd/react-dom.development.js"
```

これらは「CDN（Content Delivery Network）」というサービスを利用してスクリプトを読み込んでいるんだ、と先に説明しましたね。Reactは、この2つのスクリプトファイルが最も基本となります。これらはそれぞれ以下のような役割を果たします。

react.js（react.development.js）	これがReactの本体になります。
react-dom.js（react-dom.development.js）	これはReactの仮想DOMのスクリプトファイルです。

どちらも、「○○.development.js」という形の名前を指定していますが、これは開発用に用意されているスクリプトファイルになります。実際にビルドし公開する際には、「○○.min.js」という名前のファイルに差し替えておくのが一般的です。こちらのスクリプトのほうが内容を圧縮して小さいサイズにまとめてあるため、読み込みも若干早くなります。

React組込み用のタグ

HTMLの<body>には、Reactによる表示を適用するためのタグが用意されています。この部分ですね。

```
<div id="root">wait...</div>
```

ここでは、id="root"を指定してありますが、これは「そうしないといけない」というものではありません。特定のタグを指定してReactの表示内容を組み込むので、IDを使って「ここに組み込む」ということがわかりやすいようにしてあるだけです。

重要なのは、「表示を組み込むためのタグをあらかじめ用意してページをデザインしておく」ということです。

スクリプトの用意

Reactの利用は、スクリプトを使って行います。<div id="root">の後に、以下のような形でスクリプトが用意されています。

```
<script>
……実行する処理……
</script>
```

この<script> ～ </script>部分に書かれているのが、Reactのスクリプトです。「Reactのスクリプトファイルのロード」「組込み用のタグ」を用意した後で、Reactによる表示を組み込む処理を実行することで、Reactが動作します。

DOMの仕組みを理解しよう

では、実際にどのような処理を行ってるのか、スクリプトの内容を説明していくことにします。が、その前に、JavaScriptでHTMLの表示を扱う上で重要な「DOM」について簡単にふれておきましょう。

既に述べたように、HTMLのタグをスクリプトから利用するため、JavaScriptには「DOM (Data Object Model)」と呼ばれる仕組みが用意されています。

DOMは、1つ1つのタグをJavaScriptのオブジェクトとして表します。それぞれのタグには、DOMのオブジェクトが用意されており、そこにタグの表示や属性などの情報がすべて詰まっています。そして、オブジェクトに用意されている値などを操作すると、そのオブジェクトに対応するタグの表示が変更されるようになっているのです。

このDOMで用意されるオブジェクトは、大まかにいうと「エレメント」と「ノード」があります。

●タグ＝エレメント？

エレメント(Elementオブジェクト)というのは、HTMLの各タグを扱うオブジェクトです。例えば、<p>タグとか<div>タグといったもののことですね。これらは、JavaScriptではそれぞれのタグに対応するエレメントとして用意されています。このエレメントを操作することで、これらのタグの表示をJavaScriptから操作できるのです。

Chapter 1
Chapter 2
Chapter 3
Chapter 4
Chapter 5
Chapter 6
Addendum

●一番小さい単位「ノード」

<p>タグというのは、実は更に細かな要素に分けて考えることができますね。「開始タグ」「終了タグ」「中に用意されるコンテンツ」といったものです。こうした1つ1つの要素を表すオブジェクトが「ノード(Nodeオブジェクト)」というものです。

もちろん、エレメントもノードの一種と考えていいでしょう。が、「エレメント=ノード」というわけではありません。

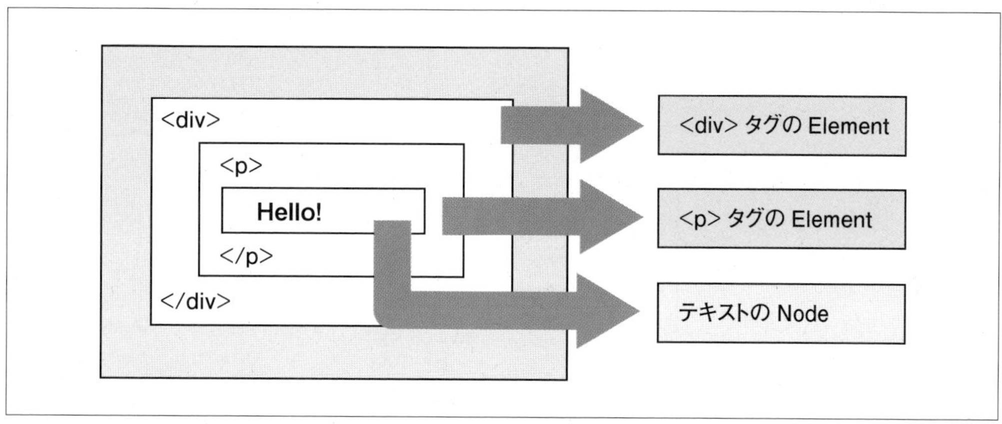

図2-1　HTMLの要素は、エレメントとノードとして取り出される。

ノードは「テキスト」？

この「エレメント」と「ノード」の違いというのは、JavaScriptをある程度使ったことのある人でも「今ひとつよくわかってない」なんてことも多々あります。

例えば、こんな感じのタグがあったとしましょう。

```
<div>
    <p>Hello</p>
</div>
```

この<div>タグのエレメントを考えてください。このエレメントの中に組み込まれているエレメントは？「<p>タグのエレメントだろう」って？ そうです、その通り。では、<div>タグの中に組み込まれている「ノード」はなんでしょう？

「同じだろう？ <p>タグのエレメントだ。他に何もないじゃないか」と思った人。いいえ、それは「2番目に組み込まれているノード」ですよ。その前に、もう1つノードがあるんです。わかりますか？

それは、「改行と半角スペースのテキスト」のノードです。ほら、改行して、<p>の前に半角スペースがいくつかあるでしょう？ これらのテキストも、ノードとしてちゃんと認識されているんですよ。

エレメントは「それぞれのタグに対応するオブジェクト」ですが、ノードはHTMLにあるあらゆる要素を扱うためのオブジェクトなのです。エレメントもノードの一種ですから、上の3行のソースコードでは「<div>のエレメント」「<p>のエレメント」「<div>と<p>の間のテキストノード」「</p>と</div>の間のテキストノード」と4つのノードが用意されていることになるんですね。

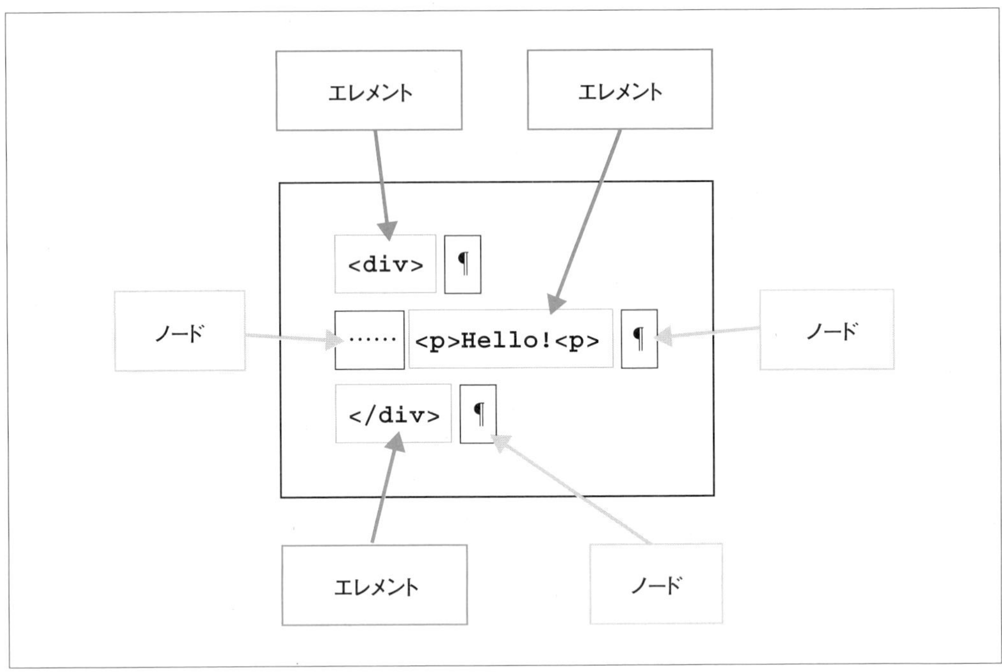

図2-2　DOMでは、タグとタグの間のテキストもノードとして扱われる。

表示作成の基本スクリプト

では、実際にどのような処理を行ってるのか、スクリプトの内容をチェックしましょう。ここでは、3つの文を実行しています。

組込み用タグの取得

まず最初に、Reactの表示を組み込むタグのElementオブジェクトを取得しておきます。この部分ですね。

```
let dom = document.querySelector('#root')
```

ここでは、querySelectorというメソッドを使ってid="root"のタグのオブジェクトを取り出しています。これは、別にReactの機能というわけではなくて、JavaScriptにある一般的な機能です。

仮想Elementの作成

次に、Reactというオブジェクトの「createElement」というメソッドを使ってエレメントを作成しています。この部分です。

```
let element = React.createElement(
  'p', {}, 'Hello React!'
)
```

ただし、これはDOMのエレメントではありません。「仮想DOM」のElementオブジェクトなのです。

仮想DOMは、Reactが利用する「もう1つのDOMシステム」です。既に説明しましたが、Reactは、JavaScriptのDOMとは別に、独自にDOMシステムを用意しています。これが「仮想DOM」です。React.createElementは、Reactの仮想DOMによるElementを作成するものです。

まぁ、今は何がどう違うのかよくわからないでしょうが、「Reactでは、仮想DOMのエレメントを作って組み込むのだ」ということだけ頭に入れておいて下さい。

このメソッドは、以下のように記述します。

●エレメントの作成

```
React.createElement( タグ名 , 属性 , 中に組み込まれるもの );
```

第1引数には、作成するタグの名前を指定します。例えば、<p>タグのエレメントを作るなら "p" とします。

第2引数には、そのエレメントに用意される属性のオブジェクトを用意します。これは、特に必要ない場合は中身が空のオブジェクトとして{}を指定しておきます。

第3引数には、作成するエレメントの内部に組み込まれるものを用意します。テキストを表示するならば、そのテキストを指定すればいいでしょう(これは、Nodeオブジェクトとして用意する必要はありません。普通にテキストの値を指定すればOKです)。

レンダリングの実行

作成した仮想DOMのエレメントは、レンダリングを行って画面に表示します。それを行うのが以下の部分です。

```
ReactDOM.render(element, dom);
```

「レンダリング」というのは、用意されている情報をもとに、実際に画面に表示されるデータ(Webアプリの場合はHTMLのソースコードになります)を生成する作業のことです。

このレンダリング作業を行うのがReactDOMというオブジェクトの「render」メソッドです。これは以下のように利用します。

●**レンダリングした表示の作成**

```
ReactDOM.render( エレメント , DOM );
```

第1引数には、createElementで作成した仮想DOMのエレメント、そして第2引数にはそれをはめ込むタグのDOM（これは仮想DOMでなくて、本来のDOMです)のエレメントを指定します。これで、指定した仮想DOMのオブジェクトを指定の場所に組み込んで実際のタグとして表示をします。

これも、今のところは「renderで仮想DOMをレンダリングして実際に表示しているんだ」という程度に理解していればいいでしょう。仮想DOMは、実際にいろいろ利用しながら少しずつ使い方を覚えていけばそれで十分です。

スクリプトを分離しよう

このまま使ってもいいのですが、HTMLのタグ内にスクリプトが組み込まれた状態だと、プログラム作成がちょっと面倒くさくなりますね。やはりスクリプトは別ファイルに切り離しておいたほうが便利です。ということで、スクリプトを別ファイルに切り離してみましょう。

では、1章でデスクトップに作成しておいたreact_app.htmlを開いて、内容を以下のように書き換えてください。

リスト2-2

```
<!DOCTYPE html>
<html>
<head>
  <meta charset="UTF-8" />
  <title>React</title>
  <script crossorigin src="https://unpkg.com/react@17/umd/ ↵
    react.development.js"></script>
  <script crossorigin src="https://unpkg.com/react-dom@17/umd/ ↵
    react-dom.development.js"></script>
</head>
```

```
<body>
  <h1>React</h1>
  <div id="root">wait...</div>
  <script src="./script.js"></script>
</body>
</html>
```

スクリプトがなくなり、すっきりしました。代りに、<script src="./script.js">というタグが追加されています。これが、スクリプトファイルです。

では、HTMLファイルと同じ場所(サンプルではデスクトップ)に「script.js」という名前でファイルを用意しましょう。そして以下のように記述をしてください。

リスト2-3

```
let dom = document.querySelector('#root')

let element = React.createElement(
  'p', {}, 'Hello React Application!'
)

ReactDOM.render(element, dom)
```


図2-3　HTMLファイルを表示したところ。スクリプトがちゃんと動いていればこのように表示される。

保存したら、HTMLファイルをWebブラウザで開いてみましょう。「Hello React Application!」とメッセージが表示されればOKです。もし、「wait...」のままだったら、スクリプトがうまく実行できていない証拠なので、書き間違いがないかよく確認しましょう。

 複雑な表示を作るには？ 

とりあえず、「idで指定したタグに、createElementで作ったタグを追加する」というのはできました。けれど、これだけでは単純な表示しか作れませんね。もっと複雑な表示を作るにはどうすればいいんでしょうか。

これは、createElementの3番目の引数に「内部に組み込むオブジェクト」を用意することで作成できます。createElementでは、3番目に「エレメントの中に組み込むもの」を指定します。これは、テキストでなくノードを指定することもできます。また配列を使い、複数のオブジェクトを指定することもできるのです。

したがって、createElementの引数に、更にcreateElementを組み込むことで、複雑な構造のエレメントを作成できるようになるのです。こんな具合ですね。

```
React.createElement( タグ名 , 属性 ,
  React.createElementタグ名 , 属性 ,
    React.createElementタグ名 , 属性 ,
      ……略……
    )
  )
)
```

これに加え、複数のエレメントを並べるときはcreateElementの配列を用意すればいいでしょう。「なんだかものすごく複雑になりそうだな」と思うでしょうが、まぁやってできないことはありませんよ(多分ね)。

複雑な表示を作ってみる

では、実際に試してみましょう。先ほどのscript.jsのスクリプトを書き換えてみることにします。以下のように内容を修正してください。

リスト2-4

```
let dom = document.querySelector('#root')

let element = React.createElement(
  'div', {}, [
    React.createElement(
      'h2', {}, "Hello!"
    ),
    React.createElement(
      'h3', {}, "React sample page."
    ),
    React.createElement(
      'ul', {}, [
        React.createElement(
          'li', {}, "First item."
        ),
        React.createElement(
          'li', {}, "Second item."
```

```
        ),
        React.createElement(
          'li', {}, "Third item."
        ),
      ]
    ),
  ])

ReactDOM.render(element, dom);
```

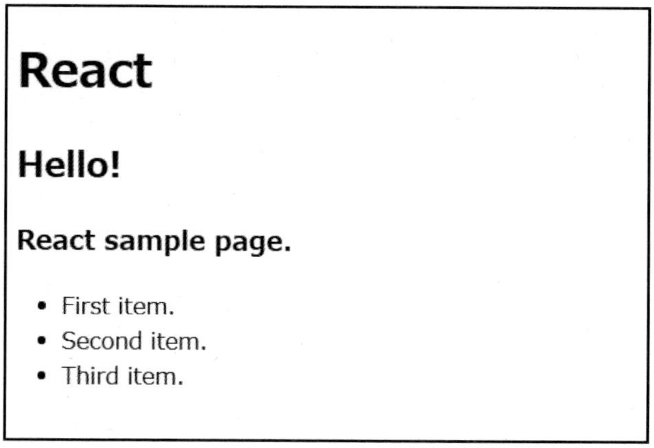

React

Hello!

React sample page.

- First item.
- Second item.
- Third item.

図2-4　いくつかのメッセージとリストが表示される。

修正できたら、WebブラウザでHTMLファイルを表示してみましょう。するとタイトルの下にサブタイトル、更にレベルの下のサブタイトル、3項目のリストといったものが表示されます。これらはすべてReactで作成したものです。

ここでは、React.createElementで作成する<div>タグの中に更に<h2>と<h3>、<ul>といったタグのElementを配列にまとめて用意してあります。そして<ul>のエレメント内には、更に3つの<li>のエレメントが用意されています。

こんな具合に、あるエレメントの中で表示される別のエレメントをどんどん組み込んでいくことで、複雑な表示も作成していけるんです。ちょっと……いや相当に「慣れ」と「忍耐」が必要ですが……。

「そんなの無理！」という人、心配はいりません。Reactには、もっと簡単にHTMLの表示を作っていける機能もちゃんと用意されていますから。これについては、もう少し後で説明をします。

Bootstrapでデザインしよう

ページのデザインはどうする？

とりあえず簡単な表示が作れるようになったところで、「表示するページのデザインをどうするか」についても考えておくことにしましょう。

通常、Webページのデザインは、スタイルシートというものを使い、テキストなどに細かな属性を設定して調整していきます。ただし、これには膨大な手間がかかりますし、何より「自分にセンスがないと、途端にダサいデザインになる」という大きな問題を抱えています。

Webページのデザインというのは、例えばテキストや背景の色や配置の具合をちょっと調整するだけで、クールにもなるしダサくもなります。センスさえあれば簡単でしょうが、世の中そんなにデザインセンスのある人ばかりではありません。「あんまりそういうのには自信がない……」という人だってきっと多いことでしょう。

そういう人は、どうしたらいいか。それは、あらかじめセンスのいい人が作ってくれたスタイルを利用すればいいのです。世の中には、きれいにデザインをするための「スタイルシート・フレームワーク」というものがあります。これを使えば、誰でも比較的きれいにまとまったデザインを作成できるようになります。

ここでは、「Bootstrap」というものを利用しましょう。Bootstrapはオープンソースのフレームワークです。あらかじめ多数のスタイルシートクラスが用意されており、このクラスをタグに指定するだけで統一感のあるデザインが作れるようになります。

CDNでBootstrapを使う

このBootstrapは、npmでパッケージをインストールして利用することもできますが、1枚だけのHTMLファイルで利用するような場合はそうもいかないでしょう。Webというのは、HTMLファイルだけで作られることも多いものです。そこで、どんな場合でも簡単にBootstrapを利用できるようにする方法を紹介しておきましょう。

それは、「CDN」を使った方法です。CDN (Content Delivery Network)は、さまざまなコンテンツの配信を行っているWebサービスでしたね。このCDNのサイトから、Bootstrapのファイルを読み込んで使えばいいのです。

このCDNからBootstrapを利用するには、以下のようなタグをHTMLの<head>内に追記しておくだけです。

```
<link rel="stylesheet" href="https://stackpath.bootstrapcdn.com/ ↲
  bootstrap/4.5.0/css/bootstrap.min.css" crossorigin="anonymous">
```

これだけで、Bootstrapのスタイルクラスが使えるようになります。実をいえば、BootstrapにはJavaScriptを利用した本格的なコンポーネントもあるのですが、それらは上記のタグだけでは使えるようになりません(JavaScriptのスクリプトもロードする必要があります)。が、スタイルクラスだけでも、Webページの基本的なデザインは十分可能です。

HTMLファイルでBootstrapを使う

では、実際にBootstrapを使ってみましょう。先ほどのreact_app.htmlの中身を以下のように書き換えてみてください。

リスト2-5

```
<!DOCTYPE html>
<html>
<head>
  <meta charset="UTF-8" />
  <title>React</title>
  <link rel="stylesheet" href="https://stackpath.bootstrapcdn.com/ ↲
    bootstrap/4.5.0/css/bootstrap.min.css" crossorigin="anonymous">
  <script crossorigin src="https://unpkg.com/react@17/umd/ ↲
    react.development.js"></script>
  <script crossorigin src="https://unpkg.com/react-dom@17/umd/ ↲
    react-dom.development.js"></script>
</head>
<body>
  <h1 class="bg-primary text-white display-4">React</h1>
  <div class="container mt-3">
    <div id="root">wait...</div>
  </div>
  <script src="./script.js"></script>
</body>
</html>
```

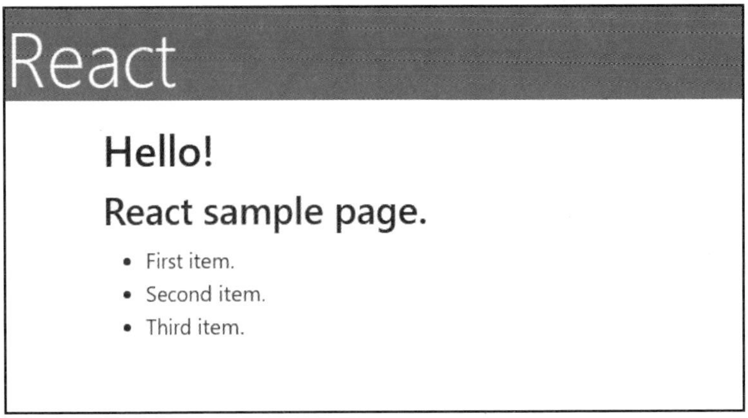

React

Hello!

React sample page.

- First item.
- Second item.
- Third item.

図2-5　Bootstrapでページをデザインする

ページをリロードすると、青い背景にタイトルが表示されたページが現れます。その下に表示されるコンテンツは、左右に適度に余白が空き、見やすくなっているのがわかるでしょう。これが、Bootstrapによってデザインされたページです。

class属性にクラスを用意する

では、どのようにBoostrapが使われているのか見てみましょう。ここでは、<head>内に先ほどの<link>タグを追加しています。これでBootstrapのスタイルクラスが使えるようになります。

このクラス類は、ここでは以下の部分で使われています。

```
<h1 class="bg-primary text-white display-4">React</h1>
<div class="container mt-3">
```

それぞれのクラスの内容は後で説明するとして、これらのタグにある「class」という属性に、Bootstrapのクラスを指定することで、表示がデザインされることがわかるでしょう。テキストの大きさ、背景色、テキスト色など、クラスを指定することで簡単に設定できるのです。

また、class属性には、複数のクラスを指定することもできます。この場合、それぞれのクラス名の間をスペースで空けて記述します。このようにすることで、いくつものクラスを設定して細かく表示を整えていくことができます。

containerについて

使用クラスについては、主なものは後で説明をしますが、ここで1つだけ頭に入れておいてほしいものがあります。それは「container」です。

ここでは、コンテンツを表示している<div>タグに「container」というクラスが用意されていますね。これはBootstrap特有のもので、コンテンツを配置するベースとなるクラスです。

表示されたコンテンツは、左右に若干の余白が空いています。Bootstrapは、コンテンツを左端から右端まできっちりと表示するのではなく、ある程度の余白で調整をしながら表示します。それを行うのがcontainerクラスです。これを指定すると、そのタグ内にあるコンテンツに配置調整機能が適用されるようになります。

最初の<h1>タグは、このcontainerを指定した<div>タグの外側にありますね。このため、この<h1>のタイトル表示はウインドウの端から端まで表示されるようになっていたのですね。タイトルやフッターなど、ウインドウの端から端まで使って表示させたいものは、containerの外側に記述をします。そして肝心のコンテンツ部分は、containerの中に用意し、余裕を持って表示されるようにするのですね。

 ReactエレメントでBootstrapを使う 

HTMLでは、タグのclassにクラスを用意するだけで簡単にBootstrapが利用できることがわかりました。では、Reactのエレメントではどうでしょう。簡単にBootstrapを使えるのでしょうか。

これも、実際にやってみましょう。先ほどのscript.jsの内容を以下のように書き換えてみましょう。

リスト2-6

```
let dom = document.querySelector('#root')

let element = React.createElement(
  'div', {}, [
    React.createElement(
      'h2', {}, "Hello!"
    ),
    React.createElement(
      'h4', {className:'alert alert-primary'},
      "React sample page."
    ),
    React.createElement(
      'ul', {className:'list-group'}, [
        React.createElement(
          'li', {className:'list-group-item'},
          "First item."
        ),
        React.createElement(
```

```
        'li', {className:'list-group-item'},
        "Second item."
      ),
      React.createElement(
        'li', {className:'list-group-item'},
        "Third item."
      ),
    ]
  ),
])

ReactDOM.render(element, dom)
```

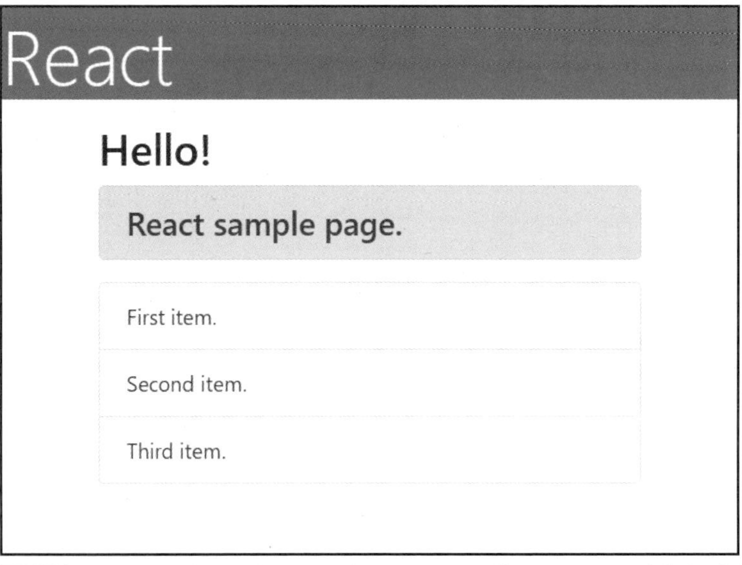

図2-6　アクセスすると、ReactによるコンテンツがBootstrapでデザインされる。

リロードすると、表示コンテンツがデザインされます。テキストメッセージは淡い青の背景に変わり、その下のリスト部分は四角い枠の中に項目のテキストが表示された状態になります。Reactで作成したエレメントにスタイルが設定されているのがわかるでしょう。

createElementのclass指定

では、どのようにしてクラスを設定しているのか、<h4>タグのエレメントを生成している部分を見てみましょう。するとこうなっているのがわかります。

```
React.createElement(
  'h4', {className:'alert alert-primary'},
```

```
  "React sample page."
),
```

先ほどまで空だった第2引数の{}内に、{className:'alert alert-primary'}というように値が設定されています。これがclass属性の値です。createElementでは、このように2番目の引数にタグの属性を指定します。class="○○"と値を指定するならば、{className: '○○'}という形でクラスを指定すればいいのです。

 Bootstrapのテキスト表示クラス 

これで、ReactのコンテンツでもBootstrapのクラスが使えることがわかりました。後は、どんなクラスが用意されているのかを覚えるだけです。

といっても、Bootstrapには膨大な数のクラスが用意されており、それらすべてをすぐに覚えるのは無理でしょう。そこで、「とりあえずこれだけ覚えておけば、基本的なページデザインはできる」というポイントに絞って説明しておきましょう。

フォントサイズについて

まずは、フォントサイズについてです。これは見出しに関するクラスだけが用意されています。用意されているクラスは「h1」〜「h6」というものです。そう、<h1>〜<h6>のタグ名がそのままクラスになっているのですね。

例えば、<h3>に相当するフォントサイズで表示させたければ、これをclassに指定すればいいのです。

```
<p class="h3">表示テキスト</h3>
```

こんな具合ですね。なお、<h1>〜<h6>のタグは、自動的にh1〜h6のクラスが設定されるので、わざわざclassを用意する必要はありません。

ディスプレイフォントについて

この他に「ディスプレイ」というクラスも用意されています。これは、より目立つ見出しを作りたいときに用いられるもので、「display-1」〜「display-4」という4つのクラスが用意されています。

例えば、先ほどの<h1>タグには、display-4クラスがclassに用意されていましたね。これで、より目立つ形でタイトルを表示していたのですね。

色の設定

フォントサイズと共に必要となるのが「色」のクラスでしょう。これは、背景色とテキスト色のそれぞれのクラスを以下のような形で記述します。

```
bg-色名
text-色名
```

Bootstrapには、色を表す名前がいくつか用意されており、「bg-」「text-」の後にその色名をつけることで、背景やテキストの色を設定することができます。用意されている色名は、以下のようになります。

primary	secondary	success	danger	warning
info	light	dark	body	muted
white	black-50	white-50		

見てわかるように、色名といっても「red」「blue」といった特定の色を示すものはありません。それぞれの役割を示す名前になっていることがわかるでしょう。これは、テーマによって全体の色がドラスティックに変更されたりすることを見越してこのような色の指定の仕方になっています。

慣れないうちは「思ったような色がない！」と思うかもしれませんが、全体を統一感あるデザインで表示することを考えれば、用意されている色名だけを利用したほうがまとまりある表示が作れることがわかるでしょう。

Chapter 1
Chapter 2
Chapter 3
Chapter 4
Chapter 5
Chapter 6
Addendum

テキストと背景の色を設定する

では、実際の利用例を挙げておきましょう。react_app.htmlの<body>部分を以下のように書き換えてみてください。

リスト2-7

```
<body>
  <h1 class="bg-primary text-white display-4">React</h1>
  <div class="container mt-3">
    <div class="bg-primary text-white">primary</div>
    <div class="bg-secondary text-white">secondary</div>
    <div class="bg-success text-dark">success</div>
    <div class="bg-warning text-dark">warning</div>
  </div>
```

```
</body>
```

図2-7　いくつかの異なる背景とテキスト色で表示をする。

ここでは簡単な例として、primary, secondary, success, warningといった背景色でテキストを表示してみました。bg-○○とtext-○○という2つのクラスを指定することで、背景色とテキスト色が変更されることがわかるでしょう。

余白について

コンテンツを表示するとき、前後や左右の余白を少しあけたいこともあります。そのような場合、「マージン」と「パディング」というものを調整する必要があります。

●マージンの指定

マージンは、その要素の周辺の余白を設定するものです。これは「m-0」～「m-5」の6種類が用意されています。m-0は余白ゼロで、数字が増えるにつれて幅が広がります。

●パディングの指定

パディングはその要素の内部の間隔を設定するものです。これは、「p-0」～「p-5」の計6種類があります。これもp-0が余白ゼロで、数字が増えるほど内部の余白幅が広くなります。

この「内部の余白」「外側の余白」というのは、具体的にどう違うのかよくわからないかもしれません。以下に簡単な利用例を上げておきましょう。react_app.htmlの<body>を書き換えてください。

リスト2-8

```
<body>
  <h1 class="bg-primary text-white display-4">React</h1>
  <div class="container mt-3">
```

```
    <div class="m-4 bg-warning">margin 3</div>
    <div class="p-4 bg-warning">padding 3</div>
  </div>
</body>
```

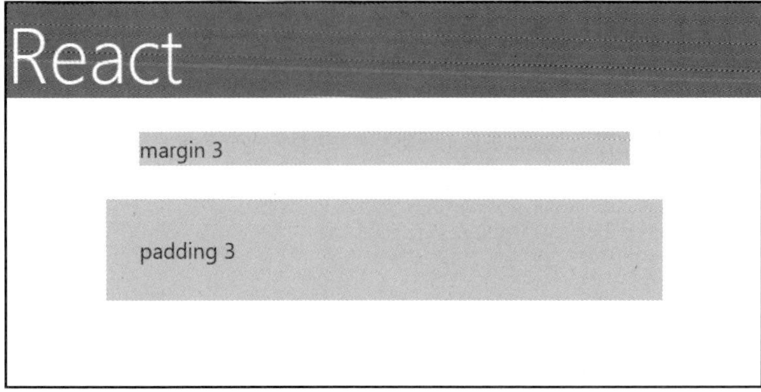

図2-8　マージンを空けた表示とパディングを空けた表示。

ここでは2つのテキストを表示しています。1つ目は、テキストの要素の外側に余白が表示されています。2つ目は、テキストが表示されている要素の内部に余白がとられています(背景が塗られているエリアが、その要素の領域です)。要素の内側と外側の余白の違いがわかったでしょうか。

フォームの表示

Webページに表示するコンテンツを考えたとき、「フォーム」は重要です。フォームは、HTMLに容易されているタグを書いて並べただけだと、味も素っ気もないものになってしまいます。Bootstrapを使うことで、きれいにデザインされたフォームを作れるようになります。

フォームの基本は、入力を行う<input>タグに以下のようにクラスを用意するだけです。

```
class="form-control"
```

これで、フォームがデザインされた表示に変わります。非常に簡単ですね。

ただし、これだけでは、入力の項目が表示されるだけで、項目名などの表示はされません。そこでフォームの入力項目は以下のような形にまとめておくことが多いでしょう。

```
<div class="form-group">
  <label>ラベル</label>
```

```
  <input type="○○" class="form-control">
</div>
```

これで、各項目に説明のラベルを付けて表示することができます。この形式の入力項目を必要なだけ並べて配置すればいいのです。では、簡単な例を挙げておきましょう。react_app.htmlの<body>を修正してください。

リスト2-9

```
<body>
  <h1 class="bg-primary text-white display-4">React</h1>
  <div class="container mt-3">
    <form>
      <div class="form-group">
        <label for="id">account</label>
        <input type="email" class="form-control" id="id">
      </div>
      <div class="form-group">
        <label for="pass">password</label>
        <input type="password" class="form-control" id="pass">
      </div>
    </form>
  </div>
</body>
```

図2-9　2つの入力項目を持ったフォーム。

ここでは、アカウント名とパスワードを入力するフォームを用意しました。HTMLのデフォルトのものと比べると、ずいぶんと見やすくきれいにデザインされたフォームに変わっているのがわかるでしょう。

チェックボックスとラジオボタン

これらは、<input>のもっとも基本的な書き方です。が、これは基本的に「テキストを入力するもの」のみです。それ以外のチェックボックスやラジオボタンのような「選択するもの」は別の書き方をします。

```
<div class="form-check">
  <input type="○○" class="form-check-input">
  <label class="form-check-label">ラベル</label>
</div>
```

全体は、class="form-check"を指定したタグでまとめます。そして<input>にはclass="form-check-input"を、ラベルのテキストにはclass="form-check-label"をそれぞれ指定します。これで問題なく表示されます。

では、これも簡単な例を挙げておきましょう。react_app.htmlの<body>を以下のように修正してみてください。

リスト2-10

```
<body>
  <h1 class="bg-primary text-white display-4">React</h1>
  <div class="container mt-3">
    <form>
      <div class="form-check">
        <input type="checkbox" class="form-check-input" id="check">
        <label class="form-check-label" for="check">チェックボックス</label>
      </div>
      <div class="form-check">
        <input type="radio" class="form-check-input" id="rb1" name="rb">
        <label class="form-check-label" for="rb1">ラジオボタン1</label>
      </div>
      <div class="form-check">
        <input type="radio" class="form-check-input" id="rb2" name="rb">
        <label class="form-check-label" for="rb2">ラジオボタン2</label>
      </div>
    </form>
  </div>
</body>
```

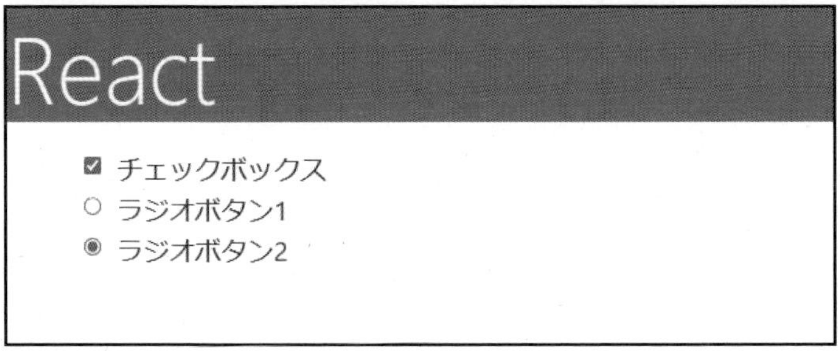

React

チェックボックス
ラジオボタン1
ラジオボタン2

図2-10　チェックボックスとラジオボタンを表示する。

ここでは1つのチェックボックスと2つのラジオボタンを表示しています。項目全体をまとめる<div>にclass="form-check"を用意し、<input>にはclass="form-check-input"、そしてラベルにはclass="form-check-label"を指定しています。これでチェックボックスとラジオボタンがデザインされます。

ボタンについて

最後にボタンについても触れておきましょう。フォームの送信ボタンなどでは、以下のようにクラスを用意します。

```
class="btn btn-色名"
```

これで、指定された色のボタンが表示されるようになります。これはフォームの送信ボタンに限らず、他のものでも使えます。<a>タグでリンクをボタンのように表示したり、あるいは<p>タグのテキストをボタンの形で表示させたりすることも可能です。

 その他の重要なコンテンツについて 

この他にも、覚えておきたいコンテンツのクラスがいくつかありますので、ここでまとめて説明しましょう。

リストの表示

<ul>や<ol>によるリストは、全体をひとまとめにした「リストグループ」という形のデザインで表示させることができます。これは、以下のようにクラスを指定します。

```
<ul class="list-group">
  <li class="list-group-item">表示する項目</li>
```

```
    ……必要なだけ項目を用意……
</ul>
```

ここでは<ul>を使っていますが、<ol>でも同様に使えます。まず全体をまとめるのにclass="list-group"というクラスを用意し、表示される個々の項目にはclass="list-group-item"を指定します。

これは、実は既に使っています。リスト2-6のReactのエレメントにクラスを指定するところで利用していたのです。もう一度、リスト2-6に戻って、リストがどう表示されているか確認してみると良いでしょう。

テーブルについて

テーブルもコンテンツとしてよく使われるものでしょう。これもBootstrapで簡単にデザインできます。<table>タグに以下のクラスを用意しておくだけでいいのです。

```
class="table"
```

これで、テーブル全体がデザインされた表示に変わります。では、以下に簡単な例を挙げておきましょう。react_app.htmlの<body>を修正してください。

リスト2-11

```
<body>
  <h1 class="bg-primary text-white display-4">React</h1>
  <div class="container mt-3">
    <table class="table">
      <thead>
        <tr><th>ID</th><th>name</th></tr>
      <thead>
      <tbody>
        <tr><td>1</td><td>YAMADA-Taro</td></tr>
        <tr><td>2</td><td>TANAKA-Hanako</td></tr>
        <tr><td>3</td><td>SUZUKI-Sacihko</td></tr>
    </table>
  </div>
</body>
```

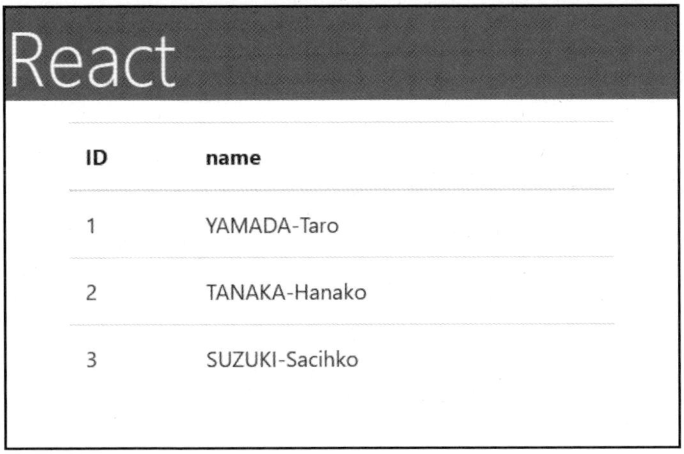

ID	name
1	YAMADA-Taro
2	TANAKA-Hanako
3	SUZUKI-Sacihko

図2-11 テーブルの表示。class="table"だけでこのように表示される。

表示がシンプルなデザインの表に変わるのがわかるでしょう。たった1つのクラス指定だけで作れますから簡単ですね！

これに更に追加するオプションとして、ヘッダー部分の<thead>タグにclass="thead-dark"と用意するとヘッダーを黒い背景にできます。また<table>のclassに「table-striped」というクラスを追加すると、1行ごとに交互に背景色を変えることができます。

アラートについて

メッセージなどをより目立つ形で表示したいときに、Bootstrapには「アラート」というコンポーネントが用意されています。これは、以下のようにクラスを指定するだけです。

```
class="alert alert-色名"
```

たったこれだけで、テキストを「アラートメッセージ」という形で表示させることができます。これは非常に便利なのでぜひ覚えておきましょう。

これも、実は既に使っています。リスト2-6でメッセージの表示に利用していたのです。この部分ですね。

```
React.createElement(
  'h4', {class:'alert alert-primary'},
  "React sample page."
),
```

これは、HTMLのタグの形で表すならば以下のような形になるでしょう。

```
<h4 class="alert alert-primary">React sample page.</h4>
```

このアラートは、どんなタグにも使うことができます。これから先、何度も使うことになると思いますので、ここで基本的な書き方だけ覚えておきましょう。

この他にもBootstrapのクラスは多数ありますが、それらは実際に利用するときに簡単に説明することにします。また、かなり駆け足で説明したので「よくわからない！」というところもるでしょうが、これから実際に使っていけば次第に使い方がわかってくるはずですから心配いりませんよ。今のところは、「Bootstrapはclassにクラスを書くだけで使える」という基本がわかっていればそれで十分です。

Section 2-3 JSXを使おう！

 JSXを準備しよう 

では、話をReactのプログラミングに戻しましょう。リスト2-6でReactを使った簡単な表示を作成しました。一応、使い方は説明しましたが、正直、まったく便利な感じはしなかったことでしょう。いちいちcreateElementで表示する要素を作っていくのですから、ちょっと複雑な表示になったら一体どうやって作ればいいのかわからなくなりそうです。

「もっとシンプルに表示内容を記述したい！」なんて思う人もきっと大勢いたはずですね。が、心配はいりません。Reactには、HTMLのタグを直接JavaScriptのスクリプトに記述する仕組みがあるのです。「JSX」と呼ばれるもので、これを利用することで複雑なタグの構造をシンプルに記述できるようになるのです。

ライブラリを読み込む

このJSXを利用するには、そのためのライブラリを読み込んでやる必要があります。react_app.htmlを開いて、<head>タグの中に以下のタグを追記してください(React用に書いてある2つの<script>タグの下あたりでいいでしょう)。これで、JSXの機能が利用できるようになります。

リスト2-12

```
<script src="https://unpkg.com/@babel/standalone/babel.min.js"></script>
```

コラム JSXって、なんで動くの？ Column

JSXは、「文法拡張」と呼ばれるもので、JavaScriptの文法を拡張し、HTMLのタグを値として直接記述できるようにするものです。これ、普通に書くと文法エラーになってしまうものなのです。なんで問題なく動くのでしょう。

秘密は、<script>タグで読み込むライブラリにあります。これは「Babel」といって、最新のJavaScriptの仕様で書かれたJavaScriptのコードを、古い仕様にコンパイルするプログラムなんです。

JSXは、このBabelを使って、記述したJSXのタグをJavaScriptのコードに変換し動くようになっているのです。つまり、書いてあるスクリプトはそのままではエラーになるはずなんですが、読み込んだ段階で問題なく動くように変換されているのです。すごい技術ですね！

JSXを書いてみよう！

先ほどまでのreact_app.htmlを使って、JSXを使っていくことにしましょう。ただし！JSXは、HTMLファイルを直接Webブラウザで開いた場合、スクリプトファイルを別に切り離すとうまく動いてくれません。そこで、せっかくスクリプトファイルを作ったのですが、またHTMLファイル1つですべてを記述するやり方に戻ることにします。

では、react_app.htmlを開いて、<body>タグの部分を以下のように修正しましょう。

リスト2-13

```
<body>
  <h1 class="bg-primary text-white display-4">React</h1>
  <div class="container mt-3">
    <div id="root">wait...</div>
  </div>
  <script type="text/babel">
  let dom = document.querySelector('#root')

  let el = (
    <div>
      <h2>JSX sample</h2>
      <p>This is sample message.</p>
    </div>
  )

  ReactDOM.render(el, dom)
  </script>
</body>
```

図2-12　HTMLファイルをブラウザで表示したところ。

ファイルを保存したら、Webブラウザで開いてみましょう。「JSX Sample」というサブタイトルと、「This is sample message.」というメッセージが表示されていますね。これが、Reactで作成された表示です。「wait...」のままの場合はどこか書き間違えているのでよくチェックしましょう。

JSXの値をチェック！

では、スクリプトを確認しましょう。まず、<script>タグの部分に注目してください。こんな属性が書かれていますね。

```
type="text/babel"
```

これが、実は非常に重要です。これにより、この<script>タグに書かれている内容はBabelというコンパイラによってコンパイルされるようになります。JSXは、このtype指定がされていないと文法エラーと判断されてしまうので注意してください。

さて、このスクリプトでやっていることは、既に説明したReactの基本的なものです。id="root"のElementを取り出し、RcactDOM.renderで用意したエレメントを表示しているだけですね。

ただし、今回は「表示するエレメント」を用意している部分に、JSXの値を使っています。この部分です。

```
let el = (
    <div>
        <h2>JSX sample</h2>
        <p>This is sample message.</p>
    </div>
)
```

変数elに、<div>～</div>という値を代入しています。よく見るとわかりますが、これ、「<div>～</div>というテキスト」ではありません。タグをそのまま値として記述しているのです。これが、JSXです。

なお、ここではわかりやすいように()をつけてその中にタグを書いていますが、()はなくともかまいません(ただし、その場合は<div>は改行せず、イコールの直後に書きます)。

JSXで記述した値は、そのまま仮想DOMのElementオブジェクトとして扱うことができます。つまり、createElementしなくてもいいのです。ただ、JSXでタグを書くだけで、Elementオブジェクトが作れてしまうんですね！

コラム renderできるのは１つのエレメントだけ！ Column

サンプルで掲載したリストを見て、「この外側の<div>、別にいらないんじゃない？」と思った人もいるんじゃないでしょうか。つまり、これでいいんじゃない？ なんて思いませんでしたか。

リスト2-14
```
let el = (
    <h2>JSX sample</h2>
    <p>This is sample message.</p>
)
```

これはダメなんです。これだとエラーになって表示されません。JSXは、Elementオブジェクトを生成するものだ、ということを思い出してください。先にリスト2-6でcreateElementでエレメントを作成しましたね。あれを置き換えているものだ、と考えるとわかりやすいでしょう。したがって、JSXは「1つのエレメントを作成するもの」と考えてください。そのエレメント内にいくつかのエレメントが組み込まれていても問題ありません。が、作成するのは常に「1つのエレメント」だけなのです。

<div>がないと、<h2>と<p>の2つのElementオブジェクトが並ぶ形になってしまいます。これでは「2つのエレメントを作ろうとしている」としてエラーになってしまうのです。

JSXに値を埋め込む

このJSXは、ただタグをそのまま表示するだけではありません。JSXの中に、JavaScriptの値を埋め込むこともできるのです。これは、以下のような形で記述します。

```
{ 変数・値など }
```

このように{}の中に変数などを記述することで、その変数の値をその場に埋め込むことができるようになります。では、実際にやってみましょう。

先ほど記述したHTMLファイルで、<script>タグの部分(type="text/babel"を指定したタグ部分)を以下のように書き換えましょう。

リスト2-15

```
<script type="text/babel">
let dom = document.querySelector('#root')

let title = "新タイトル"
let message = "新しいメッセージです。"

let el = (
  <div className="alert alert-primary">
    <h3>{title}</h3>
    <p>{message}</p>
  </div>
)

ReactDOM.render(el, dom)
</script>
```

図2-13　アクセスすると、タイトルとメッセージが表示される。

Webブラウザで表示してみましょう。「新タイトル」「新しいメッセージです。」といった日本語のメッセージが表示されます。

スクリプトを見ると、ここでは以下のようにして表示する内容を用意していますね。

```
let el = (
  <div className="alert alert-primary">
    <h3>{title}</h3>
    <p>{message}</p>
  </div>
)
```

JSXの値の中で、{title} と {message} という値が埋め込まれています。ここに、あらかじめ用意しておいたそれぞれの変数の値が埋め込まれ表示されていたのです。

コラム classNameって何？ Column

ここで作成したJSXのタグを見ると、<div className="○○">というように書かれているのに気がつきます。classNameとは？ 一体何でしょうか？

実はこれ、class属性のことです。JSXでは、<div class="○○">というのを<div className="○○">というように記述するのです。

JSXは、JavaScriptの値です。つまりこれはJavaScriptの文なのですね。そしてJavaScriptには、classという予約語があるのです(クラスを定義するときに使うものです)。このため、<div class="○○">と書いてしまうと、そのclassがclassという予約語を示すものなのかわからなくなってしまうのですね。そこで、classはclassNameと記述するようになっているのです。

(ただし現行バージョンではclassと書いてしまっても、コンソールには警告が出力されますが、表示はできます)

Chapter 1 Chapter 2 Chapter 3 Chapter 4 Chapter 5 Chapter 6 Addendum

属性の値を設定する

{}による変数などの埋め込みは、テキストコンテンツの部分だけしか使えないわけではありません。例えば、タグの属性の値として用意することもできます。ただし、この場合の書き方には注意する必要があります。

×	属性 = "{○○}"
○	属性 = {○○}

属性は、テキストの値として指定します。が、{}で値を埋め込む場合には、"{○○}"としてはいけません。これでは「{○○}というテキスト」として扱われてしまいます。"をつけず、

直接{○○}を値として設定します。

これも利用例を挙げておきましょう。<script type="text/babel">タグの部分を以下のように修正してください。

リスト2-16

```
<script type="text/babel">
let dom = document.querySelector('#root')

let message = "新しいメッセージです。"
let link = "http://google.com"

let el = (
  <div className="alert alert-primary">
    <h4>{message}</h4>
    <h5><a href={link}>this is link!</a></h5>
  </div>
)

ReactDOM.render(el, dom)
</script>
```

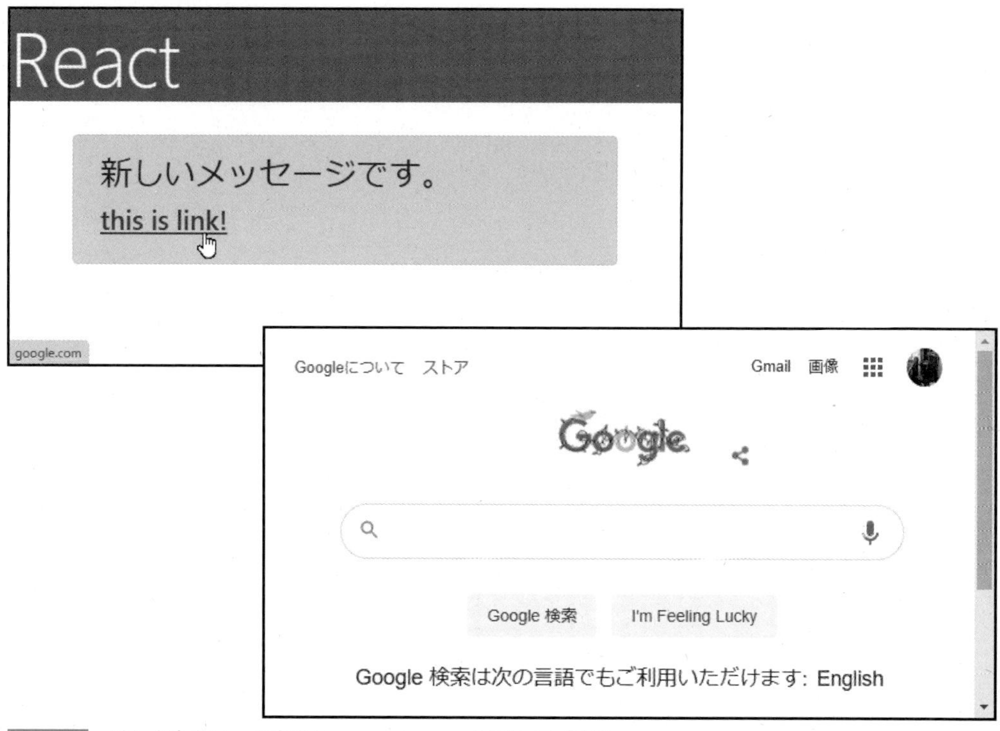

図2-14 リンクをクリックすると、google.comにジャンプする。

ここでは、<a>タグのhref属性に href={link} という形で値を設定しています。これで、変数linkに指定したアドレスがリンク先に設定されます。href="{link}" と書いてしまうと動作しなくなります。試してみましょう！

スタイルの設定

Bootstrapを使っていても、個々の要素の表示を細かく調整したいときはstyle属性を使うことになるでしょう。style属性に値を設定する場合、テキストの値としてスタイルを用意するよりももっといい方法があります。スタイル情報をオブジェクトとしてまとめて設定するのです。

複数のスタイルを設定する場合、以下のような形で記述をしますね。

```
A:値; B:値; C:値; ……
```

これらを、スタイル名をプロパティとしたオブジェクトのリテラルとして記述をするのです。「オブジェクトのリテラルってなんだ？」と思った人。こういう書き方のことですよ。

```
{ A:値 , B:値 , C:値 , ……}
```

JavaScriptでオブジェクトを作るとき、よく使われる書き方ですね。JSONというフォーマットで使われるので、どこかで見たことあるでしょう。「よく覚えてない……」という人は、巻末の「JavaScript超入門」で確認しておきましょう。

このオブジェクトのリテラルを使ってスタイルをひとまとめにしておき、それをstyle属性に値として設定すれば、細かなスタイル設定が行えるようになります。

では、例を挙げましょう。HTMLファイルの<script type="text/babel">タグ部分を書き換えてください。

リスト2-17

```
<script type="text/babel">
let dom = document.querySelector('#root')

let title="新タイトル"
let message = "新しいメッセージです。"

const msg_s = {
  fontSize:"20pt",
  color:"red",
  border:"1px solid blue"
```

```
}

let el = (
  <div className="alert alert-primary">
    <h4>{title}</h4>
    <p style={msg_s}>{message}</p>
  </div>
)

ReactDOM.render(el, dom)
</script>
```

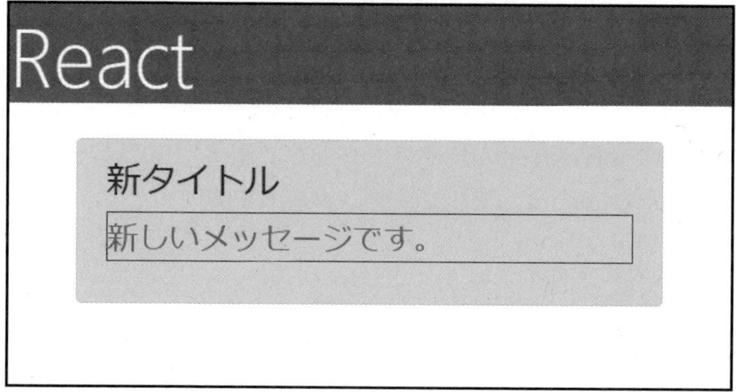

図2-15 メッセージのフォントサイズ、文字色、ボーダーなどが設定されている。

修正したら、Webブラウザで表示を確かめましょう。表示されているメッセージのフォントサイズが大きくなり、赤い文字に青い枠線がついた形で表示されます。細かなスタイルが設定されていることがわかるでしょう。

ここでは、以下のようにしてスタイルを用意しています。

```
const msg_s = {
  fontSize:"20pt",
  color:"red",
  border:"1px solid blue"
}
```

スタイルをよく見ると、HTMLのタグにスタイルを設定する場合と少し書き方が違っていることに気づくでしょう。まず、「fontSize」という値がありますが、これはスタイルシートでは「font-size」ですね。このように、間にハイフンのあるスタイル名は、ハイフンをなくし、その後の文字を大文字にして表現します。こんな感じですね。

```
font-size → fontSize
```

```
background-color → backgroundColor
border-style → borderStyle
```

また、設定する値ですが、これは基本的にテキストの値として設定する、と考えてください。font-weight (fontWeight)のように数値で指定できる場合は別ですが、多くのスタイルでは、数値と単位を値として指定します("20pt"のように)。こうしたものはすべてテキストの値になります。

コラム <style>タグは使えない？ Column

スタイルシートを変数でまとめて設定する、というのは、どこか面倒くさい感じがしますね。「<style>でスタイルを書いておけばいいんじゃない？」なんて思った人もいることでしょう。

が、<style>タグは、JSXでは使えません。そのままだと文法エラーになってしまうのです。JSXでは、<style>タグのコンテツに直接スタイルを書くことはできないのです。

ではどうするかというと、「ビルトインCSS」という書き方を利用できます。これは以下のような形で記述をします。

```
<style jsx>{` ……スタイルを書く…… `}</style>
```

このように記述すれば、エラーにもならず、スタイルもちゃんと反映されるようになります。

ただし、renderでreturnするJSX内にずらずらとスタイルを書くのはソースコードを見づらくしてしまいます。ちょっと面倒ですが、ここでは変数にスタイル情報を代入し、styleに設定する方式のほうがソースコード全体がわかりやすくなるでしょう。

（なお、次の章からプロジェクトを使って開発を行いますが、プロジェクトにはCSSファイルがちゃんと用意されており、そこにスタイルを記述することができます）

関数でJSXを作る

JSXの値は、変数などに代入して使うだけではありません。普通の値と全く同じように、さまざまなところで利用することができます。計算の式や関数、オブジェクトのメソッドなどの中でもJSXは利用できます。

例えば、関数の戻り値としてJSXをreturnすれば、さまざまなタグを生成する関数を用意することができます。こうした関数を定義しておき、それを必要に応じて呼び出せば、複雑な表示も作れるようになります。

まぁ、さらっと説明しただけでは「何いってるのかよくわからない」という人もいることでしょう。ここは実際の例を見ながら説明していきましょう。HTMLファイルの<script type="text/babel">を以下のように書き換えてください。

リスト2-18

```
<script type="text/babel">
let dom = document.querySelector('#root')

let title = "React page."
let message = "メッセージを表示します。"

const msg = {
  fontSize:"20pt",
  fontWeight: "bold",
  color:"red",
  border:"2px solid green"
}

let printMsg = function(msg, size, color){
  const style = {
    fontSize: size + "pt",
    fontWeight:'700',
    color: color,
    border: "1px solid " + color
  }
  return <p style={style}>{msg}</p>
}

let el = (
  <div>
    <h4>{title}</h4>
    <h6>{message}</h6>
    <div className="alert alert-secondary mt-3">
      {printMsg('最初のメッセージ', 36, '#fff')}
      {printMsg('次のメッセージです.', 24, '#aaa')}
      {printMsg('最後のメッセージでした.', 12, '#666')}
    </div>
  </div>
)
```

```
ReactDOM.render(el, dom)
</script>
```

図2-16 3つのメッセージが、テキスト、フォントサイズ、カラーを変えて表示される。

これをWebブラウザで表示すると、タイトルの下に3つのメッセージが表示されます。これらはテキストだけでなく、フォントサイズや色まで違っています。

ここでは、「JSXを返す関数」を用意し、それを使ってさまざまな形のメッセージタグを作っています。JSXを返す関数というのがどういうものか、なんとなくイメージできました？

printMsg関数をチェックしよう

では、作成したスクリプトの内容を詳しく見ていきましょう。ここでは、メッセージのエレメントを作成して返すprintMsgという関数を用意してあります。これは以下のように定義されています。

```
let printMsg = function(msg, size, color){……
```

表示するメッセージ、フォントサイズ、色の3つの値を引数として渡します。関数の中では、sizeとcolorを使ってスタイル情報のオブジェクトを作成しています。

```
const style = {
  fontSize: size + "pt",
  fontWeight:'700',
  color: color,
  border: "1px solid " + color
}
```

フォントサイズとフォントの太さは、それぞれfontSizeとfontWeightという値として用意します。こうして値が用意できたら、それをスタイルに設定して<p>タグのエレメントを作成し、returnします。

```
return <p style={style}>{msg}</p>
```

JSXを使えば、このように簡単にエレメントを作成する関数を作ることができるんですね。それじゃ、この関数を使ってメッセージを表示している部分を見てみましょう。

```
let el = (
  <div>
    <h4>{title}</h4>
    <h6>{message}</h6>
    <div className="alert alert-secondary mt-3">
      {printMsg('最初のメッセージ', 36, '#fff')}
      {printMsg('次のメッセージです.', 24, '#aaa')}
      {printMsg('最後のメッセージでした.', 12, '#666')}
    </div>
  </div>
)

ReactDOM.render(el, dom)
```

JSXで表示を作成しており、その中に{}を使ってprintMsg関数を記述していますね。{}を使えば、このように関数をJSX内に埋め込むこともできるんです。

ここでよく考えてほしいのですが、このprintMsgで返される値もやっぱりJSXですね？つまり、これは「JSXの中に、JSXが埋め込まれている」という状況になるわけです。このように、JSXの中に{}で式や関数などを埋め込む場合、その中で更にJSXを使うことも可能です。

「JSXは、あらゆるところで使うことができる」ということを頭によく入れておきましょう。そして、エレメントを利用する必要がある場合は、「ここでJSXが使えるか、使えないか」を常に考えるようにしましょう。

Section 2-4 JSXの構文的な使い方

条件で表示する

JSXは、「タグをそのまま値として記述する」という非常にシンプルな機能です。これは、「スクリプト内でHTMLを記述するテンプレート」のような感覚で使うことができます。

が、最近のテンプレート技術では、条件分岐や繰り返しなどの構文のような機能も盛り込まれているものが増えてきています。JSXでは、こうした構文のような機能はないのでしょうか。

これは、ありません。JSXは良くも悪くも「タグをそのまま値として記述する」というものなので、構文のような機能は特に持っていないのです。

では「条件で表示を変えたり、繰り返したりすることはできないのか？」というと、そういうわけでもありません。JSXでは、{}を使ってJavaScriptの式や関数などを埋め込めます。これを利用すれば、構文のような働きを用意することもできるのです。

……ということで、これからJSXの構文的な使い方について説明をしていきます。が、これらは「全部、今すぐ直ちに覚えないとダメ！」というものではありません。全部、忘れてしまってもまったくかまわないものです。

もちろん、これから先に進んでいけば、ここで説明する文法的な書き方も登場します。が、これらは、「何度もJSXを使ったプログラムを書いていけば、そのうちに自然と覚えて使えるようになる」ものです。

ですから、最初の段階では「こういう機能があるんだ」という程度に眺めておいてかまいません。そして、この先で実際に使うようになったら、「これってどういう働きをするものだっけ」とまたここに戻って読み返せばいいでしょう。

条件による表示

では、いきましょう。まずは、「条件をチェックして表示を行う」ということをやってみることにします。これは、JSX内に以下のような形で記述をします。

```
{ 真偽値 && ……JSXの記述…… }
```

真偽値の変数や式などを用意し、その後に&&をつけてJSXの記述をします。これで真偽値がtrueならば&&の後のJSXが表示され、falseならば表示されなくなります。

実際にやってみましょう。HTMLファイルの<script type="text/babel">タグの部分を以下のように修正してください。

リスト2-19

```
<script type="text/babel">
let dom = document.querySelector('#root')

let title = "React page."
let message = "メッセージを表示します。"
let content = `※これが、trueのときに表示されるメッセージです。
    ちゃんと表示されていますか？`

let flg = true; // ☆

let el = (
  <div>
    <h4>{title}</h4>
    <h6>{message}</h6>
  {flg &&
    <div className="alert alert-primary mt-3">
      <p>{content}</p>
    </div>
  }
  </div>
)

ReactDOM.render(el, dom)
</script>
```

Chapter 1 Chapter 2 Chapter 3 Chapter 4 Chapter 5 Chapter 6 Addendum

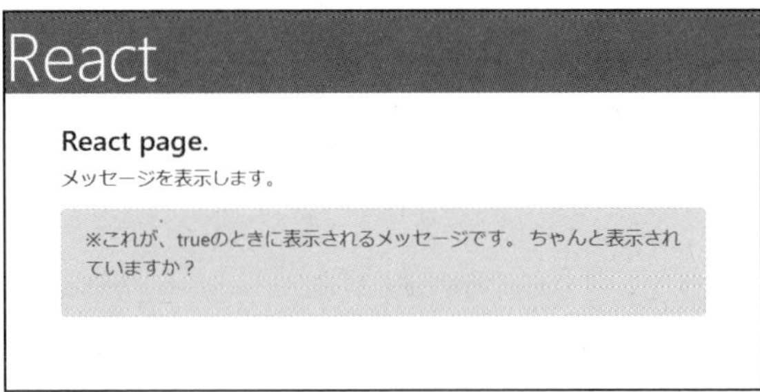

図2-17　変数flgの値がtrueだとメッセージが表示され、falseだと表示されない。

これをWebブラウザで表示すると、アラートによるメッセージが表示されます。それを確認したら、☆マークの変数flgをfalseに変更してみましょう。すると、メッセージは表示されなくなります。

ここでは、表示するメッセージのタグを以下のような形で記述しています。

```
{flg &&
  <div className="alert alert-primary mt-3">
    <p>{content}</p>
  </div>}
```

これで、flgの値がtrueならば、&&の後の<p>タグが表示されるようになります。ここでは見やすいように改行していますが、そのまま1行に続けて記述しても構いません。また複数行に渡る長いJSXを用意しても問題なく動きます。

 真偽値による表示の切り替え 

if-elseのように、条件の真偽値によって切り替え表示をしたい場合には、三項演算子を利用するのが良いでしょう。三項演算子というのは「条件 ？ ○○ ： ××」という形式の式です。3つの項目でできているから三項演算子というのですね。

これを利用することで、条件によって異なる表示を行わせることが可能になります。

```
{ 真偽値 ? …true時のJSX… : …false時のJSX… }
```

このように{}内に三項演算子の式を記述し、true時とfalse時にそれぞれ異なるJSXを用意すればいいのです。三項演算子がわかっていれば意外と単純ですね。

では、これも使ってみましょう。HTMLファイルの<script type="text/babel">タグ部分を以下のように書き換えてください。

リスト2-20

```
<script type="text/babel">
let dom = document.querySelector('#root')

let title = "React page."
let message = "メッセージを表示します。"
let content_true = `※これが、trueのときに表示されるメッセージです。
    ちゃんと表示されていますか？`
let content_false = `※これは、falseのときの表示です……。`

let flg = true // ☆

let el = (
  <div>
    <h4>{title}</h4>
    <h6>{message}</h6>
  {flg ?
    <div className="alert alert-primary mt-3">
      <p>{content_true}</p>
    </div>
  :
    <div className="alert alert-secondary mt-3">
      <p>{content_false}</p>
    </div>
  }
  </div>
)

ReactDOM.render(el, dom)
</script>
```

Chapter 1 Chapter 2 Chapter 3 Chapter 4 Chapter 5 Chapter 6 Addendum

React

React page.

メッセージを表示します。

※これが、trueのときに表示されるメッセージです。ちゃんと表示されていますか？

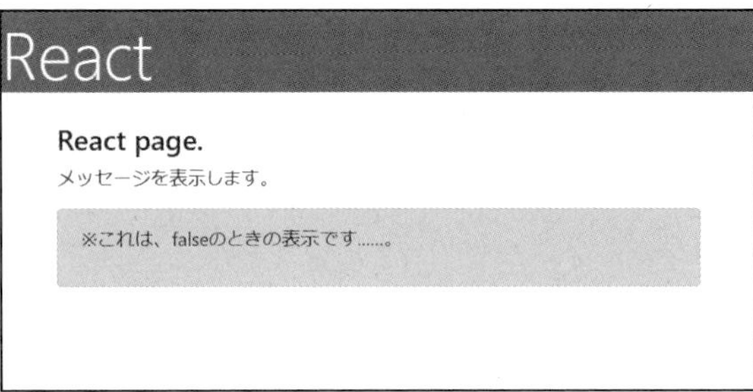

図2-18　flgの値がtrueかfalseかで異なる表示がされる。

Webブラウザで表示すると、true時のメッセージが表示されます。表示を確認したら、☆マークの変数flgの値をfalseに変更してみましょう。すると今度はグレー背景のアラートで別のメッセージが表示されます。

ここでは、変数elにJSXを用意していますが、その中で三項演算子による表示を埋め込んでいます。

```
{flg ?
  <div className="alert alert-primary mt-3">
    <p>{content_true}</p>
  </div>
  :
  <div className="alert alert-secondary mt-3">
    <p>{content_false}</p>
  </div>
}
```

この部分ですね。ここでの内容を整理すると、{flg ? <div> : <div> } といった形で記述されていることがわかるでしょう。これで2つの表示をflgで切りかえることができるようになります。

Chapter 1
Chapter 2
Chapter 3
Chapter 4
Chapter 5
Chapter 6
Addendum

配列によるリストの表示

続いて、繰り返し表示について考えてみましょう。これにはいくつかの方法がありますが、もっとも単純なのは「配列」を使ったものでしょう。

これは、同じようなタグをいくつも用意するような場合に有効です。例えば、<ul>や<ol>では、いくつもの<li>を並べてリストを作成します。このようなときに、あらかじめ表示する<li>を配列に用意しておくことで簡単にそれを表示できるようになります。

では、やってみましょう。HTMLファイルの<script type="text/babel">部分を書き換えてください。

リスト2-21

```
<script type="text/babel">
let dom = document.querySelector('#root')

let title = "React page."
let message = "メッセージを表示します。"

let data = [
  <li className="list-group-item">One</li>,
  <li className="list-group-item">Two</li>,
  <li className="list-group-item">Three</li>
]

let el = (
  <div>
    <h4>{title}</h4>
    <h6>{message}</h6>
    <ul className="list-group mt-4">
      {data}
    </ul>
  </div>
)

ReactDOM.render(el, dom)
</script>
```

React

React page.

メッセージを表示します。

One

Two

Three

図2-19　配列の<li>タグを表示する。

Webブラウザで表示すると、「One」「Two」「Three」といった項目のリストが表示されます。ここでは、<ul>タグ内に{data}を表示しています。このdataに、表示する項目が配列にまとめて用意されています。

```
let data = [
  <li className="list-group-item">One</li>,
  <li className="list-group-item">Two</li>,
  <li className="list-group-item">Three</li>
]
```

このように、<li>タグを配列の要素として用意しておけば、それをそのまま{}で表示することでリストの項目が表示されるようになります。単純に「項目を変数にまとめて表示する」ということなら、これがもっとも簡単でしょう。

mapを使った表示の繰り返し

ただ「用意したものを表示するだけ」というのでなく、あらかじめ用意したデータを元に表示する内容を作成し、繰り返し表示するような場合には、配列方式でなく、もっと複雑な繰り返し処理を行えるような仕組みが必要となるでしょう。

繰り返し構文はJSXでは使えませんが、関数やメソッドの呼び出しなどはJSXの中で使えます。これを利用して、「繰り返し値を出力する関数やメソッド」を使い繰り返し表示を実装することは可能なのです。

「そんな便利な関数やメソッドがあるのか？」と思った人。あるんですよ。それは、配列などのコレクション(多数の値をまとめて管理するオブジェクト)の「map」メソッドです。

mapというメソッド、けっこうjavaScriptを使い込んでいる人でないと「聞いたことがない」と思うかもしれませんね。これは、ある意味「マニアックなメソッド」です。

このmapメソッドは、配列オブジェクトから呼び出され、配列に保管されている値を元に新たな配列を生成して返します。——え、「ちょっと何いってるかわからない」って？
つまり、「配列の各要素を別の形に変換した新しい配列が作れる」ってことなんですよ。

mapの使い方を覚えよう

これはちょっとややこしいので、順に説明していきましょう。このmapは、引数に関数を用意するという変わったメソッドです。書き方は、このようになります。

```
配列 .map( (value) => 新しい項目 ) )
```

なんだかよくわからない形ですね。引数に用意してあるのは、「アロー関数」というものです。これは、関数をシンプルに記述したもので、こんな具合に書きます。

```
( 引数 ) => ……戻り値……
```

mapでは、この引数の値には、配列の1つ1つの値が順番に渡されていきます。そして=> の後に記述した値が、そのまま「新しい配列の要素」として返されるのです。こうして、配列の値を順に引数に渡していき、それをもとに新しい要素を生成して配列が作られていきます。

mapでリスト項目を作る

では、実際にmapを利用して表示を作成してみましょう。例によって、HTMLファイルの<script type="text/babel">タグ部分を以下のように書き換えてください。

リスト2-22

```
<script type="text/babel">
let dom = document.querySelector('#root')

let title = "React page."
let message = "データを表示します。"

let data = [
  {name:'Taro', mail:'taro@yamada', age:45},
  {name:'Hanako', mail:'hanako@flower', age:37},
  {name:'Sachiko', mail:'sachiko@happy', age:29},
  {name:'Jiro', mail:'jiro@change', age:18},
  {name:'Kumi', mail:'kumi@class', age:56}
]
```

Chapter 1 Chapter 2 Chapter 3 Chapter 4 Chapter 5 Chapter 6 Addendum

```
let el = (
  <div>
    <h4>{title}</h4>
    <h6>{message}</h6>
    <table className="table table-striped mt-4">
    <thead className="thead-dark">
      <tr>
        <th>name</th>
        <th>mail</th>
        <th>age</th>
      </tr>
    </thead>
    <tbody>
    {data.map((value) =>(
      <tr>
        <td>{value.name}</td>
        <td>{value.mail}</td>
        <td>{value.age}</td>
      </tr>
    ))}
    </tbody>
    </table>
  </div>
)

ReactDOM.render(el, dom)
</script>
```

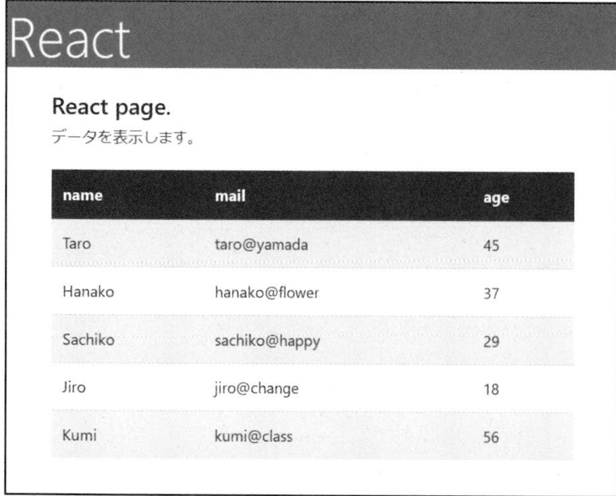

図2-20　データを元にテーブルを表示する。

Webブラウザで表示すると、変数dataのデータをテーブルにまとめて表示します。表示そのものはそう難しそうではありませんね。

dataをテーブルに変換する

では、スクリプトを見てみましょう。ここでは、dataには以下のような形でデータを用意してあります。

```
let data = [
  {name:'Taro', mail:'taro@yamada', age:45},
  ……略……
]
```

name, mail, ageといった項目を持つオブジェクトの配列としてデータをまとめてあるのがわかりますね。ここから順にオブジェクトを取り出して、テーブルに表示する項目を作成していきます。data.mapの引数を見ると、こうなっていますね。

```
(value) =>(
  <tr>
    <td>{value.name}</td>
    <td>{value.mail}</td>
    <td>{value.age}</td>
  </tr>
)
```

引数のvalueに、dataから順に取り出したオブジェクトが渡されます。そこから、value.nameというようにして値を取り出し、テーブルに表示する<tr>タグを作っています。dataから順にオブジェクトを取り出してはこのアロー関数で<tr>タグが作られ、それが配列にまとめられていきます。

整理すると、mapによってdataの値がこんな具合に変換されるわけです。

```
{name:'Taro', mail:'taro@yamada', age:45}
```

⬇

```
<tr>
  <td>Taro</td>
  <td>taro@yamada</td>
  <td>45</td>
</tr>
```

すごいでしょう？ こんな具合に、dataの値から複雑なJSXが作れてしまうんですね。後は、

mapの戻り値をそのまま<table>内に書き出せば、dataの内容のテーブルが完成する、というわけです。使いこなせるようになったらものすごく便利な機能ですね！

アロー関数を活用しよう

JSXの{}内には関数などを埋め込めます。関数は、その場に記述してその場で実行させることもできます。これは、「アロー関数」を利用すると記述しやすいでしょう。アロー関数っていうのは、()=>○○っていう形で書いた、「その場限りで使う関数」でしたね。

では、その場で書いて、しかも「実行される」関数というのはどう書くのでしょうか。これは、以下のような形で記述します。

```
( 関数 )()
```

関数の定義自体を()でくくり、その後に()をつければ、記述した関数定義をその場で実行します。アロー関数を利用するなら、こんな感じで書けばいいでしょう。

```
( ()=>{ ……処理…… } )()
```

こうして記述した関数を{}で埋め込めば、その場で関数を使って実行し、表示を作ることができます。といっても、何をいってるのかよくわからないかもしれませんね。ではやってみましょう。

HTMLファイルの<script type="text/babel">を以下のように書き換えてください。

リスト2-23

```
<script type="text/babel">
let dom = document.querySelector('#root')

let title = "React page."
let message = "データを表示します。"

let data = {
  url:'http://google.com',
  title:'Google',
  caption:'※これは、Googleの検索サイトです。'
}

let el = (
  <div>
    <h4>{title}</h4>
```

```
    <h6>{message}</h6>
    {(()=>
      <div className="card mt-4">
        <div className="card-header">
          {data.title}
        </div>
        <div className="card-body">
          {data.caption}
        </div>
        <div className="card-footer">
          <a href={data.url}>※{data.title}に移動</a>
        </div>
      </div>
    )()}
  </div>
)

ReactDOM.render(el, dom)
</script>
```

図2-21　データを元に記述リストを表示する。

Webブラウザで表示すると、dataの内容を元にBootstrapの「カード」というコンポーネントを作成して表示します。これは、<div>タグなどに「card」というクラスを指定することで、四角い枠で囲われたカードの形でコンテンツを表示するものです。アラートと同様、Bootstrapでは結構多用される表示です。

ここでは、dataにある値を利用して、関数で表示を作っています。JSXにある{}部分を取り出してみましょう。するとこうなっているのがわかります。

```
{(()=>  <div>……略……</div>  )()}
```

()=>の後に<div>タグがJSXで用意されています。そしてその中で、いろいろと値を埋め込んで表示内容を作っているのですね。

ここで用意されている関数は、どこからか呼び出して実行しているわけじゃありません。用意した関数が、その場で実行されて表示されているのです。「書いてあるだけで実行される関数」というのもJavaScriptでは作れるのですね。

Section 2-5 表示の更新とイベント

表示を更新する

JSXの基本的な使い方はわかりました。が、ただ表示するだけでなく、必要に応じて更新したりする方法も頭に入れておく必要がありますね。こうした表示の扱いについても考えてみることにしましょう。

まずは、単純に「表示を一定間隔で更新する」ということからやってみましょう。

renderで更新する

表示更新というと難しそうですが、実はそう大変なことではありません。ここまでのReactの表示は、すべてReactDOM.renderというメソッドを使って行っています。ということは、表示を更新したければ、そのときにReactDOM.renderを実行すればいいのです。

定期的に表示を更新するには、javaScriptのタイマーを利用すればいいでしょう。setIntervalで、一定間隔でReactDOM.renderするように処理を作成すれば、常に更新し続けることができます。

では、実際にやってみましょう。<script type="text/babel">タグの部分を書き換えてください。

リスト2-24

```
<script type="text/babel">
let dom = document.querySelector('#root')

let title = "React page."
let message = "メッセージを表示します。"

var counter = 0

setInterval(() => {
  counter++
```

```
  let el = (
    <div>
      <h4>{title}</h4>
      <h6>{message}</h6>
      <h5 className="alert alert-primary">
        count: {counter}.
      </h5>
    </div>
  )
  ReactDOM.render(el, dom)
}, 1000)
</script>
```

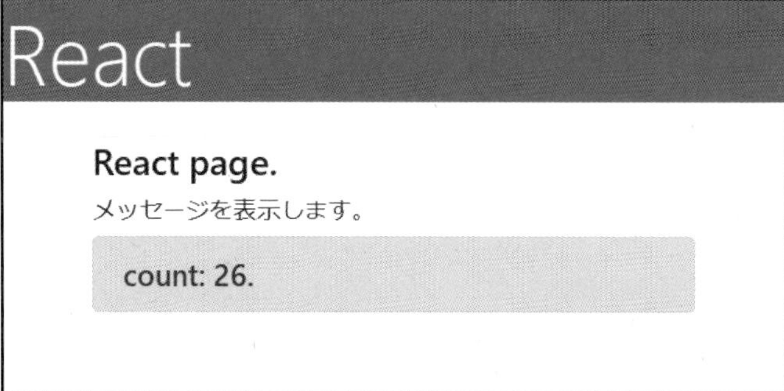

図2-22 アクセスすると、「count:」の数字が1ずつ増えていく。

Webブラウザでアクセスすると、「count:○○」というように整数が表示され、それが一定間隔で1ずつ増えていきます。

ここでは、setIntervalで更新処理を行っています。setIntervalは、一定間隔で処理(関数)を実行するものですね。ここではこんな形で利用しています。

```
setInterval(() => {……処理……}, 1000);
```

第1引数には、アロー関数で実行する処理を用意しています。そして第2引数に1000を指定し、1000ミリ秒(＝1秒)ごとに処理が実行されるようにしています。

このアロー関数では、counter++で変数counterの値を増やし、表示するJSXを変数elに用意して、それらを使いReactDOM.renderを実行しているだけです。これで一定間隔でReactDOM.renderされ、表示が更新されるようになります。setIntervalさえわかっていれば簡単ですね！

更新が動かない！

ところが、簡単なように見えて、実は意外なところに落とし穴が待ち構えています。例えば、先ほどのサンプルを以下のように書いたとしましょう。

リスト2-25

```
<script type="text/babel">
let dom = document.querySelector('#root')

let title = "React page."
let message = "メッセージを表示します。"

var counter = 0
let el = (
  <div>
    <h4>{title}</h4>
    <h6>{message}</h6>
    <h5 className="alert alert-primary">
      count: {counter}.
    </h5>
  </div>
)

setInterval(() => {
  counter++
  ReactDOM.render(el, dom)
}, 1000)
</script>
```


図2-23 「count: 0」のまま数字が増えない。

何もかもsetIntervalの関数に詰め込んでおくのは美しくない！ そこで、JSXの表示内容をまとめてある変数elの部分はsetIntervalの外に出しておきました。これで、setInterval

の関数も短くなりスッキリとします。

ところが、こうするとなぜか「count: 0」のまま、数字がカウントしなくなってしまいます。これは一体なぜでしょうか。

JSXは変数代入時にコンパイルされる

なぜ表示が更新されないのか。それは、「変数elが、count: 0の表示のあと更新されないから」です。

ここで書いたスクリプトは、「ReactDOM.renderする際に、変数elに代入したJSXにある{counter}の値が1増えた形にエレメントとノードが更新され、それが画面に表示される」と考えるからでしょう。しかし、実際にはそうはなりません。

JSXは、変数elに代入される文を実行したところでコンパイルされelに入れられます。このelの中には、もうBabelによってElementに変換されたオブジェクトが入っているのです。このとき、JSXの中に記述してあった{counter}などの値も、変数に代入されている値に置き換えられています。

このため、setIntervalの関数でrenderする際には、最初に変数elに代入されたエレメントが毎回使われることになり、表示が更新されないのです。elに代入したエレメントが更新されるようにするためには、setIntervalの関数で毎回、JSXの値を代入し直す必要がある、というわけです。

この「JSXの値を代入した変数はいつエレメントの内容が確定するのか？」という問題は、けっこう大切です。「JSX内で使っていた変数が自動的に更新されるわけではない」ということはしっかり理解しておきましょう。JSX全体を更新しなければ、その中で使っている変数も更新はされないんです。

(※実は、Reactには「自動更新される変数」というのも用意されています。それは「ステート」というものです。これについては次の章でじっくり説明します)

クリックして更新する

タイマーなどでなく、ユーザーの操作によって表示が更新される、ということもあります。例えば、表示をクリックすると何かが更新されるような操作です。

こうした操作は、JavaScriptではイベントを利用して設定するのが一般的ですね。JSXで記述するタグでもイベントのための属性は用意されます。ただし、少しだけ注意が必要です。

例えば、「<p>タグをクリックすると、doAction関数を実行する」といった処理を考えてみましょう。これは、JSXではこんな具合に記述をします。

```
<p onClick={doAction}>……
```

属性は「onClick」です。これがonclickなどになっていると正しく認識されません。JSXでは、大文字小文字まで正確に記述する必要があります。また、指定する関数は、{doAction}というように関数名のみを記述します。{doAction()} のようには記述しません。

クリックでカウントする

では、実際に試してみましょう。先ほどのサンプルを更に修正し、表示されたテキストをクリックすると数字をカウントするようにしてみます。<script type="text/babel">タグの部分を以下のように書き換えてください。

リスト2-26

```
<script type="text/babel">
let dom = document.querySelector('#root')

let title = "React page."
let message = "メッセージを表示します。"

var counter = 0

let doAction = (event)=>{
  counter++
  let el = (
    <div>
      <h4>{title}</h4>
      <h6>{message}</h6>
      <h5 className="alert alert-primary"
          onClick={doAction}>
        count: {counter}.
      </h5>
    </div>
  )
  ReactDOM.render(el, dom)
}

doAction()
</script>
```

図2-24 「count:○○」の表示部分をクリックすると数字が1増える。

Webブラウザでアクセスし、「count: ○○」と表示されているアラートの部分をクリックすると、数字が1ずつ増えていきます。クリックイベントで処理が実行されているのがわかりますね。

ここでは、doAction関数を以下のように定義しています。

```
let doAction = (event)=>{……略……};
```

だいぶおなじみになってきた、アロー関数を使っていますね。この中で、変数counterを増やし、変数elにJSXの値を代入し直し、ReactDOM.renderでレンダリングする、といった処理を用意してあります。先ほどいったように、JSXの値は処理を実行する際にその都度代入する必要があるので注意しましょう。

elに代入される値は、今回は以下のように<h5>タグを用意しています。

```
<h5 className="alert alert-primary"
    onClick={doAction}>
  count: {counter}.
</h5>
```

onClickでdoActionを設定してあります。これでクリックするとdoActionが実行され、JSXにより<h5>タグが用意されます。この<h5>タグ自身がdoAction関数の中にあるので、ちょっと不思議な感じがしますね。「クリックすると実行する関数」の中でクリックする本体が作られてるわけですから。

フォームの値を利用する

ユーザーの操作といえば、やはり「フォーム」の利用を考えないといけないでしょう。フォームに入力された値を利用して処理を行えば、だいぶプログラムの幅が広がりますね。

フォームの値の操作は、JavaScriptで一般的に行っているやり方がそのまま使えます。Reactだからといって特別なことを考える必要はありません。

これも、実例を挙げて動作を確認しましょう。<script type="text/babel">タグの部分を以下のように修正してください。

リスト2-27

```
<script type="text/babel">
let dom = document.querySelector('#root')

let title = "React page."
let message = "お名前をどうぞ。"
let in_val = '';

let doChange = (event)=>{
  in_val = event.target.value
  message = 'こんにちは, ' + in_val + 'さん!!'
}

let doAction = (event)=>{
  let el = (
    <div>
      <h4>{title}</h4>
      <h6>{message}</h6>
      <div className="alert alert-primary">
        <div className="form-group">
          <label>Input:</label>
          <input type="text" className="form-control"
              id="input" onChange={doChange} />
        </div>
        <button onClick={doAction}
            className="btn btn-primary">
          Click
        </button>
      </div>
    </div>
  )
  ReactDOM.render(el, dom)
}

doAction()
</script>
```

図2-25　名前を入力しボタンをクリックすると、メッセージが表示される。

アクセスすると、入力フィールドとボタンが1つずつあるフォームが表示されます。ここに名前を書いてボタンクリックすると、「こんにちは，○○さん!!」とメッセージが表示されます。

イベントと処理をチェック！

ここでは、入力フィールドとプッシュボタンの部分を以下のような形でJSXの値として用意してあります。

```
<div className="form-group">
  <label>Input:</label>
  <input type="text" className="form-control"
      id="input" onChange={doChange} />
</div>
<button onClick={doAction}
    className="btn btn-primary">
  Click
</button>
```

<input type="text">は、入力フィールドのタグでしたね。細かいことですが、これ、最後は必ず />としてください。そのまま >だけで終わらせるとエラーになります。開始タグと終了タグに分かれていない、1つだけのタグは、JSXでは必ず < ○○ /> と書く必要があります。

ここでは、入力フィールドに、onChange={doChange} と属性を用意してあります。これで、値が変更されるとdoChagne関数が実行されるようになります。これも、dochangeなどでは動作しません。必ずdoChangeと指定してください。

プッシュボタンでは、onClick={doAction} としてクリックしたらdoAction関数が実行されるようにしてあります。

では、onChangeの内容を見てみましょう。

```
let doChange = (event)=>{
    in_val = event.target.value;
    message = 'こんにちは, ' + in_val + 'さん!!';
};
```

このdoChangeのように、HTML要素のイベント属性に関数を設定した場合、引数に「event」というオブジェクトが渡されます。これは、発生したイベント(ユーザーの操作などで発生するもの)の情報を管理するオブジェクトです。

eventには「target」というプロパティがあって、ここにイベントが発生した要素のオブジェクトが保管されています。今回の例ならば、<input type="text">のエレメントがtargetで得られるわけですね。そしてその中のvalueプロパティで、イベントが発生したエレメント(<input type="text">)に入力した値を取り出せます。

ここでは、event.target.valueの値を使ってmessageにメッセージを設定してあります。これで、(画面の表示はまだ更新されていませんが)新しいメッセージが変数messageに用意されました。

後は、doAction関数で、このmessageを使って表示を更新するだけです。これは、前回のサンプルとほとんど変わりないのでだいたいわかりますね。

この章のまとめ

ということで、JSXを利用した表示の基本について一通り説明をしました。いろいろとやりましたが、実は難しいことはほとんど取り上げていません。表示に関する必要最低限のことだけを取り上げました。

ですから、ここで説明したことぐらいはすべて覚えて欲しい……なんていうと、「そんなの無理！」という悲鳴があちこちから聞こえてきそうですね。必要最低限といっても、それなりの量があります。説明したすべてを頭に入れてすぐに使えるようにするのはやっぱり大変でしょう。

では、「とりあえず、これだけは覚えて！」というポイントはどのへんになるのでしょうか。ざっと整理しておきましょう。

JSXは、絶対に使えるようになろう！

この章でいちばん重要なのは、JSXです。これの書き方はしっかり覚えておいてください。「ただHTMLのタグを書いて変数に入れるだけだろう。簡単さ」なんて思った人。そうでもありませんよ。例えば、属性はonClickでないとダメ！ onclickだと動かない！ また<input>タグは、<input />と書かないとダメ！ なんて具合に、HTMLのタグとは微妙に違う点がある、ということも忘れないようにしてください。

また、JSXでは{}を使って変数や関数などを埋め込むことができました。これの基本も覚えておきましょう。構文的な使い方等まで全部覚える必要はありませんが、「どうやって{}で値を埋め込めばいいか」という基本はしっかり理解しておいてください。

ReactDOM.renderでレンダリングする

Reactの表示は、ReactDOM.renderで行いました。これは、表示するエレメントと、それをはめ込むDOMのエレメントを引数に指定しました。この使い方はしっかりと覚えておきましょう。

また、レンダリングに使ったエレメントは、その中で利用している変数などを変更しても更新されません。必ず、改めてJSX全体をrenderする必要がありましたね。

アロー関数に慣れておこう

ここでは、さまざまなところでアロー関数を使いました。それまでJavaScriptを少し使ったことのある人でも、アロー関数はあまり見たことがないかもしれません。これは、最近になってJavaScriptに追加された機能なのです。

このアロー関数は、これからもよく登場しますから、ここで書き方をしっかり覚えておきましょう。この先、アロー関数が出てきても「これ、何だ？」なんてならないように。

Reactらしさは「コンポーネント」から

この章では、JSXを中心に、Reactで簡単な表示を行うための基本を一通り説明しました。「なんだか、思ったほど便利そうでもないな」と思ったかもしれませんね。

実をいえば、この章でやったのは、「JSXでエレメントを書き、ReactDOM.renderでレンダリングする」という、ただそれだけの機能です。これは、Reactの中のもっとも基本的な機能の1つに過ぎません。

Reactでは、実際にこのようなやり方で表示を作成することは、実はあまり多くありません。たいていは、「コンポーネント」というものを使って表示を作成していきます。このコンポーネントこそが、「Reactらしいプログラム」の中心となる機能なのです。

ということで、次の章で「コンポーネント」について説明をしていきましょう。

Chapter

3

コンポーネントをマスターしよう！

Reactのもっとも重要な機能は「コンポーネント」です。これを使えるようになることがReactをマスターすることだといっていいでしょう。この章では、コンポーネントの基本から使いこなしかたまで、すべてまとめて説明します。

Section 3-1 コンポーネントを作ろう

コンポーネントってなに？

Reactのプログラムでは、「コンポーネント」が非常に重要な役割を担っています。コンポーネントというのは、Reactで画面に表示される「部品」のことです。

コンポーネントは、表示の内容や必要なデータ、処理などを一つのオブジェクトにまとめたものです。コンポーネントとして表示する部品を用意することでいつでも簡単にその表示を組み込み利用することができるようになります。

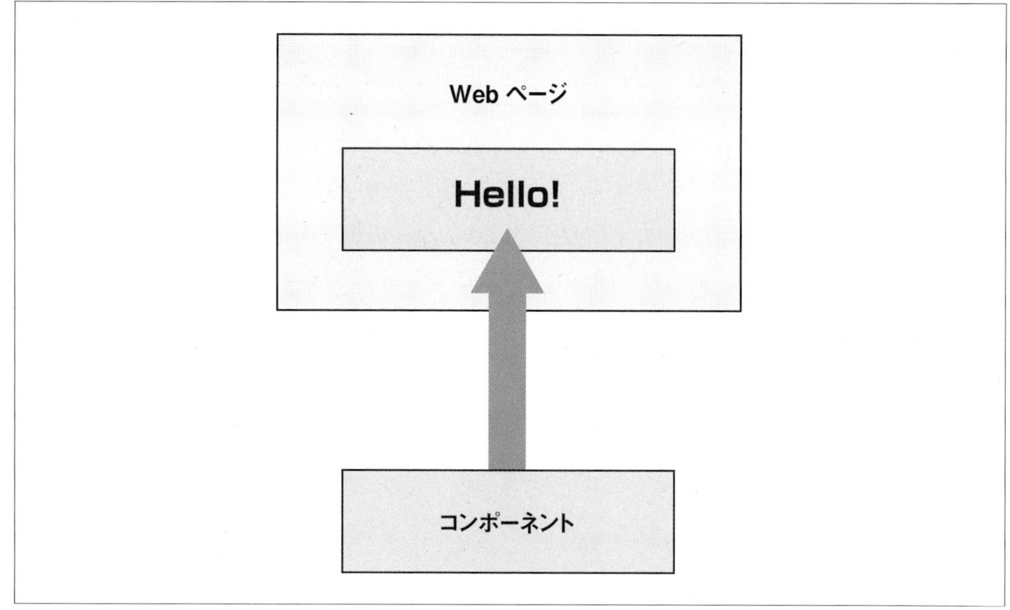

図3-1　コンポーネントは、必要に応じて簡単にページに組み込に表示することができる。

シンプルな「関数」コンポーネント

コンポーネントは、いくつかの書き方があります。オブジェクトとして定義するやり方もありますが、もっと簡単なものとして「関数」として作成する方法も用意されています。まずは、シンプルな「関数コンポーネント」から作ってみましょう。

関数コンポーネントは、非常にシンプルな関数です。これは以下のように定義します。

```
function コンポーネント名 ( 引数 ){
    return ……JSXによる表示……;
}
```

ごく普通の関数ですね。コンポーネントとして関数を定義する場合は、「表示するエレメントをreturnで返す」というのが基本です。既にJSXの使い方はわかっていますから、returnでJSXの値を返すのがもっとも簡単でしょう。たったこれだけで、コンポーネントが定義できます。

コンポーネントは「タグ」で書ける！

このコンポーネントは、どのように利用するのでしょうか。もっとも一般的なのは、「JSXの中で、タグとして記述する」というものでしょう。関数コンポーネントは、定義した関数の名前を使って、そのままタグとしてJSXの中に書けるのです。

```
<コンポーネント名 />
```

このような形ですね。コンポーネント名は、定義した関数の名前をそのまま指定すればOKです。これにより、このタグの部分に、関数でreturnしたエレメントがはめ込まれるようになります。

コンポーネントを表示しよう

では、実際に関数コンポーネントを作成してみましょう。前章で使った、HTMLファイル(react_app.html)をそのまま再利用していくことにします。章の始まりですから、すべてのソースコードを掲載しておくことにしましょう。

リスト3-1

```
<!DOCTYPE html>
```

```
<html>
<head>
  <meta charset="UTF-8" />
  <title>React</title>
  <link rel="stylesheet" href="https://stackpath.bootstrapcdn.com/ ↵
    bootstrap/4.5.0/css/bootstrap.min.css" crossorigin="anonymous">
  <script crossorigin src="https://unpkg.com/react@17/umd/ ↵
    react.development.js"></script>
  <script crossorigin src="https://unpkg.com/react-dom@17/umd/ ↵
    react-dom.development.js"></script>
  <script src="https://unpkg.com/@babel/standalone/babel.min.js">
    </script>
</head>

<body>
  <h1 class="bg-primary text-white display-4">React</h1>
  <div class="container mt-4">
    <div id="root">wait...</div>
  </div>
  <script type="text/babel">
  let dom = document.querySelector('#root')
  let message ="React component page."

  // これが関数コンポーネント
  function Welcome(props) {
    return <div className="alert alert-primary">
      <p className="h4">Hello React!!</p>
    </div>
  }

  // 表示するJSX
  let el = (
    <div>
      <h5 class="mb-4">{message}</h5>
      <Welcome />
    </div>
  )
  ReactDOM.render(el, dom)
  </script>
</body>

</html>
```

図3-2　Webブラウザで開くと、Welcomeコンポーネントが「Hello React!!」というメッセージとして表示される。

保存したら、ファイルをWebブラウザで開いて表示を確認しましょう。「Hello React!!」と表示されている、紺地に白いメッセージがWelcomeコンポーネントの表示です。

コンポーネントの利用をチェック

では、コンポーネントがどのように使われているのか見てみましょう。まず、コンポーネントの関数定義からです。

```
function Welcome(props) {
  return <div className="alert alert-primary">
    <p className="h4">Hello React!!</p>
  </div>
}
```

ここでは、<div>タグと<p>によるメッセージをreturnする、ごく単純な表示を用意してあります。そして、このWelcomeコンポーネントを利用しているのが、その後の変数elに用意してあるJSXの表示部分です。

```
let el = (
  <div>
    <h5 class="mb-4">{message}</h5>
    <Welcome />
  </div>
)
```

<Welcome />が、Welcomeコンポーネントを埋め込んでいるタグになります。コンポーネントはこのように普通のHTMLのタグと同じような感覚でJSX内に書いておくことができるのです。

後は、elをReactDOM.renderで描画するだけです。ReactDOM.renderによる描画は、コンポーネントを利用していても必ず最後に行う必要があります。これは、Reactの画面表示の基本となるものなので、コンポーネントを利用していてもこの点は変わりません。

コラム コンポーネントは名前に注意！ Column

ここでは、Welcomeというコンポーネント関数を用意しましたが、この「Welcome」という名前、実はとても重要なのです。

コンポーネントは、必ず「大文字で始まる名前」でなければいけません。ですから、例えば「welcome」という名前にしてしまうと、コンポーネントとして認識されず動作しないのです。

逆に「WELCOME」は全然問題ありません。大文字で始まる名前なら、2文字目以降は大文字小文字は特に関係ないのです。

「属性」を利用しよう

関数コンポーネントには、引数が1つ用意されます。この引数には、タグの「属性」をオブジェクトにまとめたものが渡されます。HTMLのタグでは、<○○ x="a">みたいな感じで、属性(x="a"の部分)を使ってさまざまな設定などを行うことができるようになっていますね。

コンポーネントも同じです。コンポーネントのタグに属性を書いて、その値を利用して表示などを行えるようになっているんです。

この「コンポーネントタグに書いた属性」の情報をまとめたものが、関数の引数として渡されるようになっているのです。この値を利用することで、コンポーネントタグに属性を用意することができるようになります。

例えば、こんな具合にコンポーネント関数とJSXタグが用意されたとしましょう。

●関数

```
function X(props){……}
```

●JSXの記述

```
<X a="abc" />
```

このコンポーネントの引数propsに、<X />の属性がまとめられています。ということは、props.aには"abc"という値が保管されているわけです。このように引数から属性のプロパティを参照することで、必要な値を受け渡せるのです。

属性を使ってみよう！

では、先ほどのWelcomeコンポーネントを拡張して、名前とスタイルを設定できるようにしてみましょう。<script type="text/babel">部分を以下のように変更します。

リスト3-2

```
<script type="text/babel">
let dom = document.querySelector('#root')
let message ="React component page."

// 関数コンポーネント
function Welcome(props) {
  return <div className={props.alert}>
    <p className={props.fontSize}>Hello {props.name}!!</p>
  </div>
}

// 表示するJSX
let el = (
  <div>
    <h5 class="mb-4">{message}</h5>
    <Welcome name="Taro" fontSize="h2"
        alert="alert alert-primary" />
    <Welcome name="Hanako" fontSize="h5"
        alert="alert alert-dark" />
  </div>
)

ReactDOM.render(el, dom)
</script>
```

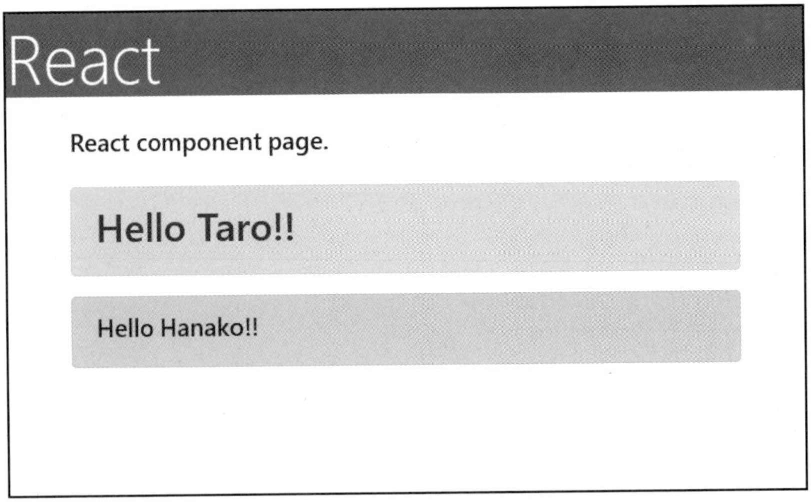

React

React component page.

Hello Taro!!

Hello Hanako!!

図3-3　2つのWelcomeコンポーネントを表示する。

Webブラウザでアクセスすると、2つのアラートが表示されます。それぞれアラートのカラー、そして表示されるメッセージの名前とフォントサイズが異なっているのがわかるでしょう。

ここでは、以下のようにWelcome関数を定義しています。

```
function Welcome(props) {
  return <div className={props.alert}>
    <p className={props.fontSize}>Hello {props.name}!!</p>
  </div>
```

引数propsから値を取り出し、<div>の属性にclassName={props.alert}と設定をしています。また表示するメッセージの<p>タグではclassName={props.fontSize}とクラスを指定し、表示テキストを「Hello, {props.name}!!」としています。後は、Welcomeにalert, fontSize, nameといった値が引数propsに渡されるようにすればいいわけですね。

では、呼び出しているJSXの記述を見てみましょう。

```
<Welcome name="Taro" fontSize="h2" alert="alert alert-primary" />
<Welcome name="Hanako" fontSize="h5" alert="alert alert-dark" />
```

fontSizeとalertにはBootstrapのクラス名が、そしてnameには名前のテキストが用意されます。これでWelcomeに必要な値が渡されます。

引数による属性の利用は、非常に簡単ですし、コンポーネントに様々な値を渡して表示を操作することができるようになります。

計算するコンポーネント

Welcomeは、単純に表示するJSXを返すだけのものでしたが、一般的な関数のように細かな計算などを行うこともできます。最後にエレメントを返しさえすればいいのです。

簡単な計算をするコンポーネントの例を挙げておきましょう。<script type="text/babel">部分を以下のように変更して下さい。

リスト3-3

```
<script type="text/babel">
let dom = document.querySelector('#root')
let message ="React component page."

// 関数コンポーネント
function Welcome(props) {
  return (
    <div className="alert alert-primary">
      <Calc classes={props.classes}
          number={props.number} />
    </div>
  )
}

function Calc(props) {
  let total = 0
  for(let i = 1;i <= props.number;i++){
    total += i
  }
  return <p className={props.classes}>
      1から{props.number}までの
      合計は、「{total}」です。</p>
}

// 表示するJSX
let el = (
  <div>
    <h5 className="mb-4">{message}</h5>
    <Welcome number="10" classes="h3" />
    <Welcome number="100" classes="h5" />
    <Calc number="50" classes="h4" />
    <Calc number="500" classes="h6" />
  </div>
)
```

```
ReactDOM.render(el, dom)
</script>
```

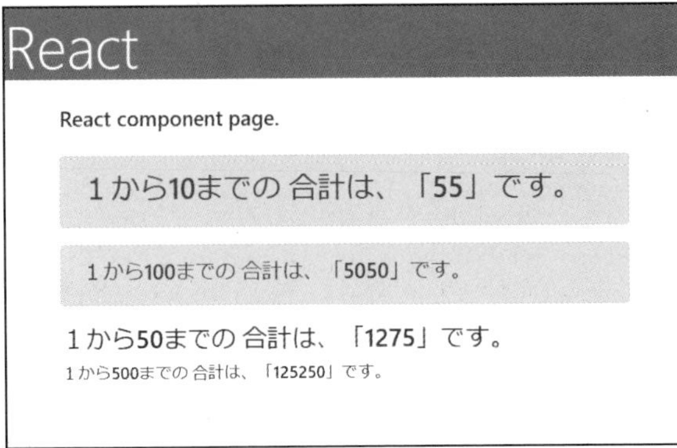

図3-4　1から10、100、50, 500までの合計をそれぞれ計算し表示する。

実行すると、1から10、100、50, 500までの合計をそれぞれ計算して表示します。最初の2つはアラートとして表示され、後の2つはテキストだけが表示されているでしょう。

ここでは、Calcというコンポーネント関数を用意しています。この関数では、numberというプロパティの値を取り出し、繰り返しを使って1からnumberまでの合計を計算してその結果をreturnしています。returnしている内容を見ると、このようになっていますね。

```
return <p className={props.classes}>
      1から{props.number}までの
      合計は、「{total}」です。</p>
```

className={props.classes}でクラスを指定し、{props.number}と{total}でメッセージのテキストを作成しています。このCalcを利用しているJSX部分を見ると、このようになっていますね。

```
<Calc number="50" classes="h4" />
<Calc number="500" classes="h6" />
```

numberの値を設定することで、このようにさまざまな値の合計を表示できます。コンポーネント関数といっても、普通の関数と何ら違いはないことがわかりますね。

更に、このCalcコンポーネントは、Welcomeコンポーネントの中からも利用しています。Welcome関数を見ると、このようにreturnしていますね。

```
return (
  <div className="alert alert-primary">
    <Calc classes={props.classes}
```

```
        number={props.number} />
  </div>
)
```

アラートを表示している<div>タグの中に<Calc />が埋め込まれています。JSXで表示している部分を見ると、こんな具合に呼び出しているのがわかります。

```
<Welcome number="10" classes="h3" />
<Welcome number="100" classes="h5" />
```

これで、<Welcome />が表示されます。その中では、<Calc />が組み込まれて表示されているのですね。こんな具合に、コンポーネントの中に更にコンポーネントを組み込んで使うことだってできるのです。

関数からクラスへ！

この関数コンポーネントは、便利ではありますが、コンポーネントの実力をすべて発揮できるものではありません。本当にコンポーネントらしいコンポーネントを作るためには、関数から「クラス」へとステップアップする必要があるでしょう。

「クラス？ クラスって、何？」

なんて内心思った人、いませんか？ 巻末の「JavaScript超入門」で、クラスがどういうものか簡単に説明してあります。よくわからない人はそちらをチェックして下さい。

JavaScriptでは、オブジェクトはさまざまな形で作成することができます。{}を使ってオブジェクトのリテラルで記述するのは既におなじみですね。最近のJavaScriptでは、この他に「クラス」というものを定義してオブジェクトを作ることができるようになっています。

クラスは、ざっと以下のような形で定義します。

```
class クラス名 {
  constructor(props) {
    super(props)
    ……初期化処理……
  }
  ……プロパティ、メソッド……
}
```

クラスは、「class ○○ {……}」という形で定義されています。この{}の部分に、クラスで用意するプロパティやメソッドを記述しておきます。

メソッドは、メソッド名と引数をいきなり書くことができます。functionなどはつける必要ありません。

```
メソッド名 ( 引数 ){
  ……メソッドの処理……
}
```

こんな感じで書いておけば、それがクラスのメソッドとして認識します。functionがない点が関数と違いますが、それ以外は基本的に関数の書き方と同じと考えていいでしょう。

constructorメソッド

メソッドの中には特別な役割を持ったものもあります。中でも「constructor」というメソッドは、クラスからオブジェクトを作成する際に最初に実行され、オブジェクトの初期化を行います。

引数は1つだけ用意されていて、これは関数コンポーネントの引数と同じく、属性の値をオブジェクトにまとめたものが渡されます。そしてconstructorメソッドの最初には、必ず「super(props)」という文を記述しておきます。これは、extendsで継承しているクラスのconstructorを呼び出すためのものですが、細かい働きとかは忘れていいので、「最初に必ずsuper(props)を書く」ということだけしっかり覚えておきましょう。

コンポーネントのクラス

では、コンポーネントのクラスはどのように作成するのでしょうか。これは、「extends」というものを使って定義します。extendsは、既にあるクラスの機能を引き継いで新しいクラスを定義する(これを「継承」といいます)のに使います。

```
class クラス名 extends 継承するクラス {……}
```

こんな感じで定義すると、既にあるクラスの機能をすべて持った新しいクラスを作ることができます。

Reactには、コンポーネントの機能を一通り揃えた「React.Component」というクラスが用意されています。自分でコンポーネントを定義する場合は、このクラスを継承して作ります。

```
class コンポーネント名 extends React.Component {
```

```
    ……クラスの内容……
}
```

このように定義することで、コンポーネントのクラスを定義することができます。ただし、このコンポーネントクラスには、必ず用意しないといないものが1つだけあります。それは「render」です。

renderメソッドについて

「render」は、コンポーネントのレンダリングをするメソッドです。コンポーネントクラスでは、このメソッドを必ず用意する必要があります。これは以下のような形で定義します。

```
render() {
    return ……JSX……
}
```

renderは引数のないシンプルなメソッドです。returnを持っており、これで表示するエレメントを返します。一般的にはJSXを使ってエレメントを記述しておくのがよいでしょう。

クラスはReactでは最重要！

クラスは、普通のJavaScriptではあまり使われていないと思いますが、Reactでは頻繁に登場します。特に「コンポーネントのクラス」は、これから何度も書くことになるでしょう。ですから、「コンポーネントクラスの書き方」だけはこの章でしっかりと頭に入れておいて下さい。まぁ、これから何度もサンプルを書いていくので、心配しなくとも、読み進めるうちに自然と覚えることになるでしょう。

簡単なコンポーネントを作ってみよう

では、実際にコンポーネントを作って利用してみましょう。HTMLファイルの<script type="text/babel">タグの部分を以下のように書き換えて下さい。

リスト3-4

```
<script type="text/babel">
let dom = document.querySelector('#root')
let message ="React component page."
```

```
class Hello extends React.Component {
  constructor(props){
    super(props)
  }

  render(){
    return <div className="alert alert-primary">
      <p className="h4">Hello!!</p>
    </div>
  }
}

let el = (
  <div>
    <h5 className="mb-4">{message}</h5>
    <Hello />
  </div>
)

ReactDOM.render(el, dom)
</script>
```


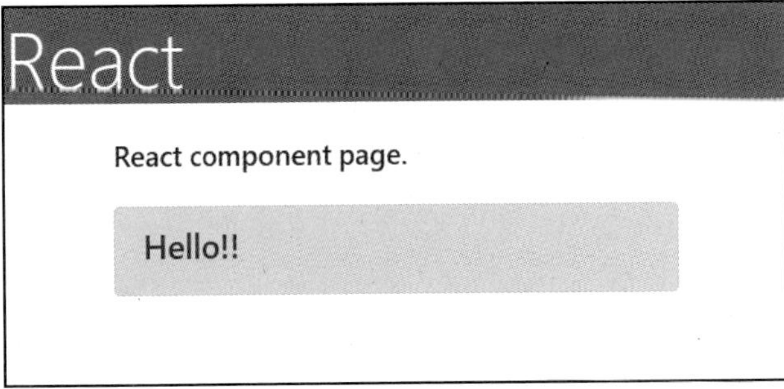

図3-5 Helloコンポーネントを表示したところ。

ここでは、Helloというコンポーネントを作成し、それを画面に表示しています。黄色い枠線に「Hello!!」とメッセージが表示されましたか？ これが、作成したHelloコンポーネントです。

Helloコンポーネントをチェック！

では、作成したHelloコンポーネントがどうなっているか見てみましょう。ここでは、constructorとrenderだけのシンプルなクラスを用意してあります。

```
class Hello extends React.Component {
```

```
  constructor(props){
    super(props)
  }

  render(){
    return <div className="alert alert-primary">
      <p className="h4">Hello!!</p>
    </div>
  }
}
```

constructorでは、ただsuper(props);を実行しているだけで具体的な処理は何もありません。使ってないので書く必要はないんですが、「constructorはこう用意する」というサンプルということで書いておきました。

renderでは、<div>と<p>のJSXを用意してreturnしています。関数からクラスへ進化する段階で、いろいろ追加や変更はありますが、基本となる「JSXで表示内容を作ってreturnする」という部分は全く同じなことがわかるでしょう。

属性を利用する

基本がわかったところで、属性を使ったコンポーネントを作ってみることにしましょう。関数コンポーネントでは、属性の値は引数にまとめて渡されていましたね。では、クラスを使ったコンポーネントの場合はどのようになっているのでしょうか。

これも、実際にサンプルを見ながら説明していくことにしましょう。<script type="text/babel">タグの部分を以下のように書き換えてみて下さい。

リスト3-5

```
<script type="text/babel">
let dom = document.querySelector('#root')
let message ="React component page."

class Rect extends React.Component {
  x = 0
  y = 0
  width = 0
  height = 0
  color = "white"
  style = {}
```

```
  constructor(props){
    super(props)
    this.x = props.x
    this.y = props.y
    this.width = props.w
    this.height = props.h
    this.color = props.c
    this.style = {
      backgroundColor:this.color,
      position:"absolute",
      left:this.x + "px",
      top:this.y + "px",
      width:this.width + "px",
      height:this.height + "px"
    }
  }

  render(){
    return <div style={this.style}></div>
  }
}

let el = (
<div>
  <h5>{message}</h5>
  <div>
    <Rect x="200" y="200" w="200" h="200" c="cyan" />
    <Rect x="300" y="300" w="200" h="200" c="magenta" />
  </div>
</div>
)

ReactDOM.render(el, dom)
</script>
```

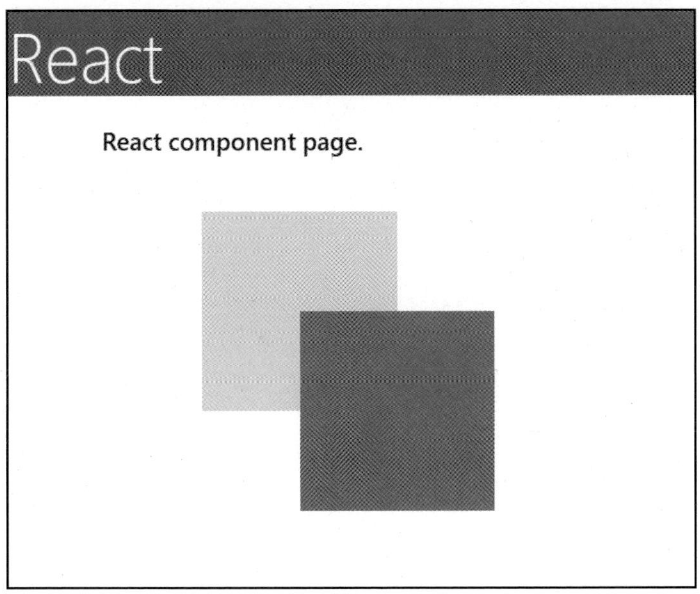

図3-6　シアンとマゼンタの四角形が表示される。

これにWebページからアクセスすると、シアンとマゼンタの四角形が表示されます。どうです、ただのテキストだけでなく、ちょっとコンポーネントっぽい感じになったでしょう？

Rectの属性の扱いをチェック！

ここでは、Rectというコンポーネントクラスを作成しています。これは、renderメソッドで、<div style={this.style}></div> を返すだけのシンプルなものです。このstyleに設定するスタイルで、指定した色の四角形を表示していたんですね。

ここでは、styleにthis.styleを指定しています。これは、このオブジェクトのstyleプロパティを示すものですね。このRectクラスでは、以下のようなプロパティが用意してあります。

```
x = 0
y = 0
width = 0
height = 0
color = "white"
style = {}
```

縦横の位置と大きさ、表示する色、スタイル設定といったものがプロパティになっています。constructorメソッドを見ると、これらのプロパティに引数のpropsから値を設定しているのがわかります。

```
this.x = props.x
this.y = props.y
this.width = props.w
this.height = props.h
this.color = props.c
```

x, y, w, h, cといった属性で、縦横の位置と大きさ、表示色の値を渡すようになっていることがわかりますね。まぁ、実をいえば今回はこれらのプロパティはこの後のstyleでしか使っていないので、わざわざpropsからクラスのプロパティに値を代入する必要はないんですが、「プロパティもこんな具合に使えるよ」という例としてわざとこういう書き方をしておきました。

これらの値を用意したところで、それらを使ってスタイル設定のstyleプロパティを用意しています。

```
this.style = {
    backgroundColor:this.color,
    position:"absolute",
    left:this.x + "px",
    top:this.y + "px",
    width:this.width + "px",
    height:this.height + "px"
}
```

backgroundColor, left, top, width, heightといったスタイルに値を用意しています。また、position:"absolute"を指定して、このエレメントが絶対座標で配置されるようにしてあります。

これで、属性x, y, w, h, cを使って表示位置と大きさ、色が設定されるようになりました。Rectを記述しているJSX部分を見るとこうなっていますね。

```
<Rect x="200" y="200" w="200" h="200" c="cyan" />
<Rect x="300" y="300" w="200" h="200" c="magenta" />
```

用意した属性の値を利用してスタイルの値が作られ、それをstyleに設定して<div>タグが表示されていた、というわけです。わかってしまえば大したことはないんですが、<Rect />タグに属性で位置や大きさ、色などを指定するとその通りに四角形が表示されるのは、ちょっと感動モノですね！

Section 3-2 プロジェクトでコンポーネント開発！

プロジェクト、再び！

さて、コンポーネントを本格的に使っていく前に、プログラムの開発スタイルを見直すことにしましょう。

ここまで、1枚のHTMLファイルですべてを行ってきましたが、コンポーネントを利用するようになってくると、さまざまなコンポーネントを組み合わせて開発するようなやり方ができるようになります。そうなると、多数のファイルを管理するプロジェクト方式に移動したほうが、プログラム全体を管理しやすくなるでしょう。

先に、プロジェクトの例として「react_app」というプロジェクトを作成しましたね？ あれに再び登場してもらうことにしましょう。そして、このreact_appプロジェクトを使い、これから先のプログラミングを行っていくことにします。

 プロジェクトの表示用ファイルについて 

さて、作成したreact_appプロジェクトですが、ここでは多数のファイルが用意されていました。画面の表示に関するものだけでもいくつものファイルで構成されています。ここで、どのようなファイルが用意されているのかチェックしておきましょう。

◎「public」フォルダ内

index.html	これがアクセス時に表示されるHTMLファイルです。この中に、画面表示に関する基本的な要素がまとめてあります。

◎「src」フォルダ

index.js	アプリケーションのベースとなるスクリプトです。
index.css	index.jsで使用するスタイルシートです。

App.js	indexに組み込まれる、実際に画面に表示をしているコンポーネントです。
App.css	Appコンポーネントのスタイルシートです。

この他にも「public」や「src」フォルダにはファイルがありますが、それらは設定ファイルであったり、テスト用のスクリプトであったりで、直接画面に表示するためのものではありません。画面に表示される内容に関するものは、この5つのファイルだと考えていいでしょう。

これらは、「index.html」「indexのスクリプト」「Appコンポーネント」の3つの部品の組み合わせと考えていいでしょう。アクセスすると、これらは以下のように働きます。

- アクセスするとindex.htmlが読み込まれる。
- index.htmlを読み込む際、index.jsが読み込まれ実行される。
- index.jsの中でAppコンポーネントが読み込まれ表示される。

index.htmlが読み込まれるとそのままindex.jsが実行される、という流れは、プロジェクトによって自動的に行われます。そしてindex.jsの中で、サンプルに用意してあったAppコンポーネントが表示されています。というわけで、プロジェクトのサンプルは、最終的に「Appコンポーネントを画面に表示する」という働きをするものだ、と考えていいでしょう。

index.htmlについて

では、用意されている表示用ファイルをざっと確認しておきましょう。まずは、index.htmlからです。これは以下のような内容になっています(コメント類はカットしてあります)。

リスト3-6

```
<!DOCTYPE html>
<html lang="en">
  <head>
    <meta charset="utf-8" />
    <link rel="icon" href="%PUBLIC_URL%/favicon.ico" />
    <meta name="viewport" content="width=device-width, ↲
      initial-scale=1" />
    <meta name="theme-color" content="#000000" />
    <meta
      name="description"
      content="Web site created using create-react-app"
    />
```

```
    <link rel="apple-touch-icon" href="%PUBLIC_URL%/logo192.png" />
    <link rel="manifest" href="%PUBLIC_URL%/manifest.json" />
    <title>React App</title>
  </head>
  <body>
    <noscript>You need to enable JavaScript to run this app.</noscript>
    <div id="root"></div>
  </body>
</html>
```

いろいろありますが、ポイントは<body>タグに用意されているものです。<noscript>は、JavaScriptが動作しない環境のときに表示されるものです。その後の<div id="root"></div>というのが、Reactの表示を組み込むためのタグになります。

要するに、このindex.htmlは、何かの表示を行うものではなく、ただ「Reactの表示を組み込む場所を提供するだけのもの」といっていいでしょう。Reactでは、ベースとなるHTMLファイルは、こんな具合に「Reactを組み込むためのタグが1個おいてあるだけ」といった形が一般的です。

コラム index.js ってどこで読み込んでるの？ Column

index.htmlからindex.jsが実行されて動いている、と説明をしましたが、index.htmlのソースコードを見て、「あれ？ index.jsを読み込む<script>タグなんてなかったぞ？」と思った人もいたかもしれませんね。その通り、ありません。

けれど、プロジェクトは普通のWebサーバーではなく、独自に組み込まれたサーバーによって実行されている、ということを忘れてはいけません。サーバープログラムにサクセスがあったとき、index.jsを組み込んで実行する処理を背後で行っていたんですね。

そもそも、プロジェクトというのは、これが完成形ではありません。これをもとに「ビルド」という作業をして、実際に公開されるファイルが生成されます。そのときには、必要なスクリプトが実行されるようなコードが作られているはずなので、何も心配はいらないんですよ。

BootstrapのCDNタグを追記する

ざっとindex.htmlがわかったところで、1つ修正をしておきましょう。ここまでBootstrapを利用してきましたから、このreact_appプロジェクトでも使えるようにしておきましょう。

Chapter 1
Chapter 2
Chapter 3
Chapter 4
Chapter 5
Chapter 6
Addendum

index.htmlの<head>タグ内の適当なところに以下のタグを追記しましょう(<title>タグの下辺りでいいでしょう)。

リスト3-7

```
<link rel="stylesheet" href="https://stackpath.bootstrapcdn.com/ ↵
  bootstrap/4.5.0/css/bootstrap.min.css"crossorigin="anonymous">
```

これでBootstrapのクラスがCDNによりロードされ利用可能になります。「ReactのCDNは？」と思った人。Reactはプロジェクトの中に組み込まれているので、CDNのタグを用意する必要はないんですよ。

index.jsについて

続いて、index.jsです。これはindex.htmlから読み込まれて実行されます。どのような処理になっているか見てみましょう。

リスト3-8

```
import React from 'react';
import ReactDOM from 'react-dom';
import './index.css';
import App from './App';
import reportWebVitals from './reportWebVitals';

ReactDOM.render(
  <React.StrictMode>
    <App />
  </React.StrictMode>,
  document.getElementById('root')
);

reportWebVitals();
```

これもコメント類は取り除いてあります。ここで行っているのは、とても単純な処理で、以下のようにしてReactの表示を行っているだけです。

```
ReactDOM.render(
  <React.StrictMode>
    <App />
  </React.StrictMode>,
```

```
  document.getElementById('root')
);
```

見覚えのあるメソッドですね。ReactDOM.renderで、<App />（Appコンポーネント）をid="root"に組み込んで表示していたのですね。

この<App />は、<React.StrictMode>というタグの中に組み込まれています。これは「Strictモード（厳格モード）」という、構文や細かなチェックを厳しく行うモードを指定するもので、Reactの表示や動作とは直接関係ありません。この<React.StrictMode>は削除してしまっても問題なく動きます。

index.jsで行っているのは、たったこれだけです。意外と単純な処理しか行っていないのです。

（その後にreportWebVitals();というものがありますが、これはアプリのパフォーマンスなどを分析するためのもので、特に表示には関係しないため省略します）

コラム セミコロンは、あり？ なし？ Column

Reactのプロジェクトに書かれているスクリプトを見ると、文の終わりには必ずセミコロン(;)がついています。が、ここまで掲載してきたリストでは、セミコロンは付けていませんでした。「どっちが正しい書き方なんだ？」と思った人もいるかもしれませんね。

巻末の「JavaScript超入門」でも触れていますが、これはどっちでもいいのです。基本的に改行していればセミコロンはなくてもかまいません。が、つけたほうがより「ここで終わり」というのがわかりやすいので、付けているケースも多いのです。

本書では、基本的に「改行で終わるときはセミコロンは付けない」書き方を採用しています。

importによるロードについて

ここでは、その前にいくつものimport文が書かれています。このimportというのは、外部のモジュールを読み込んで、そこにある機能を使えるようにするためのものです。

これまでのHTMLファイル1つだけでReactを使っていた頃は、<script>タグでスクリプトをロードしていました。この方法だと、スクリプトファイルを読み込めば、その中にある関数やオブジェクトは自動的に使える状態になりました。

が、ここでは「モジュール」と呼ばれるものを使って必要な部品を読み込んでいます。このモジュールの読み込みに用いられるのがimportです。

では、どのようなモジュールを読み込んでいるのでしょうか。ざっと整理しておきましょう。

●Reactオブジェクト

```
import React from 'react';
```

●ReactDOMオブジェクト

```
import ReactDOM from 'react-dom';
```

●index.cssによるスタイルクラス

```
import './index.css';
```

●App.jsによるAppコンポーネント

```
import App from './App';
```

●reportWebVitals'の機能

```
import reportWebVitals from './reportWebVitals';
```

最後のreportWebVitals'というのを除くと、後はReactと表示するページで使うコンポーネントやスタイルなどをインポートしていることがわかりますね。Reactのプロジェクトでは、このように利用するオブジェクトなどはimportを使ってインポートして使うのが基本なのです。

Appコンポーネントについて

では、実際に画面に表示されているAppコンポーネントがどうなっているのか見てみましょう。App.jsでは、以下のようなソースコードが書かれています。

リスト3-9

```
import './App.css';
import MemoPage from './memo/MemoPage';

function App() {
  render() {
    return (
      <div className="App">
        <header className="App-header">
          <img src={logo} className="App-logo" alt="logo" />
          <p>
            Edit <code>src/App.js</code> and save to reload.
          </p>
```

```
          <a
            className="App-link"
            href="https://reactjs.org"
            target="_blank"
            rol-"noopener noreferrer"
          >
            Learn React
          </a>
        </header>
      </div>
    );
  }
}

export default App;
```

Appコンポーネントクラスを定義しているものですが、なんだか見たことのないものも使われているのでよくわからないですね。表示する内容などを少しカットして、コンポーネントの形を整理してみましょう。

```
import React, { Component } from 'react';
import logo from './logo.svg';
import './App.css';

class App extends Component {
  render() {
    return (
      <div className="App">
        ……略……
      </div>
    );
  }
}

export default App;
```

importで、ReactとComponentを読み込んでいるのがわかります。このComponentというのは、コンポーネントクラスでextendsしていたReact.Componentのことです。importでは、「Reactオブジェクトの中のComponent」というように、中にあるものを個別に取り出せるので、React.Component（Reactの中のComponent）と書かずに、ただComponentだけでOKなのです。

exportとimportの関係

そして、コンポーネントクラスを定義した後、そのAppコンポーネントをエクスポート(外部から利用できるようにすること)しています。

```
export default App;
```

この文です。これは何をしているのか？ というと、「importでこれをインポートしたときに、このAppがデフォルトで取り出せるようにする」ためのものです。

ほら、先ほどindex.jsに書かれていたimport文を思い出してください。

```
import App from './App';
```

これで、AppにAppコンポーネントが代入されますが、これを行うためには、App側でエクスポートするオブジェクトをexportしておく必要があるのです。

このように、「コンポーネント側でexportしておく」「それをimportするとコンポーネントが使えるようになる」という仕組みを用意していたのですね。今すぐ「importとは……exportとは……」という正確な挙動などまでは頭に入らないでしょうが、「こうやってコンポーネントを他から利用できるようにしているんだ」という基本的な考えだけでも理解しておきたいですね。

Appコンポーネントを書き換えよう

表示関係のファイルの働きがなんとなくわかってきたところで、実際にファイルを書き換えて、独自の表示を行わせてみることにしましょう。

さて、index.htmlとindex.js、そしてApp.js。独自の表示を作りたい場合、どれを書き換えればいいでしょうか？ そう、「最終的に画面に表示されているのはAppコンポーネントの表示」ということを思い出せばわかりますね。Appコンポーネントを修正すれば、表示されている内容が変更できることになりますね。

では、「src」フォルダの「App.js」ファイルを開いて下さい。そして、中身を以下のように書き換えてみましょう。

リスト3-10

```
import React, { Component } from 'react'
import './App.css'

class App extends Component {
```

```
  render(){
    return  <div>
    <h1 className="bg-primary text-white display-4">React</h1>
    <div className="container">
      <p className="subtitle">This is sample component.</p>
      <p>これはサンプルのコンポーネントです。</p>
      <p>簡単なメッセージを表示します。</p>
    </div>
  </div>
  }
}

export default App
```

これでスクリプトは完成です。この他に、表示を整えるためスタイルシートを追記しておきましょう。「src」フォルダの「App.css」を開き、以下のようにクラスを追記しておいて下さい。

リスト3-11

```
h1 {
  text-align:right;
  padding: 0px 50px 10px 50px;
  margin: 0px 0px 10px 0px;
}

.subtitle {
  margin: 20px 0px;
  color:#999;
  font-weight: bolder;
  font-size: 24pt;
}

p {
  margin: 5px 0px;
  color:#666;
  font-size:16pt;
}
```

とりあえず、h1, pといったタグのスタイルを用意しておきました。これらはあくまでサンプルですから、好きなように設定を変更して構いません。

修正できたら、ファイルを保存し、コマンドプロンプトまたはターミナルを起動してプロジェクトを実行して下さい。やり方は覚えていますね？ cdコマンドでreact_appのフォルダに移動し、「npm start」でプロジェクトを実行します。Visual Studio Codeを使っているなら、「ターミナル」メニューから「新しいターミナル」を選び、現れたターミナルから「npm start」を実行します。

プロジェクトを実行したら、Webブラウザからhttp://localhost:3000/にアクセスすればアプリケーションの表示が現れます。

ここでは、簡単なメッセージを表示しています。ごく単純ですが、オリジナルのコンポーネントが表示されていることが確認できるでしょう。

React

This is sample component.

これはサンプルのコンポーネントです。
簡単なメッセージを表示します。

図3-7　アクセスすると、作成したAppコンポーネントが表示される。

 属性を利用する 

コンポーネントを作り表示する処理がわかったところで、もう少しコンポーネントを掘り下げていくことにしましょう。

まずは、「属性の利用」からです。コンポーネントクラスでは、constructorの引数で属性の値が渡されましたね？ そう、「props」という引数です。これを利用して、属性で指定した値を表示するようにコンポーネントを書き換えてみましょう。

では、「src」フォルダのApp.jsを以下のように書き換えて下さい。

リスト3-12

```
import React, { Component } from 'react'
import './App.css'

class App extends Component {

  constructor(props){
    super()
    this.title = props.title
```

```
    this.message = props.message
  }

  render(){
    return  <div>
    <h1 className="bg-primary text-white display-4">React</h1>
    <div className="container">
      <p className="subtitle">{this.title}</p>
      <p>{this.message}</p>
    </div>
  </div>
  }
}

export default App
```

ここでは、constructorの引数「props」から、titleとmessageという値を取り出し、プロパティに設定してあります。そしてrenderでは、this.titleとthis.messageを表示しています。属性の基本的な使い方はもうわかっていますから、そう難しいところはありませんね？

index.jsを修正する

では、修正したAppコンポーネントを利用しましょう。Appコンポーネントは、index.jsの中で表示していました。では「src」フォルダからindex.jsを開き、以下のように内容を書き換えて下さい。

リスト3-13

```
import React from 'react'
import ReactDOM from 'react-dom'
import './index.css'
import App from './App'

ReactDOM.render(
  <React.StrictMode>
    <App title="App"
      message="This is App Component!" />
  </React.StrictMode>,
  document.getElementById('root')
)
```

React

App

This is App Component!

図3-8　<App />タグで指定した属性を元にタイトルとメッセージを表示する。

保存すると、Webブラウザに表示していたページが自動的に更新されます。もし、プロジェクトを終了してしまっていたなら、再度「npm start」でプロジェクトを実行してWebブラウザからアクセスして下さい。またプロジェクトを実行したしたままの場合、一度ページをリロードしないとうまく表示されない場合があるので注意しましょう。

ここでは、Appコンポーネントの記述が少し変わっています。以下のようにJSXで記述されていますね。

```
<App title="App" message="This is App Component!" />
```

titleとmessageの属性が追加されています。これらの値が、コンポーネントのconstructorメソッドでpropsから取り出され、renderで表示されていたのです。

コンポーネントを別ファイルにする

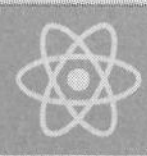

続いて、「コンポーネントを別ファイルに切り離して利用する」ということをやってみましょう。

まず、先ほど修正したindex.jsの内容をもとに戻しておきましょう。ReactDOM.renderメソッドを以下のように修正しておきます。

リスト3-14

```
ReactDOM.render(
  <React.StrictMode>
    <App />
  </React.StrictMode>,
  document.getElementById('root')
)
```

これで完成です。元の状態に戻すだけですから説明は不要ですね。

Rect.jsを作成する

では、新しいコンポーネントのファイルを作成しましょう。「src」フォルダに新しいファイルを用意します。「Rect.js」という名前にしておきましょう。Visual Studio Codeを利用しているならば、ウインドウ左側にあるファイル類の一覧表示部分(「エクスプローラー」というものです)から「src」フォルダを選択し、その上の方にある「REACT_APP」という項目の「新しいファイル」アイコンをクリックすると、ファイルが作成されます。そのままファイル名を「Rect.js」と入力してください。

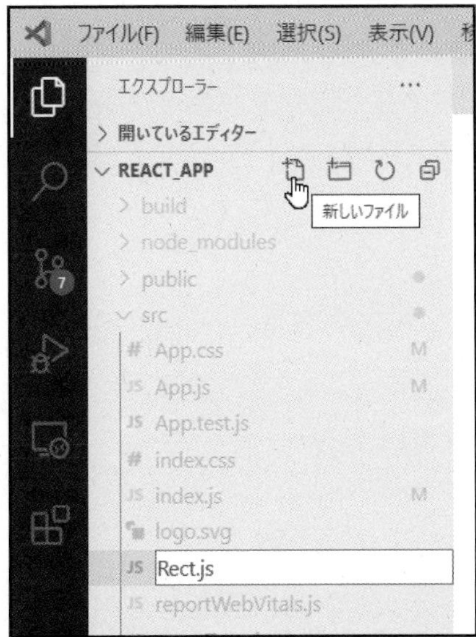

図3-9 「新しいファイル」アイコンをクリックしてファイルを作成する。

ファイルが作成できたらこれを開いてコンポーネントを作成しましょう。以下のように記述してください。

リスト3-15

```
import React, { Component } from 'react'

class Rect extends Component {
  x = 0
  y = 0
  width = 0
  height = 0
  color = "white"
  style = {}

  constructor(props){
```

```
        super(props)
        this.x = props.x
        this.y = props.y
        this.width = props.w
        this.height = props.h
        this.color = props.c
        this.radius = props.r
        this.style = {
            backgroundColor:this.color,
            position:"absolute",
            left:this.x + "px",
            top:this.y + "px",
            width:this.width + "px",
            height:this.height + "px",
            borderRadius:this.radius + "px"
        }
    }

    render(){
        return <div style={this.style}></div>
    }
}

export default Rect
```

これは、先にリスト3-5で作成したRectコンポーネントです。ただ、全く同じではつまらないので、角の丸みを示すborderRadiusというプロパティも追加してみました。これは「r」という属性で指定できるようにしてあります。

作成したコンポーネントは、最後に export default Rect でエクスポートしています。これは忘れないようにしましょう。

Rectコンポーネントを利用する

では、作成したRect.jsを読み込んでRectコンポーネントを利用しましょう。「src」フォルダのApp.jsを以下のように書き換えて下さい。

リスト3-16

```
import React, { Component } from 'react'
import './App.css'
import Rect from './Rect'

class App extends Component {
```

```
  render(){
    return  <div>
      <h1 className="bg-primary text-white display-4">React</h1>
      <div className="container">
        <p className="subtitle">draw rectangle.</p>
        <Rect x="200" y="200" w="200" h="200" c="#6ff9" r="25" />
        <Rect x="300" y="300" w="200" h="200" c="#f6f9" r="75"/>
        <Rect x="400" y="400" w="200" h="200" c="#6669" r="100" />
      </div>
    </div>
  }
}

export default App
```

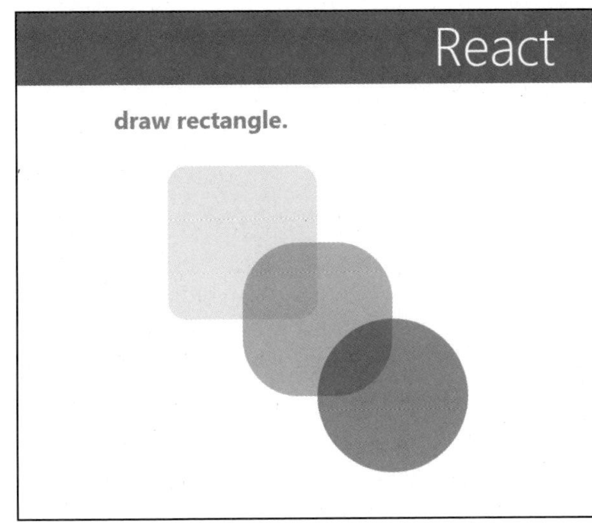

図3-10　3つのRectが重なって表示される。

保存したら表示を確認しましょう。今回は、3つの<Rect />タグにx, yで位置、w, hで縦横幅を指定してあります。更にはr属性で角の丸みの大きさを指定し、c属性では透過度まで含めた16進数の値を用意しておきました。

ここではRectコンポーネントを利用するために以下のような文を用意してあります。

```
import Rect from './Rect'
```

これで、Rect.jsを読み込んでRectコンポーネントをインポートできます。exportとimportさえきっちりと抑えておけば、このように「外部ファイルのコンポーネントを利用する」ということは簡単にできるのです。

Section 3-3 ステートを使いこなそう

ステートを利用しよう

コンポーネントの基本的な使い方がわかってきたところで、コンポーネントのさまざまな機能について見ていくことにしましょう。まずは、「ステート」についてです。

ステートは、コンポーネントで利用する「値」の保管庫です。コンポーネントの中で利用する値などは、このステートを使って保管をします。

そういうと、「constructorでpropsというのが渡されたじゃないか。必要な値はこれで取り出せるだろう？」「クラスのプロパティに値を保管すればいつでも使えるんじゃないか？」といった声が聞こえてきそうですね。

確かに、クラスにはプロパティがありますし、コンポーネントではpropsという属性をまとめて保管する値が用意されています。が、こうしたものとステートは、働きが違うのです。

では、それぞれの違いをここで整理してみましょう。

●プロパティ

クラスに値を保管しておくのに使うもの。コンポーネントに限らず、クラス全般で利用されるものです。

●属性(props)

コンポーネントの属性をまとめて保管するためのもの。これは基本的に「read only」です。つまり、値は取り出せるだけで変更することはできません。

●ステート

コンポーネントの状態を表す値を保管するためのもの。これは、コンポーネントの「現在の状態」を扱うためのものです。状態を使うというのはどういうことか？ それはつまり「ステートの値を操作することで、コンポーネントの状態を操作できる」ということなのです。コンポーネントの表示を変えたりするのに、ステートは必須のものなのですね。

ステートは自動更新される！

プロパティは、変更してもコンポーネントの表示は変わりません。表示に利用している変数やプロパティを変更したら、更にReactDOM.renderを呼び出して表示を更新する必要がありました。

が、ステートを利用すれば、そうした面倒な更新作業はいらなくなります。ただ値を変更するだけで、自動的に表示が更新されるのです。これは、Reactの中心となる機能と言って良いでしょう。ここでしっかりと覚えておきましょう！

ステートを用意する

このステートは、コンポーネントに「state」というプロパティとして用意されます。この中に、ステートの値がまとめて保管されます。値が必要になれば、this.state.○○というようにして値を取り出せばいいのです。

ただし！ 注意しないといけないのは、値を取り出すときです。まずは、「constructorでステートの値を設定する」方法から覚えておきましょう。

●constructorで値を初期化する

```
this.state = { ……値を用意する……}
```

ステートの値は、{}を使ったオブジェクトリテラルとして記述しておくのが一般的です。これで、ステートで使う値をまとめて設定しておくのです。後は、this.stateの中から、設定しておいた値を取り出して利用できるようになります。

ステートの値を表示する

では、簡単な利用例を挙げておきましょう。「src」フォルダのApp.jsを以下のように修正して下さい。

リスト3-17

```
import React, { Component } from 'react'
import './App.css'

class App extends Component {
  constructor(props){
    super(props);
    this.state = {
```

```
      msg:'Hello Component.',
    }
  }

  render(){
    return  <div>
      <h1 className="bg-primary text-white display-4">React</h1>
      <div className="container">
        <p className="subtitle">Show message.</p>
        <p className="alert alert-warning">{this.state.msg}</p>
        <p className="alert alert-dark">{this.props.msg}</p>
      </div>
    </div>
  }
}

export default App
```

簡単なメッセージを表示するコンポーネントを作成しました。ここでは、constructorでmsgというステートの値を用意してあります。この部分ですね。

```
this.state = {
  msg:'Hello Component.',
};
```

ここではmsgだけですが、もちろん必要に応じていくつでも値を用意しておくことができます。

このステートは、renderでJSXを使った表示を作成しているところで利用しています。今回、Appコンポーネントでは2つの<p>タグを表示しています。ステートと属性を比べるため、それぞれの値を表示しています。

```
<p className="alert alert-warning">{this.state.msg}</p>
<p className="alert alert-dark">{this.props.msg}</p>
```

ステートの値は、this.state.○○という形で取り出すことができますし、属性の値はthis.props.○○で取り出せます。「値を取り出して表示する」という部分は、どちらもとても似ているのです。

index.jsを修正する

では、「src」フォルダのindex.jsを開いて修正しましょう。ここに書いてあるReactDOM.renderメソッドの文を以下のように書き換えて下さい。

リスト3-18

```
ReactDOM.render(
  <React.StrictMode>
    <App msg="Hello App." />
  </React.StrictMode>,
  document.getElementById('root')
)
```

これで完成です。Webブラウザで表示を確かめましょう。2つのアラートが表示されますが、上のものがステート、下のものが属性の値を使っています。それぞれ異なるメッセージになっていることがわかりますね。

図3-11　2つのアラートが表示される。

ステートの更新

constructorでのステートの設定は、あくまで「ステートの初期化」の処理です。それ以外の場所でステートの値を変更する場合は、また別のやり方をする必要があります。これは以下のように行います。

●ステートの更新

```
this.setState( {……値を用意……} )
```

ステートの変更は、コンポーネントの「setState」というメソッドを使います。引数には、オブジェクトリテラルを使ってステートに設定する値をまとめたものを指定します。

ステートは「追加」される

setStateで注意しておきたいのは、「setStateによって、ステートの値が完全に置き換わるわけではない」ということです。setStateの関数では用意した値がステートに追加されます。既に同じ値があればそれは更新されます。が、「setStateに用意されてない値は消されるのか」というと、そうではありません。setStateに値が用意してなくとも、その前からステートにある値はそのままです。

setStateは、値を追加するだけで、削除はされないのです。この点は忘れないようにしましょう。

ステートを変更してみる

では、先ほどのサンプルを少し修正して、ステートを変更する処理を追加してみましょう。「src」フォルダのApp.jsを以下のように変更して下さい。

リスト3-19

```
import React, { Component } from 'react'
import './App.css'

class App extends Component {
  constructor(props){
    super(props)
    this.state = {
      msg:'Hello',
      count:0,
    }
    let timer = setInterval(()=>{
      this.setState({
        count: this.state.count + 1,
        msg: "[ count: " + this.state.count + " ]"
      })
    }, 1000)
  }

  render(){
    return  <div>
      <h1 className="bg-primary text-white display-4">React</h1>
      <div className="container">
        <p className="subtitle">Count number.</p>
        <p className="alert alert-warning">{this.state.msg}</p>
        <p className="alert alert-dark">{this.props.msg}</p>
      </div>
```

Chapter 1 Chapter 2 Chapter 3 Chapter 4 Chapter 5 Chapter 6 Addendum

```
    </div>
  }
}

export default App
```

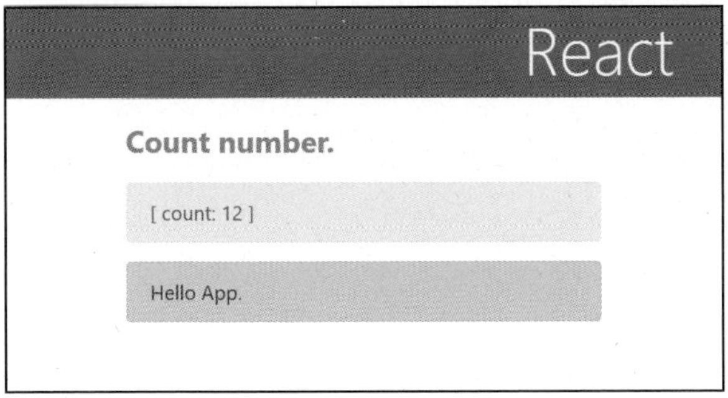

React

Count number.

[count: 12]

Hello App.

図3-12　アクセスすると、[count: 整数]という数字が1ずつ増えていく。

アクセスすると、「Hello」とメッセージが表示されたアラートに、[count: 整数]という形で数字が表示されます。この数字は1秒毎に増えていきます。タイマーを使って、ステートを更新しているのです。

ここではconstructorで、以下のようにステートを用意しています。

```
this.state = {
  msg:'Hello',
  count:0,
}
```

msgとcountという2つのステートが用意されていますね。そしてconstructor内で、タイマーを作成しています。

```
let timer = setInterval(()=>{……略……}, 1000)
```

setIntervalは、一定時間ごとに処理を実行するタイマー機能を設定する関数ですね。これは、第1引数に実行する処理を、第2引数に実行する間隔をミリ秒で設定します。

ここでは、アロー関数で実行する処理を用意しています。以下のような処理をタイマーで実行しているのがわかるでしょう。

```
this.setState({
  count: this.state.count + 1,
  msg: "[ count: " + this.state.count + " ]"
})
```

setStateで、ステートの値を更新しています。呼び出されるたびにcountステートの値が1増え、それを使ってmsgステートの表示が更新されます。スタートの値は、ここで記述しているように「this.state.○○」という形で取り出します。ただし、これは取り出すだけで、値を代入して変更することはできません(変更はsetStateしないといけません)。

表示の操作を行っているのは、この部分だけです。例えばrenderを呼び出したり、コンポーネントの表示更新などを行うための処理などは一切ありません。ステートは、setStateで変更するだけで、このステートを利用しているコンポーネントの表示が自動で更新されるのです。

イベントをバインドしよう

タイマーでステートの変更を呼び出すことはできましたが、こうした操作は、やっぱりユーザーの操作などで実行されることが多いでしょう。例えばボタンを押すと表示が更新される、といった具合ですね。

ボタンをクリックしたときの処理は、onClickという属性として用意されていました。これに実行する関数などを設定することで、クリックして処理を実行させることができました。が、コンポーネントの場合、単純にonClick属性を指定しただけではうまくいかないので注意する必要があります。

コンポーネントでのイベント設定は、2つの作業が必要になります。「イベントへの関数の設定」と「バインド」です。ここでは例として、<button>タグにonClick処理を設定する形で説明しましょう。

●onClickへの関数設定

```
<button onClick={this.○○} >
```

onClickに、実行する処理を設定します。コンポーネントの場合、コンポーネントクラスにあるメソッドをthis.○○として指定するのが一般的でしょう。例えば、「doClick」といったメソッドを用意するなら、onClick={this.doClick} というように設定すればいいわけです。

●メソッドのバインド

```
this.○○ = this.○○.bind(this);
```

onClickに設定したメソッドに、thisをバインドします。これは、イベントに割り当てるメソッドから「bind」というメソッドを実行します。引数にはthisを指定します。この戻り値をメソッドに代入することで、イベントからメソッドが実行できるようになります。

ステートをマウスで変更する

では、実際にイベントを利用してステートを操作してみましょう。「src」フォルダのApp.jsを以下のように変更して下さい。

リスト3-20

```
import React, { Component } from 'react'
import './App.css'

class App extends Component {
  constructor(props){
    super(props)
    this.state = {
      counter:0,
      msg:'count start!',
    }
    this.doAction = this.doAction.bind(this)
  }

  doAction(event){
    this.setState({
      counter: this.state.counter + 1,
      msg: '*** count: ' + this.state.counter + ' ***'
    })
  }

  render(){
    return  <div>
      <h1 className="bg-primary text-white display-4">React</h1>
      <div className="container">
        <p className="subtitle">Count number.</p>
        <div className="alert alert-primary text-center">
          <p className="h5 mb-4">{this.state.msg}</p>
          <button className="btn btn-primary"
            onClick={this.doAction}>
            Click</button>
        </div>
      </div>
    </div>
  }
}

export default App
```

修正できたら、「src」フォルダのindex.jsも修正しておきましょう。ReactDOM.renderメソッド部分を以下のように戻して下さい。

リスト3-21
```
ReactDOM.render(
  <React.StrictMode>
    <App />
  </React.StrictMode>,
  document.getElementById('root')
)
```

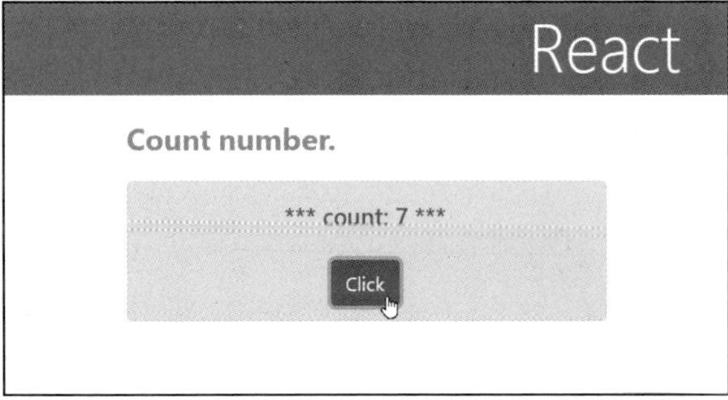

図3-13 ボタンをクリックすると、「count:○○」という数字が1ずつ増えていく。

修正したら動作を確認しましょう。ここではアラートの中にメッセージとボタンが表示されます。このボタンをクリックすると、メッセージに表示される数字が1ずつ増えていきます。

イベントの設定を確認しよう

では、イベントまわりがどうなっているか確認をしておきましょう。まず、renderで作成している表示の内容をチェックしましょう。ここでは、プッシュボタンのタグを以下のようにしていました。

```
<button className="btn btn-primary" onClick={this.doAction}>
    Click</button>
```

onClick属性に「this.doAction」を値として設定しています。これで、クリックするとこのコンポーネントのdoActionメソッドが実行されるようになるはずですね。

続いて、初期化を行うconstructorメソッドです。ここでは、以下のようにイベントのバインド処理を用意してあります。

```
this.doAction = this.doAction.bind(this)
```

これで、コンポーネントクラスのdoActionがバインドされ、イベントによって実行できるようになりました。

では、doActionの内容を確認しておきましょう。

```
doAction(event){
  this.setState({
    counter: this.state.counter + 1,
    msg: '*** count: ' + this.state.counter + ' ***'
  })
}
```

counterステートの値を1増やし、msgステートを「'*** count: ' + this.state.counter + ' ***'」という値に設定してあります。これで、doActionが呼び出されたら、counterステートを1増やし、msgステートのテキストメッセージを更新します。

このdoActionではeventという引数が1つ用意されていますが、これは発生したイベントの情報をまとめたeventオブジェクトが入っています。今回は使っていませんが、event.targetとすることで、イベントの発生したエレメントを取り出すことができます。

ステートで表示を切り替える

ステートは、直接JSXに埋め込んで表示するだけでなく、ステートの情報を元にさまざまな処理を行わせる、といった使い方もできます。というと抽象的でわかりにくいでしょうが、例えば「ステートの値によって表示する内容が変わる」というようなこともできるわけです。

簡単な例を挙げましょう。「src」フォルダのApp.jsを以下のように書き換えて下さい。

リスト3-22

```
import React, { Component } from 'react'
import './App.css'

class App extends Component {
  constructor(props){
    super(props)
    this.state = {
      counter:0,
      msg:'count start!',
      flg:true,
    }
    this.doAction = this.doAction.bind(this)
  }
```

```
  doAction(e){
    this.setState({
      counter: this.state.counter + 1,
      msg: this.state.counter,
      flg: !this.state.flg
    })
  }

  render(){
    return  <div>
      <h1 className="bg-primary text-white display-4">React</h1>
      <div className="container">
        <p className="subtitle">Count number</p>
        {this.state.flg ?
          <div className="alert alert-primary text-right">
            <p className="h5">count: {this.state.msg}</p>
          </div>
        :
          <div className="alert alert-warning  text-left">
            <p className="h5">{this.state.msg}です。</p>
          </div>
        }
        <div className="text-center">
          <button className="btn btn-primary"
            onClick={this.doAction}>
            Click</button>
        </div>
      </div>
    </div>
  }
}

export default App
```

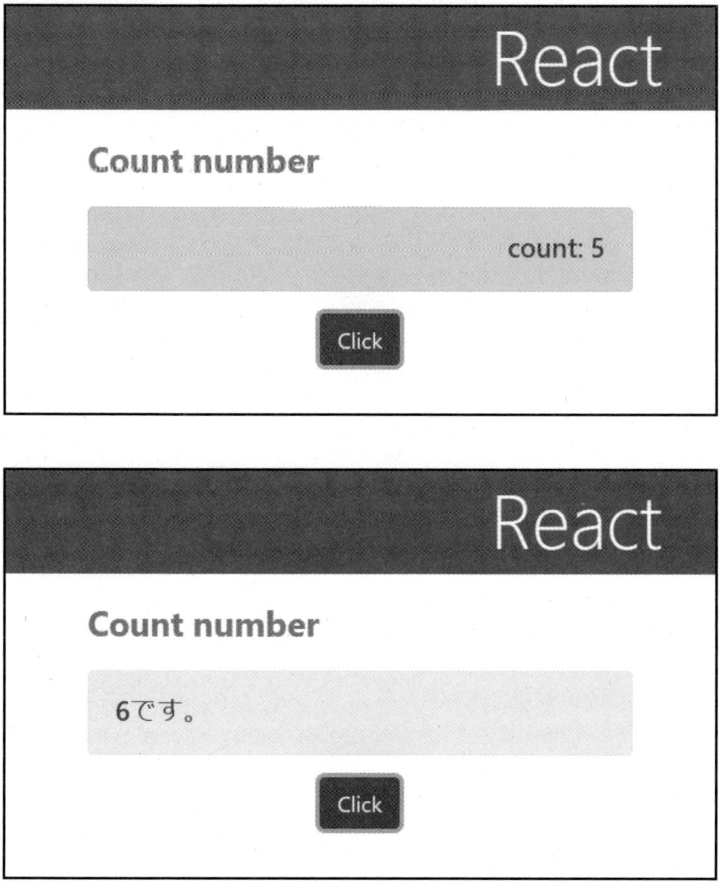

図3-14　ボタンをクリックすると、数字をカウントする。偶数と奇数で表示スタイルが変わる。

先ほどの「ボタンをクリックするとカウントする」サンプルを少し修正したものです。クリックして数字が増えていきますが、この数字が偶数のときと奇数のときで表示がガラリと変わります。

ここで行っているのは、doActionでステートを変更する処理だけです。以下のように変更していますね。

```
this.setState({
  counter: this.state.counter + 1,
  msg: this.state.counter,
  flg: !this.state.flg
})
```

ここでは、counterとmsgの他に、flgというステートを追加しました。そして、flg: !state.flg というようにして、flgの真偽値をtrueからfalse、falseからtrueと交互に切り替えています。

実は、ボタンクリックで行っている操作はこれだけなのです。これでどうして表示がガラリと変わるのか？ その秘密は、renderに用意されているJSXにあります。

```
{this.state.flg ?
  <div className="alert alert-primary text-right">
    <p className="h5">count: {this.state.msg}</p>
  </div>
:
  <div className="alert alert-warning  text-left">
    <p className="h5">{this.state.msg}です。</p>
  </div>
}
```

ここでは、this.state.flgの値をチェックし、それがtrueかfalseかによって異なるタグを表示するようにしていたのです。

この「三項演算子を使った表示の切り替え」は、前にJSXの説明をしたときに触れましたね。まぁ、「このへんは忘れていいよ」といってあったので、本当に忘れていた人もきっと多いことでしょう。

JavaScriptでは、「真偽値 ? trueの値 : falseの値」というように、条件と2つの値をつなげて、条件がtrueかfalseかによって値が変わるような式が書けます。これが三項演算子です。これをJSXで利用したのが、上の書き方でした。

doActionでflgステートを操作すると、この部分でチェックしたときの値が変わるため、表示も切り替わるようになっていたのです。このように、ステートとrenderによる表示を連携して動かすことで、「値を操作するだけで表示をガラリと変える」ことができるようになるのです。

どうです、実際に利用してみると「こりゃ便利だ。ぜひ覚えておこう」って気になるでしょう？

プロパティとステートの連携

表示に関する情報は、このようにステートを利用するととても便利なのは確かです。が、では「表示で使うものはすべてステートに入れておけばいいのか」というと、必ずしもそうとはいえません。

例として、「クリックすると四角形がどんどん増えていくコンポーネント」というのを考えてみましょう。クリックするとその場所に四角形が表示される、というものです。あちこちクリックするとどんどん増えていきます。これは、クリックした位置の情報を配列などにまとめて保管しておき、それを元に四角形を描いていけばいいわけですね。

では、「src」フォルダのApp.jsを以下のように書き換えてみましょう。

リスト3-23

```
import React, { Component } from 'react'
import './App.css'

class App extends Component {
  data = []

  area = {
    width:"500px",
    height:"500px",
    border:"1px solid blue"
  }

  constructor(props){
    super(props)
    this.state = {
      list:this.data
    }
    this.doAction = this.doAction.bind(this)
  }

  doAction(e){
    let x = e.pageX
    let y = e.pageY
    this.data.push({x:x, y:y})
    this.setState({
      list:this.data
    })
  }

  draw(d){
    let s = {
      position:"absolute",
        left:(d.x - 25) + "px",
        top:(d.y - 25) + "px",
        width:"50px",
        height:"50px",
        backgroundColor:"#66f3",
      }
      return <div style={s}></div>
  }

  render(){
    return  <div>
      <h1 className="bg-primary text-white display-4">React</h1>
```

Chapter 1 Chapter 2 Chapter 3 Chapter 4 Chapter 5 Chapter 6 Addendum

```
        <div className="container">
          <p className="subtitle">draw rectangle.</p>
          <div style={this.area} onClick={this.doAction}>
            {this.data.map((value)=>this.draw(value))}
          </div>
        </div>
      </div>
    }
  }

  export default App
```

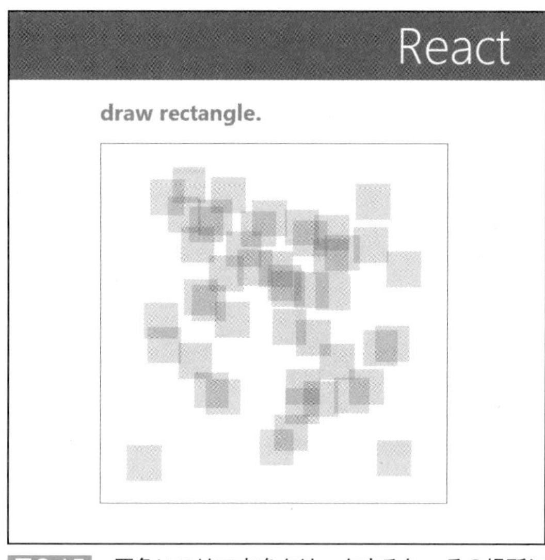

図3-15　四角いエリア内をクリックすると、その場所に四角形が追加される。

Chapter 1
Chapter 2
Chapter 3
Chapter 4
Chapter 5
Chapter 6
Addendum

アクセスすると、画面に四角いエリアが表示されます。その中をクリックすると、その場所に四角形が表示されます。あちこちクリックして、どんどん四角形を追加してみましょう。いくらでも増やすことができますよ！

dataプロパティをlistステートに！

ここでは、クリックした位置の情報は、実はステートにはありません。dataプロパティに保存しているのです。これは配列を保管するプロパティで、クリックするとdoActionでクリックした位置の情報を追加しています。

```
doAction(e){
  let x = e.pageX
  let y = e.pageY
```

```
    this.data.push({x:x, y:y})
    this.setState({
      list:this.data
    })
  }
```

イベント情報のオブジェクトである引数eからpageX, pageYという値を取り出しています。これは、ページの左上からクリックした地点までの距離(どれだけ離れているか)を示す値です。これを取り出して、{ x:横位置 , y:縦位置 } という形にまとめて、this.dataにpushで追加しています。

そして、データを追加したdataプロパティを、setStateでlistステートに設定しているのです。

「だったら、最初からlistステートにデータを追加すればいいじゃないか」という意見は正論ですが、実はそうするとうまく動きません。ステートに配列やオブジェクトなどを設定してある場合、そのままthis.state.○○というようにオブジェクトを指定してpushしたりすると予想外のおかしな形になってしまうことがあります(そもそもステートの値は直接操作してはいけないんですから)。

ですから、オブジェクトや配列などをあれこれと操作する場合は、コンポーネントクラスのプロパティとして値を保管しておき、いろいろ操作を行った後でsetStateでその値をステートに設定する、といったやり方をすればいいでしょう。

リスト表示コンポーネント

mapの利用はなかなかわかりにくいので、もう1つ例を挙げておきましょう。

リストの表示は、同じような形式のものを多数揃えますから、これはmapによる繰り返しに適した表示ですね。配列を元にリスト表示を行うコンポーネントを作成してみましょう。「src」フォルダのApp.jsを以下のように書き換えて下さい。

リスト3-24

```
import React, { Component } from 'react'
import './App.css'

class App extends Component {
  data = [
    "This is list sample.",
    "これはリストのサンプルです。",
    "配列をリストに変換します。"
  ]
```

```
  constructor(props){
    super(props)
    this.state = {
      list: this.data
    }
  }

  render(){
    return  <div>
      <h1 className="bg-primary text-white display-4">React</h1>
      <div className="container">
        <p className="subtitle">Show List.</p>
        <List title="サンプル・リスト" data={this.data} />
      </div>
    </div>
  }
}

class List extends Component {
  number = 1

  render(){
    let data = this.props.data;
     return (
      <div>
       <p className="h5 text-center">{this.props.title}</p>
        <ul className="list-group">
          {data.map((item, key) =>
            <li className="list-group-item" key={key}>
              <Item number={key + 1} value={item} />
            </li>
          )}
        </ul>
      </div>
    )
  }
}

class Item extends Component {
  itm = {
    fontSize:"16pt",
    color:"#00f",
    textDecoration: 'underline',
    textDecorationColor: '#ddf'
```

```
  }

  num = {
    fontWeight:"bold",
    color:"red"
  }

  render(){
    return (
        <p style={this.itm}>
          <span style={this.num}>
            [{this.props.number}] 
          </span>
          {this.props.value}
        </p>
    )
  }
}

export default App
```

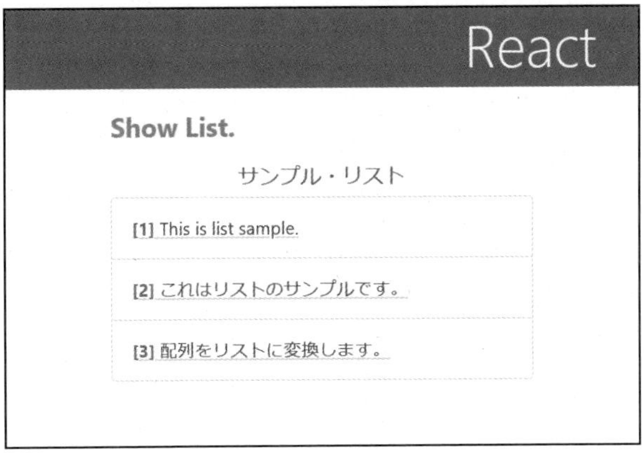

図3-16　配列をリストにして表示する。

Webブラウザでアクセスすると、Appコンポーネントの配列dataにまとめた値がリストになって表示されるのがわかります。

3つのコンポーネントの働き

ここでは、3つのコンポーネントを用意しています。「App」「List」「Item」です。

App	表示のベースとなるコンポーネントですね。
List	リスト全体をまとめて表示するものです。<p>タグによるタイトルと、<ul>によるリストを表示します。
Item	リストの各項目を表示するものです。<p>タグを使ってリストの各項目に表示する内容を用意します。

AppでのListコンポーネントの呼び出しでは、タイトルとリストのデータを属性に指定しておきます。以下の部分ですね。

```
<List title="サンプル・リスト" data={this.data} />
```

これでリスト用のデータがListに渡されました。このListコンポーネントでmapによる繰り返し表示を行っています。リストの表示部分は以下のようになっていますね。

```
<ul className="list-group">
  {data.map((item, key) =>
    <li className="list-group-item" key={key}>
      <Item number={key + 1} value={item}  />
    </li>
  )}
</ul>
```

data.mapの引数で、<li>タグの中に<Item>を組み込んだものを返しています。ここでは、numberとvalueという属性を用意してあります。numberには番号、valueには項目に表示するテキストをそれぞれ指定しています。

Itemで項目を作成する

<li>内に表示される内容を作成しているのがItemコンポーネントです。実際のリストの項目を作成しています。この出力内容は以下のようになっています。

```
<p style={this.itm}>
  <span style={this.num}>
    [{this.props.number}] 
  </span>
  {this.props.value}
</p>
```

Listコンポーネントで、numberとvalue属性を与えられていますから、これらを使って項目の表示を作成しています。この部分を書き換えれば、各項目の表示をカスタマイズできますね。

mapで繰り返し処理する基本に加え、リスト全体と項目をそれぞれコンポーネント化することで、かなり自由度の高い表示を作成できるようになります。

mapによる繰り返しはわかりにくいですが、リストのように「同じものをいくつも繰り返し表示する」というものでは非常に大きな威力を発揮します。テーブルの表示などにも応用できますね！

Section 3-4 コンポーネントの様々な機能

 子エレメントを活用するには？ 

ここまでコンポーネントは、基本的に全て <○○ /> という形で書いてきました。が、HTMLなどのタグには、内部に項目を持てるタイプのものもありますね。こういう感じのものです。

```
<○○>
    ……子エレメント……
</○○>
```

このように、内部にエレメントを持てるコンポーネントというのは作れないのでしょうか？

これは、もちろん作れます。コンポーネントの作り方としては、これまでのものと全く変わりはありません。ただ一点、「内部にある子エレメントを取り出して利用する方法」さえわかればいいのです。

これは、実はとても簡単に取り出せます。「this.props.children」で、内部にある子エレメントをまとめて取り出すことができるのです。

得られる値は、内部にあるのがどのようなものかによって変わります。エレメントがあればそのエレメントが返されますし、複数のエレメントが書いてあればエレメントの配列になります。また直接テキストが書いてあればテキストの値になります。

こうして取り出した値を使って処理を行えば、内部になにかの要素を持ったコンポーネントを作ることができるのです。

内部のテキストをリスト表示する

では、利用例として、タグの中に書いてあるテキストをリストにして表示する、というコンポーネントを作ってみましょう。「src」フォルダのApp.jsを以下のように書き換えます。

リスト3-25

```
import React, { Component } from 'react'
import './App.css'

class App extends Component {
  input = ''

  constructor(props){
    super(props)
  }

  render(){
    return <div>
      <h1 className="bg-primary text-white display-4">React</h1>
      <div className="container">
        <Message title="Children!">
          これはコンポーネント内のコンテンツです。
          マルでテキストを分割し、リストにして表示します。
          改行は必要ありません。
        </Message>
      </div>
    </div>
  }
}

class Message extends Component {
  li = {
    fontSize:"14pt",
    fontWeight: "bold",
    color:"#090",
  }

  render(){
    let content = this.props.children
    let arr = content.split('。')
    let arr2 = [];
    for(let i = 0;i < arr.length;i++){
      if (arr[i].trim() != ''){
        arr2.push(arr[i]);
      }
    }
    let list = arr2.map( (value,key)=>(
      <li className="list-group-item" style={this.li}
          key={key}>{key + 1}. {value} .</li>)
    )
```

```
    return <div>
      <h2>{this.props.title}</h2>
      <ol className="list-group">{list}</ol>
    </div>
  }
}

export default App
```

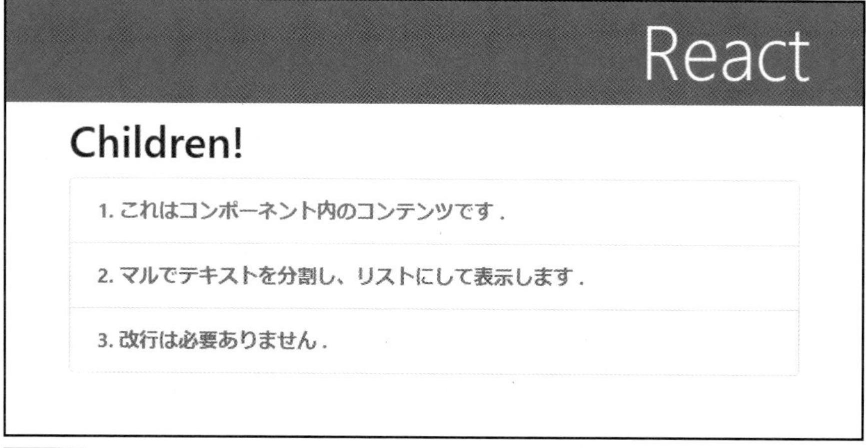

図3-17　<Message>タグ内に書いたテキストをリストに変換して表示する。

アクセスすると、<Message>タグと</Message>タグの間に書いたテキストを「。」で分割してリストにして表示します。ここでは、こんな形でコンポーネントを使っていますね。

```
<Message title="タイトル">
    ……テキスト……
</Message>
```

Messageコンポーネントの中に書かれているテキストを取り出し、「。」で分割し配列を作成します。

```
let content = this.props.children
let arr = content.split('。')
```

これで、内部に書かれているテキストを「。」で分割した配列がarrに取り出せます。このままリストの表示に使ってもいいんですが、前後のスペースや、スペースだけで何も書かれていない段落があるとよくないので、繰り返しを使って項目を整理してあります。そして無駄な部分を省いた配列(arr2)をmapで繰り返し処理し、<li>エレメントの配列を生成します。

mapの処理をチェック！

mapの処理は、もうだいぶ見慣れてきたんじゃないでしょうか。mapで、配列のテキストを<li>エレメントの配列に変換したものを変数listに入れます。この部分ですね。

```
let list = arr2.map( (value,key)=>(
  <li className="list-group-item" style={this.li}
      key={key}>{key + 1}. {value} .</li>)
)
```

あとは、これを <ol>{list}</ol> というようにして出力するだけです。

ここでは、this.props.childrenをテキストとして処理しています。ですから、テキスト以外のもの(何かのエレメントなど)が書かれていると正しく処理できません。本格的な「内部になにかの要素を持てるコンポーネント」を作ろうと思ったなら、this.props.childrenがテキスト、コンポーネント、コンポーネント配列のそれぞれの場合に応じた処理を行う必要がありますが、とりあえず「内部にあるものをどうやって処理するか」という基本部分はわかったのではないでしょうか。

フォームの利用

ユーザーと情報をやり取りするための基本は、なんといっても「フォーム」です。フォームの操作(というより、入力フィールドの操作)は、既にやったことがありますね。今回は、<form>タグを用意し、フォームから送信する処理として作成してみましょう。

ごくシンプルな例を挙げておきます。「src」フォルダのApp.jsを以下のように書き換えて下さい。

リスト3-26

```
import React, { Component } from 'react'
import './App.css'

class App extends Component {
  input = ''

  constructor(props){
    super(props)
    this.state = {
      title: 'input form',
      message:'type your name.'
    }
```

```
    this.doChange = this.doChange.bind(this)
    this.doSubmit = this.doSubmit.bind(this)
  }

  doChange(event) {
    this.input = event.target.value;
  }

  doSubmit(event) {
    this.setState({
      title: 'send form',
      message: 'Hello, ' + this.input + '!!'
    })
    event.preventDefault()
  }

  render(){
    return <div>
      <h1 className="bg-primary text-white display-4">React</h1>
      <div className="container">
        <h4>{this.state.title}</h4>
        <p className="card h5 p-3">{this.state.message}</p>
        <div className="alert alert-primary mt-3">
          <form onSubmit={this.doSubmit}>
            <div className="form-group">
              <label>Message:</label>
              <input type="text" className="form-control"
                  onChange={this.doChange} />
            </div>
            <input type="submit" className="btn btn-primary"
                value="Click" />
          </form>
        </div>
      </div>
    </div>
  }
}

export default App
```

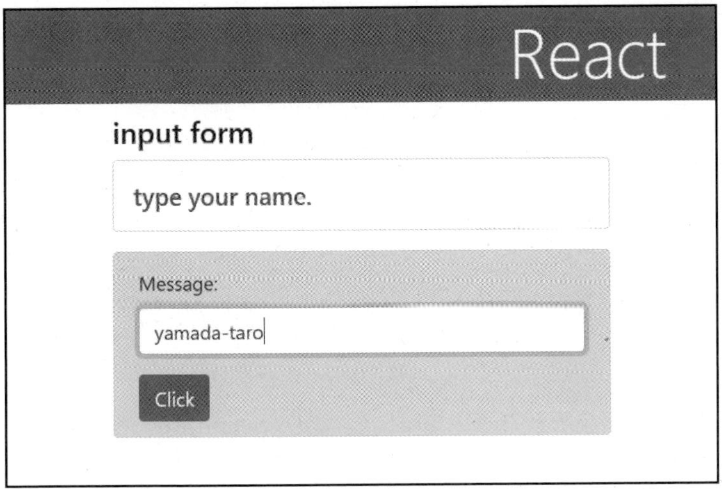

図3-18　名前を書いてボタンをクリックするかEnter/Returnを押すとメッセージが表示される。

アクセスすると入力フィールドとボタンが1つずつあるフォームが表示されます。名前を記入し、ボタンを押すか、あるいはそのままEnter/Returnキーを押すと、メッセージが表示されます。

onSubmitとpreventDefault

以前、入力フィールドの処理を使ったときは<form>タグを用意せず、<button>のonClickで処理を行っていました。が、今回は<form>タグを用意してあります。これは以下のように記述しています。

```
<form onSubmit={this.doSubmit}>
```

actionなどの送信先の設定はありません。代りにonSubmitがあります。これはフォームが送信される時のイベント処理を行う属性です。ここでdoSubmitメソッドを実行しています。

```
doSubmit(event) {
  this.setState({
    title: 'send form',
    message: 'Hello, ' + this.input + '!!'
  })
  event.preventDefault()
}
```

doSubmitでは、setStateでメッセージを表示し、それからevent.preventDefault()というものを実行しています。

このpreventDefaultは、イベントを消費するメソッドです。「消費」というとなんだかよくわからないでしょうが、これは「発生したイベントをなくす」ということです。イベントをなくすと、もう実際にフォームが送信されることはなくなります。

「event.preventDefault()と書いておけば、フォームが送信されない」ということだけ覚えておけばいいでしょう。

値のチェックを行うには？

フォームを利用する場合、考えておきたいのが「入力された値のチェック」です。現在のHTMLには、フォームの値をチェックする「Form Validation」という機能が用意されています。これを利用することで、基本的な値のチェックは行えるようになります。

ただし、それだけではあまり細かなチェックは行えません。そこで、例えばonChangeイベントなどを利用し、入力された値をリアルタイムにチェックするような処理を用意することになるでしょう。

これも、実際にサンプルをあげて説明をすることにしましょう。先ほどのApp.jsで、テキストの入力を行う<input type="text">タグを以下のように書き換えてみて下さい。

リスト3-27

```
<input type="text" className="form-control"
    onChange={this.doChange}
    required pattern="[A-Za-z _,.]+" />
```

更に、値のチェック状態がわかるようにスタイルを追加しましょう。「src」フォルダのApp.cssに以下の文を追加して下さい。

リスト3-28

```
input:invalid {
  border: 5px dashed red;
}

input:valid {
  border: 1px solid blue;
}
```

図3-19 フィールドが未入力だったり、指定のもの以外の文字が入っていると赤い点線が表示され、送信するとエラーメッセージが表示される。

ここでは、フィールドを必須項目(必ず入力しないといけない項目)に設定してあります。また、半角のアルファベット、スペース、アンダーバー、カンマ、ピリオドのみの入力を許可しています。未入力だったり、指定以外の文字が入力されると赤い点線の枠が表示され、ボタンを押して送信するとエラーメッセージが表示され処理が実行されません。

Form Validationの属性

今回、<input type="text">に追加したのは、Form Validationのための属性です。ここでは以下の2つのものを用意しました。

required	これを必須項目に指定します。入力されていないとエラーとなります。
pattern	これは、正規表現のパターンを指定するものです。このパターンに合致するテキストでなければエラーになります。

正規表現というのがいきなり登場しましたが、これはパターンを使ってテキストを解析す

る機能です。あらかじめ用意しておいたパターンに合致するテキストがあるかどうかをチェックしたりするのに用いられます。まぁ、「よくわからない」という人は無理して覚える必要はありませんよ。「正規表現」という言葉を知っている人だけ頭に入れておけばいいでしょう。

その他のチェック用属性

この「required」と「pattern」の他にも、値のチェックのための属性はいくつか用意されています。簡単にまとめておきましょう。

●数値の範囲

```
min="最小値"
max="最大値"
```

数値を入力する場合に用いられるもので、入力する値の最小値と最大値を指定します。これにより、指定の範囲内の値のみを入力するようにできます。

●文字数の範囲

```
minlength="最小文字数"
maxlength="最大文字数"
```

テキストを入力する場合の最小文字数と最大文字数を指定します。これにより、入力するテキストの長さを設定できます。

これらForm Validationの機能は、HTMLに追加されたものですので、Reactに限らず、あらゆるWebページの作成で利用することができます。ぜひここで覚えておきましょう。

コンポーネントのイベント作成

入力フィールドを作って毎回バリデーションを行うのは結構面倒ですから、こうしたものはコンポーネントとして定義をして、いつでも使えるようにしたほうがいいでしょう。が、このようなとき、考えないといけないのが「コンポーネントのイベント」です。

例えば､入力のためのコンポーネントを作成する場合を考えてみましょう｡入力時にエラーになったとき、何らかの対処ができるようにしたい。そんなとき、以下のような形で独自イベントを設定できれば簡単に処理を実装できますね。

```
<○○ onCheck=" 処理 " />
```

こうして、チェックでエラーになったら指定した処理を実行するわけです。これには、入力した値がエラーだったときに発生する「onCheck」という独自のイベントをコンポーネントに実装する、ということになります。そんな複雑なこと、簡単にできるんでしょうか？

this.propsのプロパティを実行する

実をいえば、このonCheckというイベント用の属性も、これまでthis.propsで使ってきた一般的な属性と基本的には同じなのです。onCheckならば、コンポーネントでthis.props.onCheckを指定すれば値を設定したり取り出したりできるのです。

ただし！ イベントの属性と普通の属性は、値に違いがあります。それは、「イベントの属性は、関数が値に設定される」という点です。ですから、値を取り出すのではなく、設定された値(関数)を「実行する」必要があるわけです。

そのためには、「どういう状況のときに、その属性に設定された関数を実行すればいいか」を考えないといけません。例えば、コンポーネントでonChangeで値をチェックした際に、エラーになったらthis.props.onCheckの関数を実行する、という感じに処理を用意するわけです。

 onCheckイベントを持ったコンポーネント 

では、実際にonCheckイベントでエラーチェックのできる入力コンポーネントを作って利用してみましょう。「src」フォルダのApp.jsの内容を以下のように書き換えてみて下さい。

リスト3-29

```
import React, { Component } from 'react'
import './App.css'

class App extends Component {
  input = ''

  constructor(props){
    super(props)
    this.state = {
      title: 'input form',
      message:'type your name.',
      max: 10, //☆
    }
    this.doCheck = this.doCheck.bind(this)
  }
```

Chapter 1 Chapter 2 Chapter 3 Chapter 4 Chapter 5 Chapter 6 Addendum

```
  doCheck(event) {
    alert(event.target.value +
      "は長すぎます。(最大" + this.state.max + "文字)")
  }

  render(){
    return <div>
      <h1 className="bg-primary text-white display-4">React</h1>
      <div className="container">
        <h4>{this.state.title}</h4>
        <Message maxlength={this.state.max} onCheck={this.doCheck} />
      </div>
    </div>
  }
}

class Message extends Component {
  li = {
    fontSize:"14pt",
    fontWeight: "bold",
    color:"#090",
  }

  constructor(props){
    super(props)
    this.doChange = this.doChange.bind(this)
  }

  doChange(e){
    if (e.target.value.length > this.props.maxlength){
      this.props.onCheck(e)
      e.target.value =
        e.target.value.substr(0, this.props.maxlength)
    }
  }

  render(){
    return <div className="form-group">
      <label>input:</label>
      <input type="text" className="form-control"
          onChange={this.doChange} />
    </div>
  }
}
```

```
export default App
```

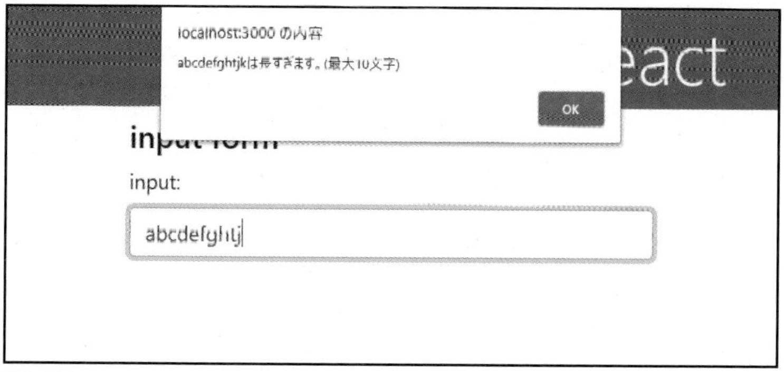

図3-20　テキストを入力していき、10文字以上になるとアラートが表示される。

ここでは、指定の文字以内しか入力できないMessageコンポーネントを作成し利用しています。入力フィールドにテキストを記入していくと、10文字を超えたところでアラートが表示され、それ以上は入力できなくなります。最大文字数は、Appコンポーネント内のmaxステート(☆マークの値)で設定しています。このmaxの値をいろいろと変更して動作を確認してみましょう。

<Message />をチェック！

では、App.jsでどのようにMessageコンポーネントを使っているのかチェックしましょう。以下のように書かれていますね。

```
<Message maxlength={this.state.max} onCheck={this.doCheck} />
```

maxlengthは、最大文字数を示す属性です。そしてonCheckが、エラー時に実行する処理を設定する属性です。ここでは､doCheckというメソッドを実行するようにしてあります。こんな具合に、onClickやonSubmitなどと全く同じ感覚で、オリジナルのイベント属性onCheckを使うことができるのがわかるでしょう。

MessageのonCheckの仕組み

では、MessageコンポーネントでonCheckがどのように組み込まれているのか確認しましょう。

このMessageコンポーネントでは、<input type="text">タグを作って表示しています。renderメソッドを見るとこのようになっていますね。

```
return <div className="form-group">
  <label>input:</label>
  <input type="text" className="form-control"
      onChange={this.doChange} />
</div>
```

onChangeにdoChangeメソッドを設定してあります。またconstructorメソッドでも、doChangeをコンポーネントで使えるように設定してありますね。

```
this.doChange = this.doChange.bind(this)
```

このdoChangeが、このMessageコンポーネントのポイントと言っていいでしょう。onChangeで、値が変更されるとdoChangeが実行されるようになっています。そしてこのdoChangeで値のチェックを行っています。

```
doChange(e){
  if (e.target.value.length > this.props.maxlength){
    this.props.onCheck(e)
    e.target.value =
      e.target.value.substr(0, this.props.maxlength)
  }
}
```

e.target.value.lengthとthis.props.maxlengthを比べていますね。e.target.value.lengthは、コンポーネントに入力されたテキストの文字数、this.props.maxlengthはコンポーネントのmaxlength属性に入力された文字数の値になります。これらを比較し、入力されたテキストの文字数がmaxlengthより大きくなったら、this.props.onCheck(e);を実行しています。これで、onCheck属性に設定されたメソッドが実行される、というわけです。

この「独自イベントの作成」は、実際にやってみるとけっこう難しいでしょう。そもそも「どうやって独自のイベントを発生させればいいか」がまるでわからないかも知れません。

とりあえず、ここでやった「onChangeで入力した値をチェックして、問題があったらthis.props.onCheckを実行する」というやり方をよく理解しておきましょう。そして、自分でコンポーネントを作って必要な処理を実行し、その中で「このような場合はこのイベントに設定された関数を実行する」という処理を組み込んでみて下さい。そうすると、「イベントの属性を追加するということがどういう作業なのか」が次第にわかってくることでしょう。

コンテキストについて

さまざまなコンポーネントを作成し、組み合わせて利用するようになってくると、けっこう頭を悩ませるようになるのが「コンポーネントに共通の値をどう持たせるか」ということでしょう。

コンポーネントに固有の値は、属性を使い、this.propsで取り出せばいいでしょう。が、「いくつもあるコンポーネントすべてに同じ値を渡して、それを使って処理する」というような場合、1つ1つのコンポーネントに同じ属性を用意して……というのはけっこう面倒です。もし「値を変更したい」となったら、また全部のコンポーネントの属性の値を書き換えて……なんてやらないといけません。

「全体で共通して使える値」を用意し利用できたら、ずいぶんと楽になると思いませんか？こういうときに用いられるのが「コンテキスト」という値です。

コンテキストの作成

コンテキストは、Reactの「createContext」というメソッドを使って作成します。これは、以下のような形で呼び出します。

```
const 変数 = React.createContext( 値 )
```

注意してほしいのは、「これはクラス内ではなく、クラスの外側で実行する」という点です。すべてのクラスで共通して使えるようにする必要がありますから。

これで、変数にコンテキストが代入されます。このコンテキストには、引数に用意した値が保管されています。この値が、どのコンポーネントでも利用できるようになるのです。

コンポーネントの利用

では、作成したコンポーネントはどのようにして利用するのでしょうか。それは、コンポーネント内に以下のように静的プロパティを追加しておくのです。

●コンポーネントでコンテキストを設定する

```
static contextType = コンテキスト
```

この「static contextType」というのは、そのまま記述して下さい。この名前が1文字でも違っているとコンテキストは動きません。設定する値は、先ほどcreateContextで作成した変数です。これで、コンテキストがコンポーネントに設定されます。

こうして設定されたコンテキストの値は、this.contextプロパティにまとめられます。this.context.○○というようにして、必要な値を取り出して利用できるのです。

 コンテキストを使おう 

では、実際にコンテキストを使ってみましょう。ここでは、TitleとMessageというコンポーネントを用意して、それぞれでコンテキストの値を取り出して使ってみましょう。「src」フォルダのApp.jsを以下のように書き換えて下さい。

リスト3-30

```
import React, { Component } from 'react'
import './App.css'

let data = {title:'React-Context',
  message:'this is sample message.'}

const SampleContext = React.createContext(data)

class App extends Component {
  render(){
    return <div>
      <h1 className="bg-primary text-white display-4">React</h1>
      <div className="container">
      <Title />
      <Message />
      </div>
    </div>
  }
}

class Title extends Component {
  static contextType = SampleContext

  render(){
    return (
      <div className="card p-2 my-3">
        <h2>{this.context.title}</h2>
      </div>
    )
  }
}

class Message extends Component {
  static contextType = SampleContext

  render(){
```

```
    return (
      <div className="alert alert-primary">
        <p>{this.context.message}</p>
      </div>
    )
  }
}

export default App
```

図3-21　コンテキストで指定したタイトルとメッセージが表示される。

これを実行すると、「React-Context」というタイトルの下に「this is sample message.」というメッセージが表示されます。これが、コンテキストに用意された値です。ここでは、以下のようにしてSampleContextというコンテキストを用意していますね。

```
let data = {title:'React-Context',
  message:'this is sample message.'}

const SampleContext = React.createContext(data)
```

titleとmessageという値を持ったオブジェクトをcreateContextでコンテキストに設定しています。こうして作成したSampleContextコンテキストをコンポーネント内で利用すればいいのです。

Titleクラスと Messageクラスを見ると、どちらも最初に以下のようにしてコンテキストを設定しているのがわかるでしょう。

```
static contextType = SampleContext;
```

これで、コンテキストが使えるようになります。{this.context.title} や {this.context.message} でコンテキストのtitleやmessageの値を取り出し利用しているのがわかりますね。

 Providerでコンテキストを変更する 

このコンテキストは非常に便利ですが、「常に利用するすべてのコンポーネントで同じ値」というのがちょっと不自由すぎますね。「だいたいはそれでいいんだけど、このコンポーネントだけちょっと値を変えたい」なんてこともあるでしょう。

こんなときに用いられるのが、「プロバイダー（Provider)」というものです。これは、一時的にコンテキストの値を変更するためのものです。

これは、JSXでタグとして記述し利用するのが一番使いやすいでしょう。以下のような形で記述します。

```
<コンテキスト.Provider value=値 >
    ……コンポーネント……
</ コンテキスト.Provider>
```

プロバイダーは、createContextで作成したコンテキストの「Provider」プロパティとして用意されるコンポーネントです。valueに新たなコンテキストの値を設定すると、このタグの中でだけ、コンテキストの値が変更されるのです。

これは、外側にあるコンポーネントには何ら影響を与えません。内部でのみ値を変更できるのです。

Providerの働きをチェック！

では、Providerがどのように働くか、簡単なサンプルで確認をしましょう。「src」フォルダのApp.jsを以下のように修正して下さい。なお、TitleとMessageコンポーネントは修正がないため省略してあります。

リスト3-31

```
import React, { Component } from 'react'
import './App.css'

let data = {title:'React-Context',
  message:'this is sample message.'}

const SampleContext = React.createContext(data)

class App extends Component {
  newdata = {title:'新しいタイトル',
    message:'これは新しいメッセージです。'}

    render(){
```

```
    return <div>
      <h1 className="bg-primary text-white display-4">React</h1>
      <div className="container">
      <Title />
        <Message />
        <hr />
        <SampleContext.Provider value={this.newdata}>
          <Title />
          <Message />
        </SampleContext.Provider>
        <hr />
        <Title />
        <Message />
      </div>
    </div>
  }
}

class Title extends Component {……修正なし……}

class Message extends Component {……修正なし……}

export default App
```

React

React-Context

this is sample message.

新しいタイトル

これは新しいメッセージです。

React-Context

this is sample message.

図3-22 3つのTitleとMessageを並べる。真ん中のものだけ、Providerでコンテキストの値が変更されている。

ここでは、TitleとMessageを3つ並べてあります。本来なら、これらのTitleとMessageはそれぞれ同じ値になるはずです。が､真ん中のものだけ値が違っているのがわかるでしょう。

真ん中のTitleとMessageは、このようにProviderのコンポーネントの中に用意されていることがわかります。

```
<SampleContext.Provider value={this.newdata}>
  <Title />
  <Message />
</SampleContext.Provider
```

SampleContext.Providerコンポーネントで、valueに新しい値を用意してあります。これにより、この内部のTitleとMessageでコンテキストの値が変更されたのです。こんな具合に、コンポーネントで使うコンテキストの値は、意外と簡単に変更できるんですね！

Chapter 1
Chapter 2
Chapter 3
Chapter 4
Chapter 5
Chapter 6
Addendum

コンテキストでテーマを作る

コンテキストのような「すべてのプロバイダーで利用できる値」は、どういう場合に用いられるのでしょうか。

これはいろいろと考えられますが、一番多用されるのは「テーマ」でしょう。さまざまなスタイルの属性をコンテキストとして用意しておき、簡単な操作でテーマを切り替えできるようにしよう、というわけです。

リスト3-32

```
import React, { Component } from 'react'
import './App.css'

let theme = {
  light:{
    styles: {
      backgroundColor:"#f0f9ff",
      color:"#00f",
    },
    head: "bg-primary text-white display-4 mb-4",
    alert: "alert alert-primary my-3",
    text: "text-primary m-3",
    foot: "py-4",
  },
  dark:{
    styles: {
      backgroundColor:"#336",
```

```
      color:"#eef",
    },
    head: "bg-secondary text-white display-4 mb-4",
    alert: "alert alert-dark my-3",
    text: "text-light m-3",
    foot: "py-4",
  }
}

const ThemeContext = React.createContext(theme.light) //☆

class App extends Component {
  static contextType = ThemeContext

    render(){
    return <div style={this.context.styles}>
      <h1 className={this.context.head}>React</h1>
      <div className="container">
        <Title value="Content page" />
        <Message value="This is Content sample." />
        <Message value="※これはテーマのサンプルです。" />
        <div className={this.context.foot}></div>
      </div>
    </div>
  }
}

class Title extends Component {
  static contextType = ThemeContext

  render(){
    return (
      <div className={this.context.alert}>
        <h2 style={this.context.style}>{this.props.value}</h2>
      </div>
    )
  }
}

class Message extends Component {
  static contextType = ThemeContext

  render(){
    return (
      <div style={this.context.style}>
```

Chapter 1 Chapter 2 Chapter 3 Chapter 4 Chapter 5 Chapter 6 Addendum

```
          <p className={this.context.text}>{this.props.value}</p>
        </div>
      )
    }
  }

  export default App
```

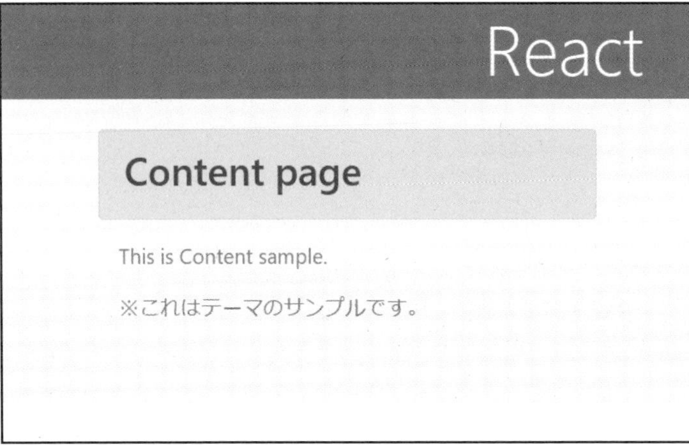

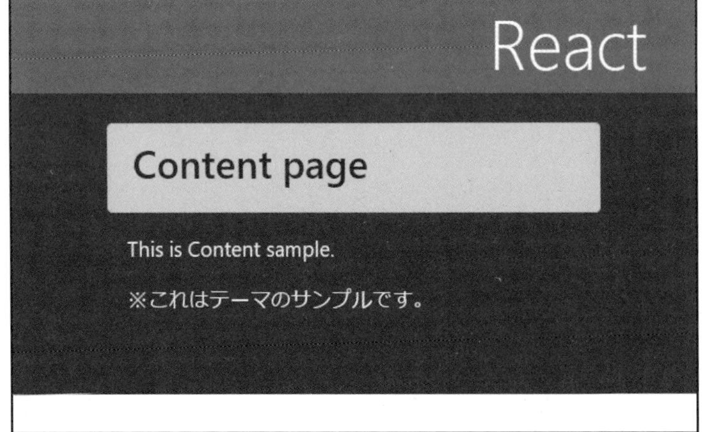

図3-23 テーマをlightとdarkで切り替える。

実行すると、淡いブルーを背景にテキストが表示されます。それを確認したら、☆マークのcreateContextの引数を「theme.dark」に変更してみましょう。すると、濃紺の背景に白いテキストに変わります。テーマを変更することで、全体の表示スタイルを簡単に切り替えられるようになりました！

テーマの仕組みをチェック！

ここでは、themeという値を作成し、そこに各テーマのスタイルをまとめてあります。今回は例としてlightとdarkの2つの値を用意してあります。

```
let theme = {
  light: {……lightテーマの設定……},
  dark: {……darkテーマの設定……}
}
```

ここから、使用するテーマを取り出し、その値をReact.createContextでコンテキストとして設定するのです。あとは、それぞれのコンポーネントで表示するタグのstyleにコンテキストの値を設定しておけばいいわけですね。

使用しているApp、Title、Messageの各コンポーネントでは、例えば<div style={this.context.style}>というように、表示するタグのstyleにthis.contextに用意されているプロパティを指定しています。こうすることで、テーマのスタイルがstyleに設定されます。そしてコンテキストに設定するテーマの値を変更すれば、すべてのコンポーネントでスタイルが変更される、というわけです。

このように、「すべてのコンポーネントで同じ値を設定し、一斉に変更できる」というのは、統一された環境を構築するときに非常に大きな力となってくれます。

この章のまとめ

今回は、コンポーネントについて初歩から応用まで全部まとめて説明をしましたから、かなりな分量となってしまいました。この章は内容も盛り沢山ですから、さすがに「全部、完璧に覚えよう！」なんてことはいいませんよ、ご安心を。

コンポーネントは、Reactのもっとも重要な機能です。これが使えれば、Reactの基本はOK、といってもいいでしょう。それぐらい重要なものです。重要なものなので、それを使いこなすためのいろいろな機能も用意されてますし、使いこなしも考えないといけません。それでこんなに膨れ上がってしまったのですね。けれど、大切なのは「もっとも重要なものをしっかり確実に理解する」という点です。この基本を忘れてはいけません。

では、どれがいちばん重要な部分なのでしょうか。簡単にポイントを挙げておきましょう。

関数コンポーネントは最重要！

何より重要なのは「コンポーネントって、どう書くのか」です。どうやって書いたらいいのか。そしてどうやって使うのか。これが基本中の基本です。これだけは絶対に理解して使えるようになって下さい。

コンポーネントの書き方は、2通りありましたね？ 関数を使ったものと、クラスとして定義するものです。まずは「関数コンポーネント」の使い方をしっかりと覚えて下さい。これは、コンポーネントの基本といえるものです。これが使えないと、コンポーネントは利用できません。

プロパティも重要！

コンポーネントに関する様々な機能の内、もっとも重要なのは「プロパティ」です。つまり、this.propsですね。これは、コンポーネントに必要な値を受け渡すための基本となる機能です。JSXのタグでどう書いて、その値をコンポーネントでどうやって利用するのか、その基本はしっかりと覚えておきましょう。

「ステート」の働きも！

クラスによるコンポーネントで重要になってくるのが「ステート」です。this.stateですね。これは、「値の更新」がややこしかった。setStateを使い、変更する値をオブジェクトにまとめて設定しないといけませんでした。ステートは、プロパティなどよりも重要だと考えたほうがいいかもしれません。

ステートは、クラスコンポーネントでないと使えません。が、このステートの考え方はReactでは非常に重要です。次章では関数コンポーネントでもステートを使うことになるので、「ステートがどういうものでどういう働きをするのか」についてよく理解しておいて下さい。

他は、とりあえず後回しでOK！

それ以外に説明したあらゆる事柄は、とりあえず全部後回しでOKです。はっきりいえば、「関数コンポーネントをきちんと書けるようになったなら、他は全部忘れていい」です。

Reactは、クラスコンポーネントのほうが強力でした。なにしろステートなどは関数コンポーネントでは使えないんですから、おのずと関数だけでは限界が出てきます。このため、「関数を覚えたらクラスでコンポーネントを作れるように！」というのがこれまでのReactの基本だったのですね。

が、今はそういうわけでもないのです。なぜなら、現在のReactでは、関数コンポーネントでもステートが使えるようになったからです。それは「フック」という機能として提供されています。次の章で、このフックについて説明し、関数コンポーネントを更に使いこなしていくことにしましょう。

Chapter

4

フックで状態管理しよう！

関数コンポーネントでは、「フック」と呼ばれる機能を使って機能強化が行えます。ここでは「ステートフック」「副作用フック」「独自フック」といったものについて使い方を説明します。そして最後に応用例として簡単なメモアプリを作成してみましょう。

Section 4-1 フックを使ってみよう

 クラスから関数へ！ 

前章では、コンポーネントの基本について説明をしました。クラスを使ったコンポーネントや、プロパティ、ステートといったものを使いさまざまな値をコンポーネントで操作しましたね。ずいぶんといろいろなことを試してみました。それで、おそらく多くの人はこんなふうに感じたのではないですか？

「コンポーネントって、難しすぎる。複雑すぎる。使いこなすの無理かも……」

関数コンポーネントは、まだ良かったのです。が、クラスを使ったコンポーネントを利用するようになり、ステートというものが登場し、次第に複雑になってしまいました。いくつものステートが用意され、それらがいくつものメソッド内から操作されていくと、だんだん「作ってる自分でも何やってるのかわけがわからない」という状態になっていきます。

関数コンポーネントならば、まぁ複雑になるといっても限度があります。ただの関数ですから。しかしクラスはたくさんのプロパティやメソッドをひとまとめにして扱えるため、便利ではありますが、巨大化すると手に負えなくなります。

また、クラスは内部ですべて完結しているため、ステートなどの値を複数のコンポーネント間で共有したりするのが大変です。また、多数のステートの状態を保管したりするにはどうしたらいいか、途方に暮れてしまいますね。

クラスによるコンポーネントは、複雑な機能を実装できますが、逆に言えば「複雑になってしまう」ようにできているのです。かといって、「じゃあ関数コンポーネントで全て作ろう」となると、足りない機能が出てきてしまいます。このジレンマをどうすればいいのか？

関数コンポーネント再び！

こうした問題を解決するために考案されたのが「フック(Hooks)」というものです。フックを活用すれば、もう複雑怪奇なクラスコンポーネントとは縁を切って、すっきりわかりやすい関数コンポーネントだけでReact開発を進められるようになります。

というわけで、前章でやや「本格的に開発をするならクラスコンポーネントは避けては通れないかも」という感じになってきましたが、この章で「関数コンポーネントの帰還」が叶います。これ以後は、クラスコンポーネントは最小限にとどめ、基本は関数コンポーネントで開発をしていきます。

そのためには、「フック」について、しっかりと頭に入れておかないといけませんよ！

 フック(Hooks)とは？ 

「フック」は、コンポーネントに「再利用可能な振る舞い」を付加するために用意されたものです。コンポーネントは、ステートなどを使ってさまざまな振る舞い(動作)が実装されています。このコンポーネントの内容を他に移して使いたい、と思っても、実行する処理だけでなく、そこで使用しているステートなどの扱いもすべて移さないといけません。これは考えただけで大変そうですね。

そこで考案されたのが「フック」です。フックを使えば、ステートを含む処理をコンポーネントから切り離し、再利用することもできるようになります。

このフックがステートを使ったコンポーネントと何が違うのか？ その最大のポイントは、「関数コンポーネントで使える」という点です。

ステートは、Componentを継承したクラスに用意される機能ですから、クラスコンポーネントでなければ利用できません。関数コンポーネントでは使えないのです。そして、ステートが使えないと、値を操作することでコンポーネントの表示をダイナミックに操作したりすることができません。

このため、表示をいろいろ操作しようと思ったなら、関数コンポーネントを諦め、クラスコンポーネントに移行しなければなりませんでした。そしてさまざまな処理をメソッドとして実装するうちに、気がつけば複雑怪奇なコンポーネントの出来上がりとなってしまったわけです。

フックを利用することで、関数コンポーネントでもステートのように値を管理することができるようになります。

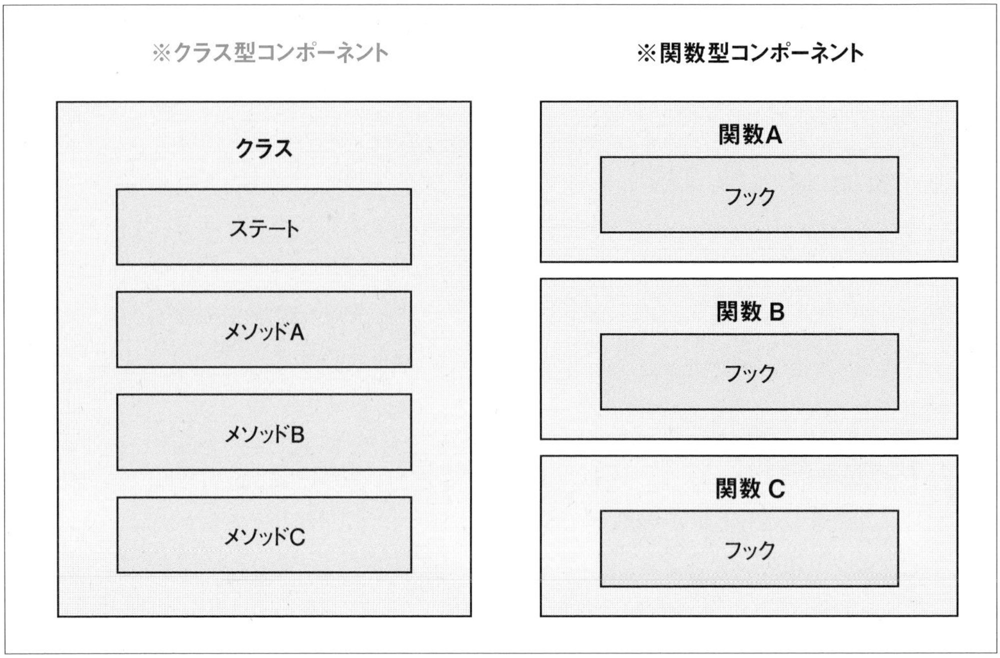

※クラス型コンポーネント

クラス

ステート

メソッドA

メソッドB

メソッドC

※関数型コンポーネント

関数A

フック

関数 B

フック

関数 C

フック

図4-1　フックを利用することで、コンポーネントの機能を複数の関数に分割できる。これにより構造もわかりやすくなり、再利用もしやすくなる。

コンポーネントの機能を切り分ける

「でも、関数コンポーネントじゃ、コンポーネントを色々操作するような処理が実装できないんじゃないか」と思った人。それも、実はフックが解決します。

フックは、コンポーネントの機能を別関数として切り離すことを可能にします。基本はレンダリングして表示を作成する関数コンポーネント、それにステートを操作する関数（フック）を別途用意し、それらを組み合わせることでコンポーネントが動くようにできるのです。

コンポーネントを複数のフックの組み合わせにできるということは、すなわち「コンポーネントの機能の一部を切り離して共有化できるようになる」ということです。なにしろ、ただの関数ですから、どこから呼び出しても動かすことができます。

クラスコンポーネントのように内部に組み込まれてブラックボックス化されたものよりも、シンプルな構造の関数のほうがずっとわかりやすく使いやすくできるのです。

ステートフックについて

フックには、いくつかの種類があります。まずは、フックの基本ともいえる「ステート」フックから説明しましょう。

ステートフックは、その名の通り「ステート」のためのフックです。ステートというのは、前章でやりましたね。値をコンポーネント内で保持し、その値を更新することで表示も更新できる特別な値でした。

このステートフックは「useState」という関数として用意されています。これは以下のように利用します。

```
const [ 変数A , 変数B ] = useState( 初期値 )
```

このuseStateは、ステートを作成するためのものです。引数には、そのステートの初期値を指定します。そして戻り値は、2つの値が返されます。上の[変数A , 変数B]という2つの変数に、戻り値がそれぞれ代入されるのです。

この2つの変数には、以下のようなものが返されます。

変数A	ステートの値。ここから現在のステートの値が得られる。
変数B	ステートの値を変更する関数。この変数に引数を付けて呼び出すことでステートの値が変更される。

この2つの変数を利用することで、ステートの値を操作できるわけですね。クラスコンポーネントのステートとはちょっと使い方が違いますが、「値の読み書きをそれぞれ用意する」という手法は同じです。

(※ただし、すべてのフックがこのように2つの値を返すわけではありません。フックの中にはステートフック以外のものもありますし、自分で作ることもできます。これは、あくまで「useStateの場合」と考えて下さい)

コラム useStateの戻り値は、配列？ Column

このuseStateでは、戻り値を[a, b]というように2つの変数を持った配列のようなもので受け取っています。この[a, b]というもの、一体何でしょう？「これって配列だろう？」と思った人も多いかも知れませんね。

この配列のような形をした戻り値は、「分割代入」と呼ばれるものです。JavaScriptでは、複数の値を返す関数を作成できます。この「複数の値を返す」というとき、返される複数の値をすべて別個の変数に取り出すのに分割代入が使われます。まぁ、「戻り値を代入する変数を配列にしたもの」と考えても、間違いではないですね。

 フックでステートを表示する 

では、実際に使ってみましょう。まずは、ごく簡単なサンプルとして「ステートフックを使い、ステートの値を用意して表示する」ということをやってみましょう。

今回も、react_appプロジェクトを使います。プロジェクトの「src」フォルダにあるApp.jsを開き、以下のように内容を修正して下さい。

リスト4-1

```
import React, { useState } from 'react'
import './App.css'

function App() {
  const [message] = useState("Welcome to Hooks!")

  return (
    <div>
      <h1 className="bg-primary text-white display-4 ">React</h1>
      <div className="container">
        <h4 className="my-3">Hooks sample</h4>
        <div className="alert alert-primary text-center">
          <p className="h5">{message}.</p>
        </div>
      </div>
    </div>
  )
}

export default App
```


図4-2　アクセスすると、アラートに「Welcome to Hooks!」と表示される。

修正したらnpm startでアプリケーションを起動し、http://localhost:3000/にアクセスして表示しましょう。アラートに「Welcome to Hooks!」とメッセージが表示されます。これが、ステートによるメッセージです。ここでは、Appという関数コンポーネントを作成していますね。そこで以下のようにステートを作成しています。

```
const [message] = useState("Welcome to Hooks!")
```

今回は、ステートの値を取り出して表示するだけで変更は特に行いません。そこで、[message]というように取り出した値が代入される変数messageだけを用意しておきました。そして、これをJSX内に以下のように表示させています。

```
<p className="h5">{message}.</p>
```

これで、{message}のところに変数messageの値が表示されます。useStateを使っていますが、基本は「用意した変数(constなので正確には定数)をJSXに埋め込んで表示する」というだけですから、改めて説明するまでもないですね。

ステートで数字をカウントする

では、ステートによる値の変更も行ってみましょう。先ほどと同様にApp.jsを書き換えて使います。以下のように修正をしましょう。

リスト4-2

```
import React, { useState } from 'react'
import './App.css'

function App() {
  const [count, setCount] = useState(0)
  const clickFunc = () => {
    setCount(count + 1)
  }

  return (
    <div>
      <h1 className="bg-primary text-white display-4 ">React</h1>
      <div className="container">
        <h4 className="my-3">Hooks sample</h4>
        <div className="alert alert-primary text-center">
          <p className="h5 mb-3">click: {count} times!</p>
          <div><button className="btn btn-primary"
```

```
                onClick={clickFunc}>
              Click me
            </button></div>
          </div>
        </div>
      </div>
    )
  }

  export default App
```

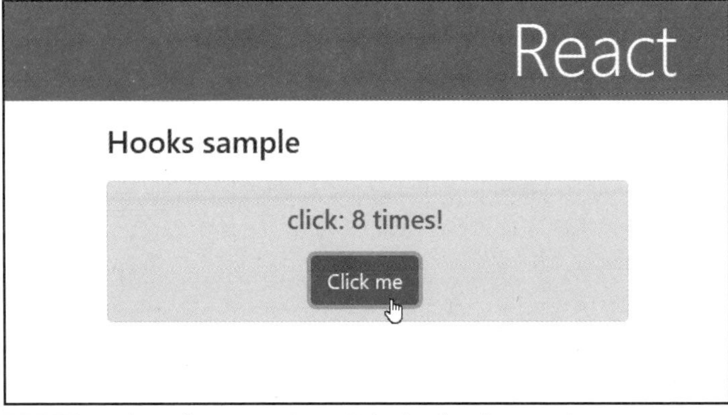

図4-3　ボタンをクリックすると数字が１ずつ増えていく。

今回はアラートにメッセージとボタンが表示されます。このボタンをクリックすると、メッセージに表示される数字が1ずつ増えていきます。ボタンクリックごとにステートの値が変更され、表示が更新されていることがわかるでしょう。

ここでは、以下のようにステートを用意しました。

```
const [count, setCount] = useState(0)
```

これで、ステートの値を取り出すときはcount、変更するときはsetCountが使えるようになります。そして、このステートを変更する関数を以下のように用意します。

```
const clickFunc = () => {
  setCount(count + 1)
}
```

わかりますか？ そう、「アロー関数」というやつですね。()=> {……}という形で定義する関数です。ここでは、その中でsetCount(count + 1)を実行しています。setCountを使い、ステートの値をcount + 1に変更している(つまり、1増やしている)わけですね。

後は、このステートの表示と、ボタンクリックで値の変更を行う処理を用意するだけです。表示はcountを埋め込んでおくだけですね。

```
<p className="h5 mb-3">click: {count} times!</p>
```

これで、countの値が<p>タグで表示されるようになりました。そして<button>タグに、クリックしたらclickFunc関数を実行するように設定をしておきます。

```
<button className="btn btn-primary" onClick={clickFunc}>
  Click me
</button>
```

onClick={clickFunc}で、ボタンをクリックしたらclickFuncが呼び出されるようになります。このclickFuncでsetCountによりステートの値が変更されると、{count}で埋め込まれている表示が更新され、数字が1増えて表示されるというわけです。

既にステートの使い方がわかっていれば、「ステートを操作する」という基本的な仕組みも理解できるでしょう。クラスコンポーネントではthis.setStateでステートを変更しましたが、フックを利用する場合はこのようにuseStateで用意した関数を呼び出せばいいのですね。

ステートは複数作れる！

このuseStateを使ったフックのステートは、クラスコンポーネントのステートと異なる点があります。それは、「1つの値を設定するだけ」という点です。というと「なんだ、複数の値を作れないのか」と思うかも知れませんが、そうではありません。

useStateで作成できるのは、1つの値を操作する一対の変数のみです。が、このuseStateは、いくらでも記述できるのです。3つのステートがほしければ、useStateを3つ用意して、それぞれの値を操作する変数を作成すればいいのです。

クラスコンポーネントのステートと異なり、値を変更する関数はそれぞれにあった名前の変数に設定すればいいのですから、「ステートが増えるとわけが解らなくなる」ということもないでしょう。逆に、全部のステートをsetStateという1つのメソッドで操作しないといけないクラスコンポーネントのほうがわかりにくいかも知れませんね。

2つのステートを操作する

では、実際に複数ステートを操作してみましょう。App.jsの内容を以下のように書き換えて下さい。

リスト4-3

```
import React, { useState } from 'react'
import './App.css'

function App() {
  const [count, setCount] = useState(0)
  const [flag, setFlag] = useState(false)
  const clickFunc = () => {
    setCount(count + 1)
  }
  const changeFlag = (e) => {
    setFlag(e.target.checked)
  }

  return (
    <div>
      <h1 className="bg-primary text-white display-4 ">React</h1>
      <div className="container">
        <h4 className="my-3">Hooks sample</h4>
        {flag ?
        <div className="alert alert-primary text-center">
          <p className="h5 mb-3">click: {count} times!</p>
          <div><button className="btn btn-primary"
              onClick={clickFunc}>
            Click me
          </button></div>
        </div>
        :
        <div className="card p-3 border-primary text-center">
          <p className="h5 mb-3 text-left text-primary">
            click: {count} times!</p>
          <div><button className="btn btn-primary"
              onClick={clickFunc}>
            Click me
          </button></div>
        </div>
        }
        <div className="form-group h6 text-center pt-3">
          <input type="checkbox" className="form-check-input"
              id="check1" onChange={changeFlag} />
          <label className="form-check-label" htmlFor="check1">
            Change form style.
          </label>
        </div>
      </div>
```

```
    </div>
  )
}

export default App
```

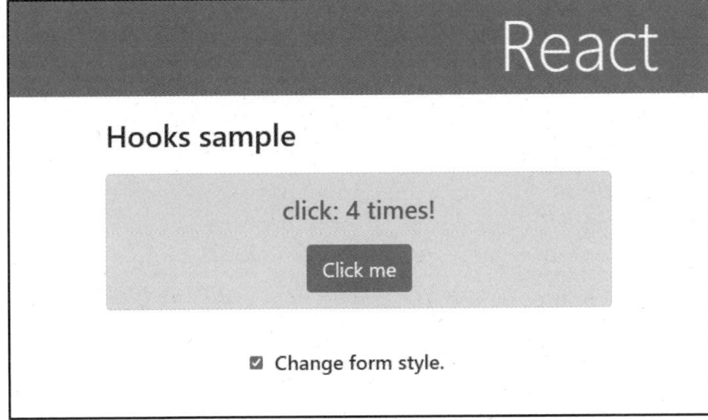

図4-4　チェックボックスをON/OFFすると表示がアラートとカードで切り替わる。

ここでは、先ほどの「ボタンクリックで数字をカウントする」という表示の下にチェックボックスを1つ追加してあります。これをON/OFFすることで、表示がアラートとカード形式の表示で切り替わります。

ここでは、以下の2つのステートを用意しています。

```
const [count, setCount] = useState(0)
const [flag, setFlag] = useState(false)
```

countが数字をカウントしていくステートで、flagが表示スタイルを切り替えるためのステートです。これらのステートをイベントから操作するために関数を用意します。countの操作は、先に作成したのと同じくclickFunc関数で行っています。そしてflagの操作は以下のようにchangeFlagという関数を用意して行います。

```
const changeFlag = (e) => {
  setFlag(e.target.checked)
}
```

changeFlagでは、引数にeという変数が用意されていますね。これは、イベントで関数を呼び出す際に渡されるイベント情報のeventオブジェクトです。e.targetにイベントが発生したエレメントのオブジェクトが用意されています。ここからcheckedの値を調べれば、イベントが発生したコントロールのチェック状態が得られるようになっているのです。まぁ、よくわからなければ、「引数のオブジェクトからtarget.checkedでチェック状態がわかる」とだけ覚えておけばいいでしょう。

後は、これらの関数をイベントに設定しておくだけです。<button>のonClickは先のサンプルと同じですからわかりますね。チェックボックスのイベントは、以下のように用意してあります。

```
onChange={changeFlag}
```

onChangeは、チェック状態が変更された際に発生するイベント用の属性です。これはチェックボックスやラジオボタンに用意されているイベントです。まぁ、チェックボックスでもonClickなども使えるのですが、onChangeならば、直接ボタンをチェックボックスを操作せず、スクリプトなどで変更した際にもちゃんとイベントが発生してくれます(onClickは、実際にクリックしないとイベント発生しません)。ですので、状態が変更されたときのイベント処理はonChangeを利用したほうが良いでしょう。

あらゆる値は「ステート」で保管する

この「ステート」の使い方は、クラスコンポーネントと関数コンポーネントで多少違ってきます。

クラスコンポーネントの場合、ステートを使うのは「表示に使われる値」でした。特に表示に使われるわけではない値は、プロパティとして保管しておきましたね。

が、関数コンポーネントの場合、コンポーネントで使われる値は基本的に全てステートとして保管します。表示に使われていないものでも、コンポーネント内で値を保持するものはすべてステートにする、と考えて下さい。

「別に、表示に使わないなら普通の変数に入れておけばいいんじゃない？」と思った人。いいえ。それではダメです。なぜなら、変数の値は、関数コンポーネントでは保持されないからです。

関数コンポーネントは常にリロードされる

クラスコンポーネントと関数コンポーネントの大きな違い、それは「クラスコンポーネントは状態維持されるが、関数コンポーネントはされない」という点でしょう。

クラスというのは、インスタンスを作成して利用します。そしてインスタンスは、プログラムが実行中の間、常にメモリ内に保管され内容が保たれています。ですから、別にステートなど使わなくとも、プロパティに値を保管しておけば、それはページがリロードされるまでずっと保持されていたのです。

しかし関数コンポーネントは違います。これは、ただの関数です。表示や更新などのタイミングで呼び出されて実行され、それで終わりです。クラスコンポーネントのように常に状態が保たれているわけではなく、必要に応じて何度も繰り返し呼び出されているために、常に動いているように見えるだけです。

変数ではなく、ステートで！

関数コンポーネント内にある変数は、そのコンポーネントが更新されるたびに関数が再実行されるため、常に初期状態に戻ります。ですから、変数に値を保管しておくことはできないのです。変数は、あくまで「関数コンポーネント内の処理を実行中の間、一時的に値を保管しておくだけ」のものなのです。

従って関数コンポーネントでは、コンポーネントの状態として常に値を保管しておきたいものは、すべてステートとして用意しておく必要があります。これは、クラスコンポーネントと関数コンポーネントの非常に大きな違いとしてしっかり頭に入れておいて下さい。

「クラスコンポーネントは常にメモリ内に保管されているが、関数コンポーネントはただ実行されるだけ」

Section 4-2 関数コンポーネントを使いこなす

 コンポーネントにコンポーネントを組み込む 

Chapter 1
Chapter 2
Chapter 3
Chapter 4
Chapter 5
Chapter 6
Addendum

フックは、関数コンポーネントで活用されます。これまで、複雑そうなコンポーネントはクラスコンポーネントとして作成してきました。「関数コンポーネントは複雑なことはできない」と考えていましたから。

けれどフックにより、関数コンポーネントでもより高度なコンポーネント開発が行えるようになりました。フックにより、「関数コンポーネントをどう使いこなすか」をこれまで以上に深く考えることになるでしょう。フックと関数コンポーネントについて、ここで少し掘り下げていくことにしましょう。

関数コンポーネントの利点の一つに、「複数のコンポーネントを作って組み込んだりしても、複雑怪奇にならない」ということが挙げられるでしょう。クラスコンポーネントをいくつも作って組み合わせると、思った以上に巨大なプログラムになってしまいます。が、関数コンポーネントは、シンプルなものなら数行でできてしまいますから、組み合わせるのもそれほど大変ではありません。

では、実際に簡単なコンポーネントの組み合わせ例を見てみましょう。App.jsの内容を以下のように書き換えます。

リスト4-4

```
import React, { useState } from 'react'
import './App.css'

function AlertMessage() {
  return <div className="alert alert-primary h5 text-primary">
    This is Alert message!
  </div>
}
```

```
function CardMessage() {
  return <div className="card p-3 h5 border-primary text-center">
    This is Card message!
  </div>
}

function App() {
  return (
    <div>
      <h1 className="bg-primary text-white display-4 ">React</h1>
      <div className="container">
        <h4 className="my-3">Hooks sample</h4>
        <AlertMessage />
        <CardMessage />
      </div>
    </div>
  )
}

export default App
```

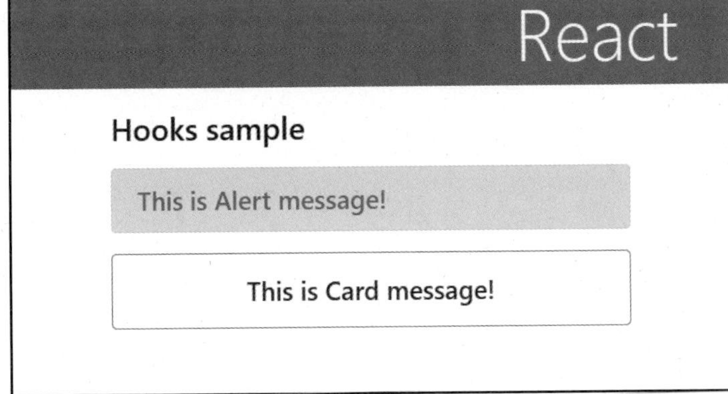

図4-5　AlertMessageとCardMessageを表示する。

ここでは、アラートとカードの2つのメッセージが表示されます。アラートはAlertMessage、カードはCardMessageという関数コンポーネントとして用意され、それらをApp関数コンポーネント内で組み込んでいます。

ここでは、2つのコンポーネントは以下のような関数として定義されています。

```
function AlertMessage() {
  return <div className="alert alert-primary h5 text-primary">
    This is Alert message!
  </div>
```

```
}

function CardMessage() {
  return <div className="card p-3 h5 border-primary text-center">
    This is Card message!
  </div>
}
```

非常に単純ですね。単にJSXのコードをreturnしているだけのシンプルなものです。これをAppのJSX内に以下のように埋め込んでいます。

```
<AlertMessage />
<CardMessage />
```

関数コンポーネントは、JSX内ではすぐにタグとして記述し利用できます。このように、複雑なコンポーネントは、それぞれの部品ごとに関数コンポーネントとして作成し、それらを組み合わせていけばいいのです。一度に巨大なコンポーネントを作るより遥かにメンテナンスもしやすくなります。

属性で値を渡す

コンポーネント内にコンポーネントを組み込んで利用する場合、必要な情報などをどうやって受け渡すかを考えないといけません。

単純に値を渡すだけならば、属性を利用するのが一番でしょう。クラスコンポーネントでは、constructor(props)というコンストラクタを用意して、この引数propsから属性の値を受け取ることができました。

関数コンポーネントでも属性は使えます。この場合、関数の引数から受け取ることができます。

```
function 関数 (props) { ……propsから属性を取得……}
```

こういうことですね。例えば、<○○ a="xxx" />というように属性が用意されていたなら、props.aの値から"xxx"が得られるようになります。

属性で表示するメッセージを渡す

では、先ほどのAlertMessageとCardMessageを修正し、属性を使って表示するメッセージを設定できるようにしてみましょう。

リスト4-5

```
import React, { useState } from 'react'
import './App.css'

function AlertMessage(props) {
  return <div className="alert alert-primary h5 text-primary">
    {props.message}
  </div>
}

function CardMessage(props) {
  return <div className="card p-3 h5 border-primary text-center">
    {props.message}
  </div>
}

function App() {
  const [msg] = useState("This is sample messsage!")

  return (
    <div>
      <h1 className="bg-primary text-white display-4 ">React</h1>
      <div className="container">
        <h4 className="my-3">Hooks sample</h4>
        <AlertMessage message={msg} />
        <CardMessage message={msg} />
      </div>
    </div>
  )
}

export default App
```

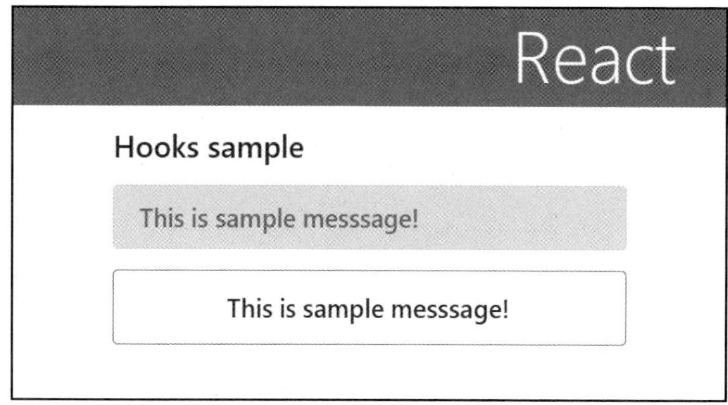

図4-6　msgステートに設定されたメッセージがアラートとカードにそれぞれ表示される。

Chapter 1
Chapter 2
Chapter 3
Chapter 4
Chapter 5
Chapter 6
Addendum

アラートとカードに同じメッセージが表示されるのがわかるでしょう。ここでは、Appに以下のような形でステートを用意しています。

```
const [msg] = useState("This is sample messsage!")
```

このmsgステートを使い、AppコンポーネントのJSX内で以下のような形で属性に値を設定しています。

```
<AlertMessage message={msg} />
<CardMessage message={msg} />
```

これで、AlertMessageとCardMessageにそれぞれmessageという属性の値が渡されるようになります。この値を取り出して表示すればいいのです。例えばAlertMessageコンポーネントを見ると、以下のように表示を作成していますね。

```
function AlertMessage(props) {
  return <div className="alert alert-primary h5 text-primary">
    {props.message}
  </div>
}
```

これで、{props.message}の値がアラートとして表示されるようになります。Appから、その中に組み込まれているAlertMessageなどのコンポーネントに必要な値を渡すのは、このように非常に簡単なのです。

属性は更新される？

ここで考えておきたいのは、「属性は更新されるのか？」という点でしょう。例えば今のサンプルで、コンポーネントが表示されたあとでmsg属性の値を変更したら、これを使っているAlertMessageなどの表示も更新されるのでしょうか。それとも、そのまま変化しない？

正解は「更新される」です。実際にやってみましょう。App.jsを以下に書き換えて下さい。

リスト4-6

```
import React, { useState } from 'react'
import './App.css'

function AlertMessage(props) {
  return <div className="alert alert-primary h5 text-primary">
    {props.message}
  </div>
}

function CardMessage(props) {
  return <div className="card p-3 h5 border-primary text-center">
    {props.message}
  </div>
}

function App() {
  const [msg, setMsg] = useState("This is sample messsage!")

  const doAction = ()=>{
    let res = window.prompt('type your name:')
    setMsg("Hello, " + res + "!!")
  }

  return (
    <div>
      <h1 className="bg-primary text-white display-4 ">React</h1>
      <div className="container">
        <h4 className="my-3">Hooks sample</h4>
        <AlertMessage message={msg} />
        <CardMessage message={msg} />
        <div className="text-center">
          <button onClick={doAction} className="btn btn-primary">
            Click me!
          </button>
        </div>
```

```
        </div>
      </div>
    )
  }

  export default App
```

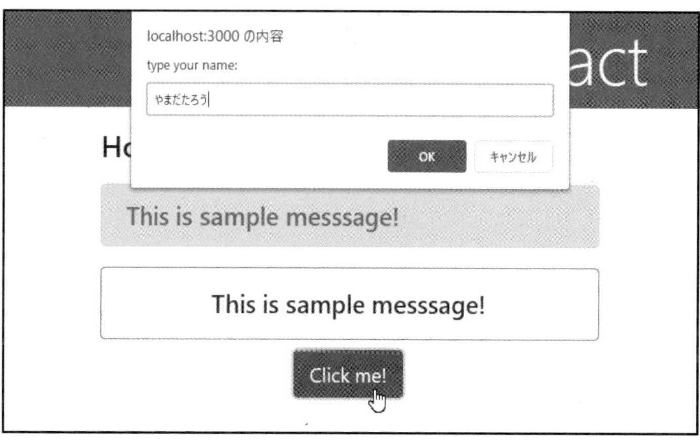

図4-7　ボタンをクリックすると名前を入力するダイアログが現れる。ここで名前を記入するとメッセージが変わる。

今回は、メッセージの表示の下にボタンが1つ追加されました。このボタンをクリックすると、画面に名前を入力するダイアログが現れます。ここで名前を書いてOKすると、「Hello, ○○!!」と表示メッセージが更新されます。

ここでは、表示されているメッセージを変更するのにdoActionというボタンのイベント用関数を用意しています。この部分ですね。

```
const doAction = ()=>{
```

```
  let res = window.prompt('type your name:')
  setMsg("Hello, " + res + "!!")
}
```

window.promptというのはJavaScriptの標準機能で、テキストを入力するダイアログを表示するものです。これで入力した値が戻り値として返されます。それをsetMsgでmsgステートに設定すると、このmsgを表示しているコンポーネントが更新される、というわけです。

更新されたのはステートのおかげ！

ただし！ これを見て、「コンポーネントの属性は、変更すると表示も自動更新されるのか」と早合点してはいけません。

今回のサンプルで表示が更新されたのは、属性で使われている値が「ステート」だったからです。「ステートは値を変更すると表示も更新される」という基本機能がここでも発揮されていた、ということなのです。ステートではなく、普通の変数を使っていたら、値を変更しても表示は更新されません。

これまで関数コンポーネントではステートは使えませんでした。それがフックにより関数コンポーネントでもステートが使えるようになりました。この「属性の値の更新」は、その恩恵なのだ、ということを忘れないようにしましょう。

双方向に値をやり取りする

Appコンポーネント側から、内部に組み込んでいる子コンポーネント(AlertMessageやCardMessage)に値を渡すには、属性を使ってステートを渡せばいいことがわかりました。では、逆はどうでしょうか。つまり、内部にある子コンポーネント側から、それを組み込んでいるコンポーネント(Appコンポーネントなど)の値を操作することはできるのでしょうか。

これは、可能です。ステートは、コンポーネントの中ならばどこからでも操作できます。内部に組み込まれている子コンポーネントの中からでもです。ただし、そのためにはステートの値を変更する関数も子コンポーネントに渡す必要があるでしょう。つまり、値を変更する関数を渡す属性を用意してやればいいのです。

これは、実際の例を見ないと言ってることがよくわからないかも知れません。では、先のAlertMessageとCardMessageを修正して、子コンポーネントからAppのステートを操作してみましょう。

リスト4-7

```
import React, { useState } from 'react'
import './App.css'

function AlertMessage(props) {
  const data = ["Hello!", "Welcome...", "Good-bye?"]

  const actionAlert = ()=> {
    const re = data[Math.floor(Math.random() * data.length)]
    props.setAlert('message: "' + re + '".')
  }

  return <div className="alert alert-primary h5 text-primary">
    <h5>{props.alert}</h5>
    <button onClick={actionAlert} className="btn btn-primary">
      Click me!
    </button>
  </div>
}

function CardMessage(props) {
  const [count, setCount] = useState(0)

  const actionCard = () => {
    setCount(count + 1)
    props.setCard("card counter: " + count + " count.")
  }

  return <div className="card p-3 border-dark text-center">
    <h5>{props.card}</h5>
    <button onClick={actionCard} className="btn btn-secondary">
      Click me!
    </button>
  </div>
}

function App() {
  const [alert, setAlert] = useState("This is alert messsage!")
  const [card, setCard] = useState("This is card messsage!")

  return (
    <div>
      <h1 className="bg-primary text-white display-4 ">React</h1>
      <div className="container">
        <h4 className="my-3">Hooks sample</h4>
```

```
        <AlertMessage alert={alert} setAlert={setAlert} />
        <CardMessage card={card} setCard={setCard} />
        <hr />
        <div className="text-right">
          <p>{alert}</p>
          <p>{card}</p>
        </div>
      </div>
    </div>
  )
}

export default App
```

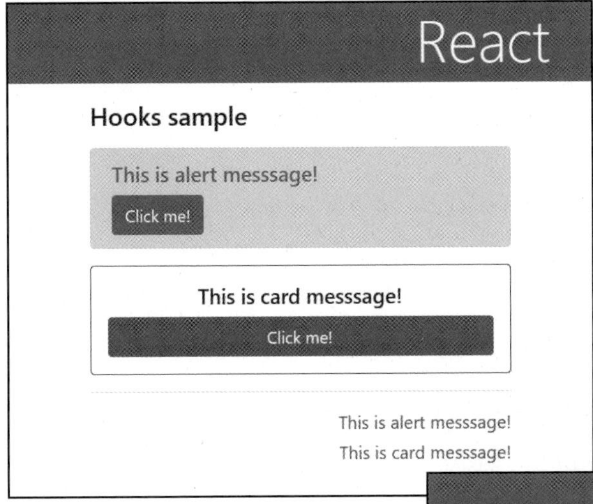

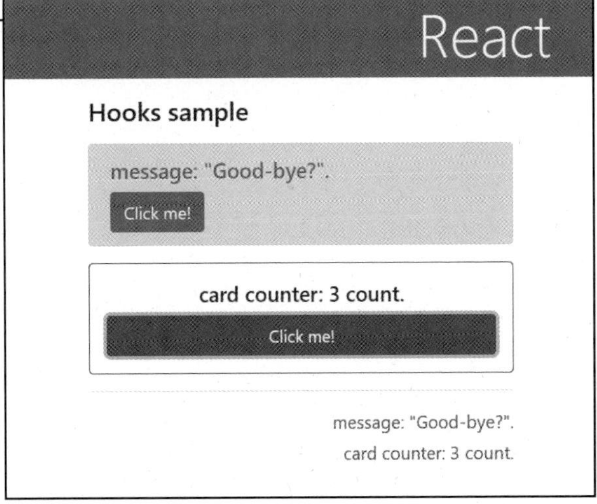

図4-8 アラートとカードにそれぞれメッセージが表示される。ボタンをクリックすると、アラートにはランダムなメッセージが、カードには数字をカウントするメッセージが表示される。

アクセスすると、アラートには「This is alert messsage!」、カードには「This is card messsage!」とメッセージが表示されます。これらのコンポーネントの更に下に、両メッセージのテキストだけが表示されていますね。

アラートとカードにはそれぞれボタンが用意されています。アラートのボタンをクリックすると、「message: "○○".」といった形でメッセージがランダムに変更されます。そしてカードのボタンをクリックすると、「card counter: 数字 count.」と表示され、数字がカウントされていきます。これらのメッセージが更新されると、コンポーネントの更に下に見えるメッセージのテキストも更新されます。このテキストは、コンポーネントの外側(つまり、Appコンポーネント内)にあります。内部にある子コンポーネントでメッセージを操作すると、その外側にある表示も更新されることがこれでわかるでしょう。

Chapter 1
Chapter 2
Chapter 3
Chapter 4
Chapter 5
Chapter 6
Addendum

ステートの利用をチェック

では、どのようにステートが使われているのか見てみましょう。表示するメッセージのステートが用意されているのは、ベースとなっているAppコンポーネントの中です。

```
const [alert, setAlert] = useState("This is alert messsage!")
const [card, setCard] = useState("This is card messsage!")
```

これで、alertとcardという2つのステートが作成されました。このステートを、JSXに用意した2つのコンポーネントタグに設定します。

```
<AlertMessage alert={alert} setAlert={setAlert} />
<CardMessage card={card} setCard={setCard} />
```

それぞれ2つずつ属性が用意されていますね。これでAlertMessageとCardMessageに、ステートの取得と変更の値が属性として渡されました。後は、子コンポーネント側でこれらを利用してステートを操作するだけです。

AlertMessageのメッセージ操作

では、AlertMessageコンポーネントを見てみましょう。ここでは、dataという定数にあらかじめメッセージを配列にまとめたものを用意しています。

```
const data = ["Hello!", "Welcome...", "Good-bye?"]
```

そして、actionAlertという関数で、このdataからランダムにメッセージを取り出し、setAlertでalertステートを変更する処理を用意します。

```
const actionAlert = ()=> {
  const re = data[Math.floor(Math.random() * data.length)]
  props.setAlert('message: "' + re + '".')
}
```

reにdataからランダムに1つを取り出し、props.setAlertでメッセージを設定します。このsetAlertは、Appコンポーネントの<AlertMessage />タグのsetAlert属性に設定された、alertステートの値を変更するsetAlertですね。これが呼び出されることで、Appコンポーネントのalertステートの値が更新されます。そしてそれによって、Appコンポーネントの{alert}や、AlertMessageのalertステートを埋め込んだ表示も更新されるわけですね。

もう1つのCardMessageについても見てみましょう。こちらも、数字をカウントするステートを以下のように用意しています。

```
const [count, setCount] = useState(0)
```

そして、ボタンクリックで実行されるactionCard関数で、このcountの値を1増やし、cardステートのメッセージを変更する操作を行っています。

```
const actionCard = () => {
  setCount(count + 1)
  props.setCard("card counter: " + count + " count.")
}
```

これでcountの値が変更され、Appコンポーネントにあるcardステートのメッセージが更新されます。そしてそれによりCardMessageコンポーネントの表示も更新されるというわけです。

このように、親コンポーネント(ここでは、App)に用意されたステートを変更する関数も子コンポーネントに属性として渡すことで、「子から親のステートを操作する」ということができるようになります。「親→子」「子→親」と双方向にステートの値を操作できるようになるのです。

コンポーネントの変数は消える!

CardMessageでは、数字をカウントするのにcountというステートを用意していました。これを見て、「countは画面に直接表示してるわけでもないんだから、普通の変数でもよくない?」と思った人もいることでしょう。

が、実際に試してみるとわかりますが、これはダメなのです。実際にCardMessageのcountステート関係を以下のように書き換えてみましょう。

●countの変更

```
const [count, setCount] = useState(0)
```

⬇

```
let count = 0
```

●イベント用関数の変更

```
const actionCard = () => {
  setCount(count + 1)
  props.setCard("card counter: " + count + " count.")
}
```

⬇

```
const actionCard = () => {
  count++
  props.setCard("card counter: " + count + " count.")
}
```

actionCardでcontの値を1増やしてsetCardに設定しています。特に問題はなさそうですね。ですが、実際に動かしてみると、カウントする数字は増えていきません。

なぜ、ダメなのか？ これは、実は既に説明をしています。関数コンポーネントとクラスコンポーネントの大きな違い。覚えていますか？

関数コンポーネントは、状態を保持しません。なぜなら、「コンポーネントが更新されるとき関数は再実行される」からです。クラスと違い、関数コンポーネントはただの関数です。関数の中に用意されている変数は、関数を実行し終えると消えてしまいます。関数コンポーネントに用意されたcount変数も同じで、CardMessage関数を実行し終わるとその中のcountは消えてしまうのです。

このため、コンポーネントの関数内で常に保持しておきたい値は、変数ではなくステートとして用意しておく必要があります。ステートならば、関数を実行し終えても値は保持され続けます。

フォームを利用する

値の管理について考えるとき、「フォームをどのように処理するか」は重要でしょう。クラスコンポーネントのときは、onChangeなどでクラスのプロパティに値を取り出し、それを送信時に処理していました。が、関数コンポーネントの場合、変数に取り出しておくと値が消えてしまいかねません。そこで、入力された値もすべてステートとして保管しておく必要があります。

これは、具体的なサンプルを見ながら説明したほうがわかりやすいでしょう。App.jsを以下のように書き換えて下さい。

リスト4-8

```
import React, { useState } from 'react'
import './App.css'

function AlertMessage(props) {
  const data = props.data
  const msg = JSON.stringify(data)

  return <div className="alert alert-primary h5 text-primary">
    <h5>{msg}</h5>
    <hr />
    <table className="table h6">
      <tbody>
      <tr><th>Name</th><td>{data.name}</td></tr>
      <tr><th>Mail</th><td>{data.mail}</td></tr>
      <tr><th>Age</th><td>{data.age}</td></tr>
      </tbody>
    </table>
  </div>
}

function App() {
  const [name, setName] = useState("")
  const [mail, setMail] = useState("")
  const [age, setAge] = useState(0)
  const [form, setForm] = useState({
    name:'no name', mail:'no mail', age:0
  })

  const doChangeName = (event)=> {
    setName(event.target.value)
  }
  const doChangeMail = (event)=> {
    setMail(event.target.value)
  }
  const doChangeAge = (event)=> {
    setAge(event.target.value)
  }

  const doSubmit = (event) => {
    setForm({name:name, mail:mail, age:age})
    event.preventDefault()
  }

  return (
```

```
    <div>
      <h1 className="bg-primary text-white display-4 ">React</h1>
      <div className="container">
        <h4 className="my-3">Hooks sample</h4>
        <AlertMessage data={form} setData={setForm} />
        <form onSubmit={doSubmit}>
          <div className="form-group">
            <label>Name:</label>
            <input type="text" className="form-control"
                onChange={doChangeName} />
          </div>
          <div className="form-group">
            <label>Mail:</label>
            <input type="text" className="form-control"
                onChange={doChangeMail} />
          </div>
          <div className="form-group">
            <label>Age:</label>
            <input type="number" className="form-control"
                onChange={doChangeAge} />
          </div>
          <input type="submit" className="btn btn-primary"
              value="Click" />
          </form>
      </div>
    </div>
  )
}

export default App
```

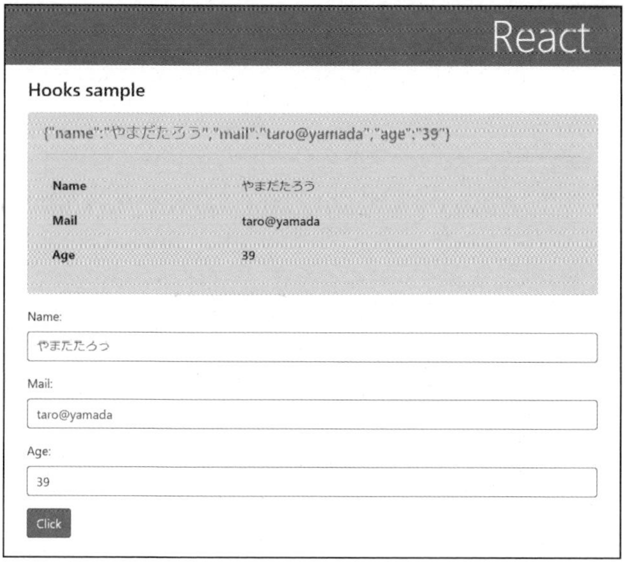

図4-9　フォームに入力して送信すると、送られたフォームの内容が上のアラートにまとめて表示される。

ここでは、フォームの内容を表示するアラートと、その下に3つの入力フィールドを持つフォームが表示されます。フォームの各項目に値を入力して送信すると、送られた値の内容がアラートに表示されます。フォーム全体はJSON形式のテキストにまとめて表示され、その下にname, mail, ageの各項目の値がテーブルにまとめて表示されます。

JSONについて

JSONというのは、JSON（JavaScript Object Notatin）の略です。前にも登場したから覚えている人も多いでしょう。これは、JavaScriptのオブジェクトをテキストとして表すのに使われる「オブジェクトリテラル」の記述方式でオブジェクトを記したものです。{xx:xxx, yy:yyy, zz:zzz, ……}という、あの書き方です。

JavaScriptでは、オブジェクトをJSONフォーマットのテキストに変換したり、逆にJSONテキストをもとにオブジェクトを作ったりできるようになっているのですね。

このJSONの機能は、そのまま「JSON」という名前のオブジェクトとしてJavaScriptに用意されています。このJSONオブジェクトからメソッドを呼び出して、オブジェクトをテキストにしたり、逆にテキストからオブジェクトを作ったりできるようになっています。

フォームをステートに保管する

では、どのようにフォームの処理を行っているのか見てみましょう。まずAppコンポーネントに、フォームの内容を保管しておくステートを用意します。

```
const [name, setName] = useState("")
const [mail, setMail] = useState("")
const [age, setAge] = useState(0)
const [form, setForm] = useState({
  name:'no name', mail:'no mail', age:0
})
```

name, mail, ageはそれぞれフォームに入力された値を保管しておくためのものです。そしてformは、これら3つの値をひとまとめにしたオブジェクトを値として保管します。まぁ、各値のステートだけあればいいのですが、ここでは「多数の値をひとまとめにしたステート」についても使ってみました。

これらのステートは、まずフォームの<input>タグにonChangeイベントの値として用意される関数で利用しています。3つの入力フィールドのonChange用関数は以下のようになっています。

```
const doChangeName = (event)=> {
  setName(event.target.value)
}
const doChangeMail = (event)=> {
  setMail(event.target.value)
}
const doChangeAge = (event)=> {
  setAge(event.target.value)
}
```

それぞれ、対応するステートの値を設定していることがわかりますね。値は、event.targetからイベントの発生したエレメントを取得し、そのvalueで値を取り出しています。これで、フォームの値が3つのステートに常に保管されるようになります。

続いて、送信ボタンをクリックしたときの処理を関数として用意します。

```
const doSubmit = (event) => {
  setForm({name:name, mail:mail, age:age})
  event.preventDefault()
}
```

name, mail, ageの3つのステートを使ってオブジェクトを作成し、それをsetFormでformステートに設定しています。これで、「送信ボタンでフォームの内容がformステートにまとめられる」という処理ができました。

このformステートは、AlertMessageコンポーネントに属性を使って渡されています。

```
<AlertMessage data={form} setData={setForm} />
```

今回は、実は値を渡すだけで、AlertMessage側でformステートの値を変更することはないのですが、「値の読み書き」を属性で渡す例としてdataとsetDataの2つの属性を用意しておきました。

そしてAlertMessageです。ここでは引数に渡された属性からdataの値を変数に取り出して利用しています。

```
function AlertMessage(props) {
  const data = props.data
  const msg = JSON.stringify(data)
```

これで、フォームの内容がオブジェクトとしてdataに渡され、そのJSON形式のテキストがmsgに用意されました。JSON.stringifyというのは、JSONオブジェクトにあるメソッドで、オブジェクトをJSON形式のテキストとして得るためのものです。後はこれらを使って表示を作成するだけです。

関数コンポーネントでフォームを利用しようとすると、このように「入力項目の数だけステートが必要になる」のが難点です。またフォームに入力された値をまとめて他のコンポーネントに渡そうとすると、フォームの値を一つのオブジェクトにまとめたステートを用意する必要があるでしょう。

関数コンポーネントといえども、こんな具合にステートの数が増えてくると全体の構造などが把握しにくくなってきます。ステートの値の流れをよく考えながらコンポーネントを設計していきましょう。

Section 4-3 副作用フックの利用

 更新時に処理を実行する 

ここまで「ステートフック」の利用について説明をしてきました。フックによるステートの操作は、だいぶ理解できたことでしょう。

ステートは、値を変更すると自動的に表示が更新されます。ステートを利用する限りにおいて、表示は常に最新の状態に保たれます。「ステートを利用する限りにおいて」は、です。

ということは、ステートが直接表示に使われていないところは、当たり前ですがステートが変更されても更新はされません。が、ページにアクセスしたり表示が更新されたりした際に何らかの処理を実行したりすることはあるでしょう。例えばサーバーにアクセスしてデータを取得し利用するようなときは、必要に応じてアクセスし最新のデータを取得しなければいけないこともあります。

このように、「更新時に必要な処理を実行する」ということはけっこうあるのです。このような場合、どのように処理を実装すればいいのでしょうか。

副作用フックについて

このようなときのために用意されているのが「副作用フック」と呼ばれるものです。なんだか名前からして怪しそうな感じがするかも知れませんが、別に変な機能ではありません。英語の「side-effects」の日本語訳として「副作用」と名付けられているだけです。コンポーネントがマウントされたり更新された際に必要な作業を行えるようにするのが副作用フックです。これは、以下のように記述します。

```
useEffect( 関数 )
```

useEffectというReactに用意されている関数を使います。引数には、実行する処理をまとめた関数を指定します。これだけで、コンポーネントが更新された際に指定の関数を実行して必要な処理を行えるようになります。意外と簡単そうですね！

副作用フックで計算をさせる

では、実際に副作用フックを使って処理を実行させてみましょう。App.jsを以下のように書き換えて下さい。

リスト4-9

```
import React, { useState, useEffect } from 'react'
import './App.css'

function AlertMessage(props) {
  return <div className="alert alert-primary h5 text-primary">
    <h5>{props.msg}</h5>
  </div>
}

function App() {
  const [val, setVal] = useState(0)
  const [msg, setMsg] = useState('set a number...')

  const doChange = (event) => {
    setVal(event.target.value)
  }

  useEffect(() => {
    let total = 0
    for (let i = 0;i <= val;i++) {
      total += i
    }
    setMsg("total: " + total + ".")
  })

  return (
    <div>
      <h1 className="bg-primary text-white display-4 ">React</h1>
      <div className="container">
        <h4 className="my-3">Hooks sample</h4>
        <AlertMessage msg={msg} />
        <div className="form-group">
          <label>Input:</label>
          <input type="number" className="form-control"
              onChange={doChange} />
        </div>
      </div>
    </div>
```

```
  )
}

export default App
```

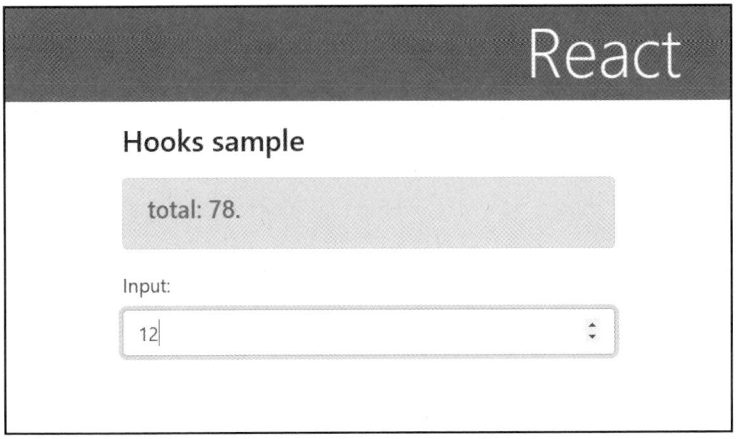

図4-10　フィールドの数字を変更すると瞬時に合計が計算される。

ここでは数字を入力するフィールドと結果を表示するアラートを用意しました。フィールドの数字を操作すると、瞬時に1からその数字までの合計を計算してアラートに表示します。まぁ、やっていることはこれまで作ったサンプルなどとそう違いはないので「どこが副作用なんだ？」と思うかも知れませんね。

副作用フックの働き

では、コンポーネントの内容を見てみましょう。まずAppでは2つのステートを用意しています。この部分ですね。

```
const [val, setVal] = useState(0)
const [msg, setMsg] = useState('set a number...')
```

valがフィールドから入力された値を、そしてmsgは結果を表示するメッセージをそれぞれ保管します。入力フィールドでは、onChangeイベントを使って以下のdoChange関数を実行するようにしています。

```
const doChange = (event) => {
  setVal(event.target.value)
}
```

さぁ、ここでちょっと違和感ですね。従来の方法ならば、ここで「event.target.valueで値を取り出してsetValueし、それからvalまでの合計を計算して結果のメッセージをsetMsgする」といったことを行っていたはずです。ここで計算とメッセージの表示を行わないと、入力フィールドの値が更新されても合計は更新されなくなってしまいます。

が、今回のサンプルでは、valの値を更新しているだけです。計算も結果の表示も行っていません。では、どこで行っているのか？ それは以下の部分です。

```
useEffect(() => {
  let total = 0
  for (let i = 0;i <= val;i++) {
    total += i
  }
  setMsg("total: " + total + ".")
})
```

これが副作用フックです。useEffectの中に関数が用意されていますね？ ここで、valの値を使って変数totalに合計を計算していき、setMsgで結果をmsgに設定しています。

このように、useEffectで関数を設定しておくだけで、コンポーネントがマウントされたり表示が更新されたりした際には指定の関数が実行されるようになります。doChangeでsetValによりvalの値を更新すると、コンポーネントが更新され、それによりuseEffectで設定された関数が自動的に呼び出され計算と結果表示が行われていたのです。

計算処理を副作用フックとして実装することで、onChangeのイベントではシンプルに「ステートを更新する」だけ行えば済むようになります。値の更新イベントで、「更新された値ともとに○○を計算して××を変更して△△を更新して……」などと山のような処理を用意する必要はありません。値を更新したなら、「値が更新された処理」だけ実行すればいい。後は「更新されたときに実行される副作用フック」に処理を用意すればいいのです。

複数の副作用フック

この副作用フックも、ステートフックと同様、いくつでも作成することができます。1つにまとめる必要はありません。いくらでも追加できるのです。

ということは、様々な処理を行う必要があるときも、それらをまとめて行うのでなく、「実行する処理ごとに分けてフックを用意する」ことができるのです。これにより、それぞれの処理をフックごとに分けて整理できるため、プログラムの見通しが格段によくまります。

実際に、複数の副作用フックを使った例を見てみましょう。

リスト4-10

```
import React, { useState, useEffect } from 'react'
import './App.css'

function AlertMessage(props) {
  return <div className="alert alert-primary h5 text-primary">
    <h5>{props.msg}</h5>
  </div>
}

function App() {
  const [val, setVal] = useState(1000)
  const [tax1, setTax1] = useState(0)
  const [tax2, setTax2] = useState(0)
  const [msg, setMsg] = useState(<p>set a price...</p>)

  const doChange = (event) => {
    setVal(event.target.value)
  }

  const doAction = () => {
    let res = <div>
      <p>軽減税率(8%) : {tax1} 円</p>
      <p>通常税率(10%) : {tax2} 円</p>
    </div>
    setMsg(res)
  }

  useEffect(() => {
    setTax1(Math.floor(val * 1.08))
  })

  useEffect(() => {
    setTax2(Math.floor(val * 1.1))
  })

  return (
    <div>
      <h1 className="bg-primary text-white display-4 ">React</h1>
      <div className="container">
        <h4 className="my-3">Hooks sample</h4>
        <AlertMessage msg={msg} />
        <div className="form-group">
          <label>Input:</label>
          <input type="number" className="form-control"
```

```
                onChange={doChange} />
            </div>
            <button className="btn btn-primary"
                onClick={doAction}>Calc</button>
        </div>
    </div>
  )
}

export default App
```

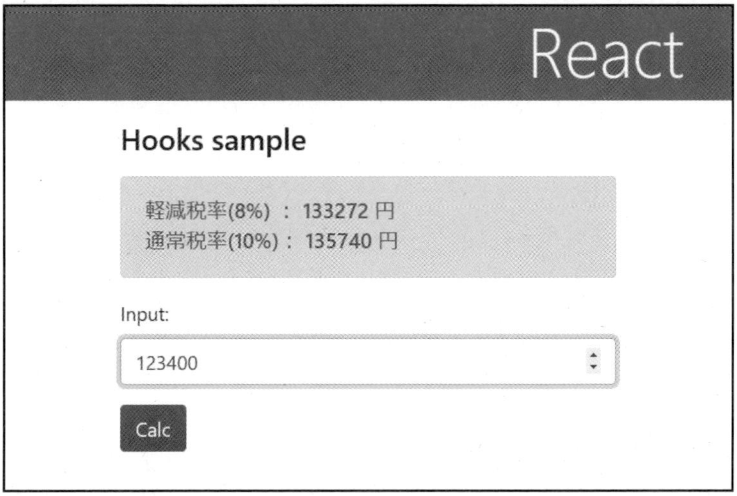

図4-11　金額を入力しボタンを押すと、軽減税率(8%)と通常の税率(10%)を計算する。

ここでは、金額を入力するフィールドと計算のボタンを用意しています。金額を記入し、ボタンをクリックすると、軽減税率と通常税率の税込金額を計算してアラートに表示します。

ここでは、入力フィールドのonChangeとボタンのonClickにそれぞれ以下のような関数を割り当てています。

```
const doChange = (event) => {
  setVal(event.target.value)
}

const doAction = () => {
  let res = <div>
    <p>軽減税率(8%) : {tax1} 円</p>
    <p>通常税率(10%) : {tax2} 円</p>
  </div>
  setMsg(res)
}
```

入力フィールドでは、値が変更されたらsetValでvalステートを更新します。そしてボタンをクリックしたら、tax1とtax1の値をJSXでまとめて表示します。doChangeでは「入力値の更新」だけ、そしてdoActionでは「結果の表示」だけを行っていますね。

では、肝心の計算は？ それを行っているのが副作用フックです。

```
useEffect(() => {
  setTax1(Math.floor(val * 1.08))
})

useEffect(() => {
  setTax2(Math.floor(val * 1.1))
})
```

setTax1で軽減税率を計算する処理と、setTax2で通常税率を計算する処理をそれぞれ副作用フックで用意しています。まぁ、ここでは単純な計算ですから2つに分けなくてもそれほど混乱はしませんが、これが複雑な計算だった場合を考えてみて下さい。1つの関数内に、複数の異なる複雑な計算処理がまとめられているより、それぞれの計算処理を別々の関数として分けてあったほうが圧倒的にわかりやすいですね。

副作用フックなら、このような「処理ごとに関数を分けて組み込む」ということが簡単に行えるのです。

副作用のスキップ

ところで、今作成したサンプルでは、「ボタンを押して結果を表示する」というようにしていました。Reactはリアルタイムに表示が更新されます。ならば、ボタンなんか付けず、入力したら即座に更新されるようにしたほうが便利ですよね？ では、やってみましょう。

リスト4-11

```
import React, { useState, useEffect } from 'react'
import './App.css'

function AlertMessage(props) {
  return <div className="alert alert-primary h5 text-primary">
    <h5>{props.msg}</h5>
  </div>
}

function App() {
  const [val, setVal] = useState(1000)
```

```
  const [tax1, setTax1] = useState(0)
  const [tax2, setTax2] = useState(0)
  const [msg, setMsg] = useState(<p>set a price...</p>)

  const doChange = (event) => {
    setVal(event.target.value)
  }

  // ☆新たに追加したフック
  useEffect(() => {
    let res = <div>
      <p>軽減税率(8%) : {tax1} 円</p>
      <p>通常税率(10%): {tax2} 円</p>
    </div>
    setMsg(res)
  })

  useEffect(() => {
    setTax1(Math.floor(val * 1.08))
  })

  useEffect(() => {
    setTax2(Math.floor(val * 1.1))
  })

  return (
    <div>
      <h1 className="bg-primary text-white display-4 ">React</h1>
      <div className="container">
        <h4 className="my-3">Hooks sample</h4>
        <AlertMessage msg={msg} />
        <div className="form-group">
          <label>Input:</label>
          <input type="number" className="form-control"
              onChange={doChange} />
        </div>
      </div>
    </div>
  )
}

export default App
```

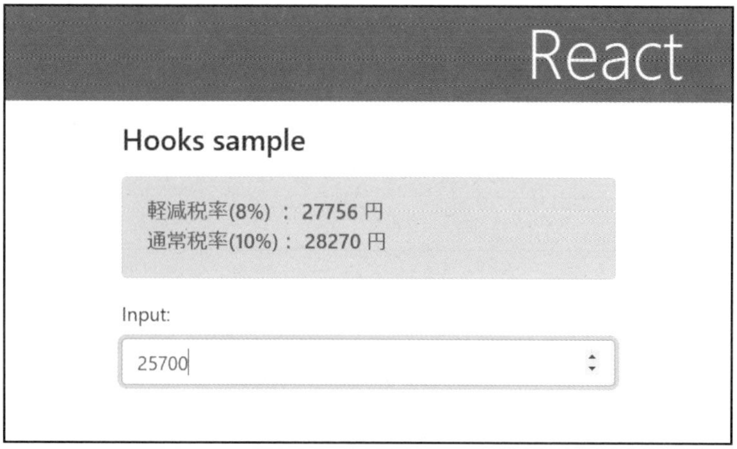

React

Hooks sample

軽減税率(8%)： 27756 円
通常税率(10%)： 28270 円

Input:

25700

図4-12 金額を入力すると瞬時に結果が表示される。

useEffectが3つに増えました。tax1とtax2の計算と、そしてこれらの値を使った結果の表示です。アクセスすると、入力フィールドに数字を入力すれば瞬時に結果が表示されます。これは便利！

……ですが、実をいえばこのプログラムには大きな問題があります。試しに、デベロッパーツールを開いてみて下さい(Chromeなら「その他のツール」メニューから「デベロッパーツール」メニューで開けましたね)。するとコンソールに猛烈な勢いで「Warning: Maximum update depth exceeded.」という真っ赤なメッセージが出力されていくのがわかるでしょう。

これは、呼び出しの深度が限度を超えてるよ、という警告です。呼び出しというのは、関数などの呼び出しのことです。例えば関数Aの中から関数Bを呼び出し、その中からAを呼び出し、その中からBを……という具合に「関数の中から別の関数を呼び出す」というのを際限なく繰り返していくとこの警告が現れます。

setTax1とsetTax2を呼び出しているuseEffectだけならば問題はありませんでした。が、これにsetMsgのuseEffectが付け加えられると、無限に関数が呼び出し合うことになってしまうのです。このuseEffectでは、setMsgでJSXが使われています。JSXは、内容をレンダリングして結果を出力するため、useEffectで表示更新時にsetMsgするように設定されていると無限にsetMsgが呼び出し続けられてしまうのです。

図4-13　デベロッパーツールを見ると、猛烈な勢いで警告が出力されていくのがわかる。

まぁ、setMsgでJSXを使わなければいいのですが、フックを使っているとこういう「コンポーネントを更新したら、結果として自分自身がまた呼び出されることになり無限に呼び出し続けてしまう」ということはよくあるのです。

再呼び出しのフックを指定する

このような場合は、useEffectの際に以下のような形で引数を追加することで、自分自身の呼び出しを回避できます。

```
useEffect( 関数 , [ ステート ] )
```

第2引数に、ステートの配列を指定します。これはこの副作用フックが呼び出されるステートフックを指定するものです。第2引数の配列に指定したステートが更新されたときは、この副作用フックを再度呼び出すことが許可されます。それ以外の場合は、再度呼び出されない(スキップ)ようになります。

では、先ほどのプログラムを修正しましょう。新たに追加した副作用フック(☆のフック)を以下のように修正して下さい。

リスト4-12

```
useEffect(() => {
  let res = <div>
    <p>軽減税率(8%) : {tax1} 円</p>
    <p>通常税率(10%) : {tax2} 円</p>
  </div>
```

```
  setMsg(res)
}, [tax1, tax2])
```

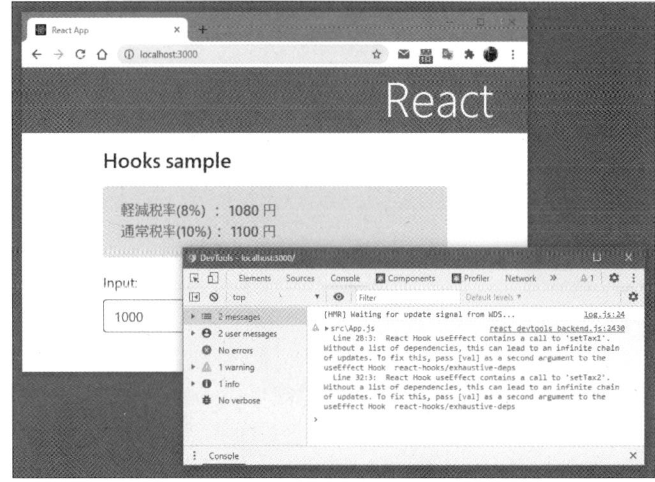

図4-14 副作用フックを修正する。もう警告は現れない。

修正したらページをリロードして動作を確認してみて下さい。もう今度は先ほどの警告は現れなくなります。

ここでは、useEffectの第2引数に[tax1, tax2]を指定しています。tax1, tax2が更新されたときは、この副作用フックの再実行が許可されます。これらはsetMsgするJSXで使っていますから、値が変更されたときは表示が更新されないと困りますね。それ以外の更新では、もうこの副作用フックの処理は呼び出されなくなります。これで「自分自身を呼び出し続けてしまう」という問題は回避できます。

副作用フックは、場合によってはこのように「どのステートが更新されたときに実行されるか」をよく考えなければ、膨大な回数の無駄な呼び出しを実行してしまうことになりかねません。デベロッパーツールを使い、処理の呼び出し状況をよく確認しながら開発していきましょう。

Section 4-4 独自フックを作ろう

 関数コンポーネントの汎用性 

フック(特にステートフック)は、平たくいえば「関数コンポーネントで、クラスのステートのような機能を実装するもの」といえます。副作用フックになると少しニュアンスが違ってきますが、基本的に「関数コンポーネントを強化するもの」と考えていいでしょう。

クラスと比べ、関数は非常に構造がシンプルです。クラスならばさまざまな機能を用意できますが、関数だとそうもいきません。そこでフックという新しい機能が考案されたわけですね。

では、フックによって関数コンポーネントはクラスコンポーネントと同じことができるようになったでしょうか。これは、「まだそこまでではないだろう」と感じる人が多いでしょう。複雑なコンポーネントになってくると、ステートフックと副作用フックをいくつも組み込んで思ったような仕組みを構築していかないといけません。これはかなり大変です。そして苦労して作っても、それを他で利用することができません。すべてのフックは関数コンポーネントの中に組み込まれているため、汎用的なものにはならないのです。

クラスを使う場合は、さまざまな機能は(コンポーネントではない普通の)クラスとして定義してしまえば、それはどこにでも持ち運ぶことができ、再利用もできます。これこそがクラスの利点といえます。

では関数コンポーネントでは、こうした「機能をコンポーネントから切り離して汎用的に使えるようにする」ということはできないのでしょうか。

実は、これは可能なのです。どうやって実現するのか。それは作成する機能を「独自フック」として定義すればいいのです。

関数コンポーネント内に既存のフックを使って機能を実装するのではなく、機能そのものをコンポーネントとは別の独立した「オリジナルのフック」として作成する。これができれば、必要に応じてそのフックをコンポーネントの中で利用すれば、どのコンポーネントでも用意した機能が簡単に使えるようになります。まさに究極の汎用性を手に入れられるのです。

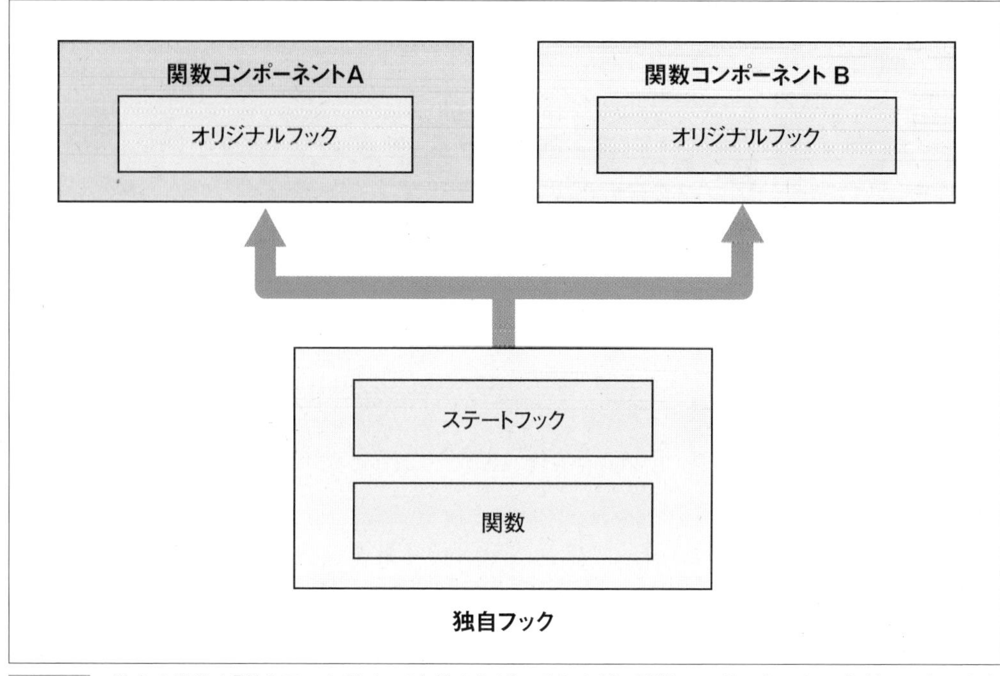

図4-15 独自の機能を「独自フック」として定義すれば、それをどの関数コンポーネントでも利用できるようになる。

独自フックの基本

では、独自フックというのはどのように作成すればいいのでしょうか。実は、これは意外と簡単です。「use」で始まる名前で関数を作成すれば、それはフックとして認識されるようになるのです。

もう少し整理すると、だいたい以下のような形になると考えればいいでしょう。

```
function use○○ () {
  const ステート
  const 関数
  return [ 値 ]
}
```

関数名は、必ず「use○○」というように「use」で始まる名前にします。この点だけよく注意をして下さい。

この関数では、必ず値を返します。この値は、普通の値ではなく、[値]というように配列の形で値をまとめておく必要があります。これは、ステートフックを作成するuseStateが必ず分割代入で複数の値を得るようになっていたことを思い出せばわかるでしょう。あのように分割代入で複数の値を得られるようにするためには、値を配列の形にして返すようにします。

独自フックを作成する場合も、返される値は複数必要になるのです。一般的には1つ目の値として「フックの値を得るための変数」などが必要です。そして2つ目の値として「フックの値を変更するための関数」などを用意する必要があるでしょう。そうして、1つ目の戻り値の変数を利用してフックの値を取り出し、2つ目の戻り値の関数を呼び出してフックに値を設定できるようにするのですね。

数字をカウントするフックを作る

まぁ、この独自フックというのは実際に作って動かしてみないとなかなかその仕組が理解できないかも知れません。では、ごく単純なサンプルとして、「数字をカウントするフック」というのを考えてみましょう。

ここでは「useCounter」という名前で作成をしてみます。このフックには以下のものが必要です。

1. 数字を保管するステート
2. 呼び出すと1だけ増やす関数

このステート用の変数と1増やす関数をまとめてreturnするような関数を定義すればいいのです。すると、ざっと以下のようなものになります。

リスト4-13

```
function useCounter() {
  const [num, setNum] = useState(0)

  const count = ()=>{
    setNum(num + 1)
  }

  return [num, count]
}
```

これが、独自フックの関数です。意外と簡単に作れてしまいますね。では、内容をよく確認しておきましょう。まず、値を保管するステートです。

```
const [num, setNum] = useState(0)
```

useStateでゼロで初期化しています。これで、変数numでこの値が取り出せるようになります(変更はsetNumですね)。続いて、数字をカウントする関数「count」を以下のように用意しています。

```
const count = ()=>{
  setNum(num + 1)
}
```

()=> {……}というのが関数の内容ですね。ここでは、setNumを呼び出してnumステートを1増やしています。これで、カウントする値と、これを1増やす関数ができました。

後は、これらをまとめて返すだけです。戻り値は以下のように指定されていますね。

```
return [num, count]
```

numは、numステートの値を得るもの、countは数字を1増やす関数ですね。この2つをまとめて返し、これらを使って「数字を1ずつ増やしていくステート」ができた、というわけです。

useCounterステートを利用する

では、作成したuseCounterステートを利用するサンプルを作成しましょう。App.jsの内容を以下に書き換えて下さい。なお、useCounter関数も含んでいるので、先のリスト4-13は別途どこかに記述する必要はありませんよ。

リスト4-14

```
import React, { useState, useEffect } from 'react'
import './App.css'

function useCounter() {
  const [num, setNum] = useState(0)

  const count = ()=>{
    setNum(num + 1)
  }

  return [num, count]
}

function AlertMessage(props) {
  const [counter, plus] = useCounter()
```

```
  return <div className="alert alert-primary h5 text-center">
    <h4>count: {counter} .</h4>
    <button onClick={plus} className="btn btn-primary">
        count</button>
  </div>
}

function App() {
  return (
    <div>
      <h1 className="bg-primary text-white display-4 ">React</h1>
      <div className="container">
        <h4 className="my-3">Hooks sample</h4>
        <AlertMessage />
      </div>
    </div>
  )
}

export default App
```

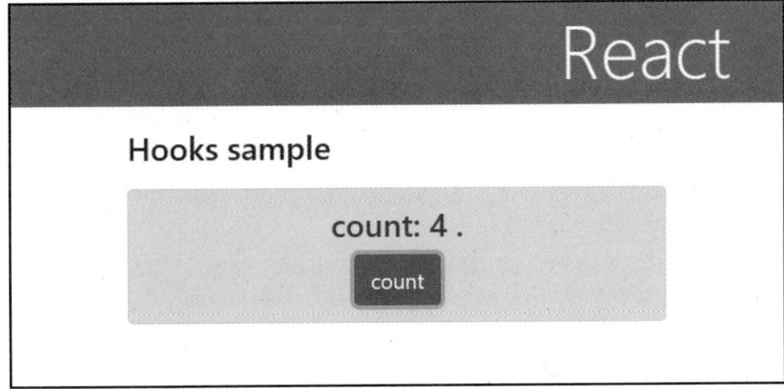

図4-16　ボタンをクリックすると数字が1ずつ増えていく。

これで完成です。アクセスすると、メッセージの下にボタンが1つ表示されます。このボタンをクリックすると、メッセージに表示される数字が1ずつ増えていきます。

ここでは、以下のようにしてuseCounterフックを利用していますね。

```
const [counter, plus] = useCounter()
```

使い方は、useStateと同じです。戻り値に[counter, plus]というように2つの変数を用意し、それぞれに値と関数を代入します。これらを利用して表示とボタンクリックの処理を作成しています。

```
<h4>count: {counter} .</h4>
<button onClick={plus} className="btn btn-primary">
```

<h4>タグでは、{counter}でcounterステートの値を表示しています。そして<button>タグではonClick={plus}としてクリックするとuserCounterフックのplusが実行され値が1増えるようにしています。plusで値が増えると、(useCounterフックでは値をステートフックで管理しているので) {counter}の表示が更新されて数字が増える、というわけです。

こんな具合に、フックの基本は意外に難しくはありません。基本は「値を得る変数」と「値を変更する関数」の2つを用意し、それらをまとめてreturnするような関数を定義する、という点です。これさえしっかり理解できれば、シンプルなフックはすぐに作れるようになるでしょう。

より複雑な操作を行うフック

独自フックの利点は、ステートフックのように「値を得る変数と変更する関数」を返すという形にとらわれないところです。返す値は2つである必要はないのです。いくつあってもかまいません。また独自フックの関数を呼び出すときも、引数を使って必要な値を渡すことだってできるのです。

では、先ほどより少しだけ複雑なフックを作ってみましょう。作成するのは「消費税計算」のフックです。ここでは以下のような形でフックを作ります。

1. 引数に通常税率、軽減税率を渡して設定できる。
2. 戻り値に金額、通常税率の税込価格、軽減税率の税込価格、金額の設定といったものを用意する。

税率をフックを呼び出し、戻り値から金額を設定すると税込価格が得られるようになるわけですね。では、実際に作ってみましょう。

リスト4-15

```
const useTax = (t1, t2)=> {
  const [price, setPrice] = useState(1000)
  const [tx1] = useState(t1)
  const [tx2] = useState(t2)

  const tax = ()=> {
    return Math.floor(price * (1.0 + tx1 / 100))
  }
```

```
  const reduced = ()=> {
    return Math.floor(price * (1.0 + tx2 / 100))
  }

  return [price, tax, reduced, setPrice]
}
```

このようになりました。ここでは、(t1, t2)というように2つの引数を用意しています。そして金額、税率1，税率2の3つのステートを用意します。

```
const [price, setPrice] = useState(1000)
const [tx1] = useState(t1)
const [tx2] = useState(t2)
```

price, tx1, tx2は、それぞれ金額、標準税率、軽減税率を保管するためのものです。そして、税率から税込価格を計算する関数として、以下の2つを用意しています。tx1とtx2は、それぞれ整数値を用意します(例えば、税率10%ならば0.1ではなく「10」とする)。

```
const tax = ()=> {
  return Math.floor(price * (1.0 + tx1 / 100))
}
const reduced = ()=> {
  return Math.floor(price * (1.0 + tx2 / 100))
}
```

taxは、標準税率による税込価格を計算し返します。そしてreducedは軽減税率による税込価格を計算して返します。tx1とtx2を100で割り、1.0と足したものをpriceにかけていますね。例えばtx1が10ならば、price * 1.1を計算しているわけですね。

そして、最後にpriceとsetPrice、そしてtax/reduced関数をまとめて返します。

```
return [price, tax, reduced, setPrice]
```

これで、金額と税込価格を一通り扱えるフックができました！

useTaxを利用する

では、実際にuseTaxフックを使ってみましょう。App.jsを以下のように書き換えて下さい。なお、useTaxも含んでいるので別途用意する必要はありません。

リスト4-16

```
import React, { useState, useEffect } from 'react'
import './App.css'

const useTax = (t1, t2)=> {
  const [price, setPrice] = useState(1000)
  const [tx1] = useState(t1)
  const [tx2] = useState(t2)

  const tax = ()=> {
    return Math.floor(price * (1.0 + tx1 / 100))
  }
  const reduced = ()=> {
    return Math.floor(price * (1.0 + tx2 / 100))
  }

  return [price, tax, reduced, setPrice]
}

function AlertMessage(props) {
  const [price, tax, reduced, setPrice] = useTax(10, 8)

  const DoChange = (e)=> {
    let p = e.target.value
    setPrice(p)
  }

  return <div className="alert alert-primary h5">
    <p className="h5">通常税率：{tax()} 円.</p>
    <p className="h5">軽減税率：{reduced()} 円.</p>
    <div className="form-group">
      <label className="form-group-label">Price:</label>
      <input type="number" className="form-control"
        onChange={DoChange} value={price} />
    </div>
  </div>
}

function App() {
  return (
    <div>
      <h1 className="bg-primary text-white display-4 ">React</h1>
      <div className="container">
        <h4 className="my-3">Hooks sample</h4>
        <AlertMessage />
```

```
      </div>
    </div>
  )
}

export default App
```

図4-17　入力フィールドから金額を入力すると、通常の税込価格と軽減税率の税込価格が表示される。

ここでは金額を記入するフィールドを1つだけ用意しています。ここから金額を入力すると、リアルタイムに通常税率と軽減税率の税込価格が計算され表示されます。

ここでは、AlertMessage関数コンポーネントに以下のようにuseTaxの値を用意しています。

```
const [price, tax, reduced, setPrice] = useTax(10, 8)
```

これで、金額と税込価格がまとめて定数に取り出されました。ここで注意したいのは、「priceのみが変数で、他の3つは関数である」という点です。税込価格を表示している<p>タグの部分を見てみましょう。

```
<p className="h5">通常税率：{tax()} 円.</p>
<p className="h5">軽減税率：{reduced()} 円.</p>
```

このように、{tax()}や{reduced()}を埋め込んでいますね？ {tax}や{reduced}ではなく、最後に()と引数が付けられています。これにより、taxやreducedの実行結果が表示されるようになります。

引数や戻り値が増えると、単純な値だけでなく、いくつもの値を1つのフックで扱えるようになります。より高度な機能をフックとして用意しようと思うと、引数や戻り値はどんどん増えていくことになります。多数の引数や戻り値を扱うのに少しずつ慣れていくようにしましょう。

アルゴリズムをフックに抽出する

消費税計算のフックは、引数に税率など必要な値を渡していました。これを更に一歩進めて、「計算の仕方」まで引数として渡せるようになると、ぐんと応用範囲が広まります。「計算の仕方を引数に渡す？ 一体、どうやって？」と思った人。それはですね、「関数を引数に渡す」ようにするんですよ！

関数は値だ、ということはもうだいぶ皆さんも飲み込めてきているはずです。アロー関数を使って定数に関数を代入して利用したり、今まで何度もやりましたね。ならば、関数を引数にだってできるはず。そうすれば、計算処理の関数を引数に指定してフックを作成することだってできるでしょう。引数で渡された関数を使って計算を行い、その結果を返すようにすれば、計算の仕方そのものをコンポーネントから切り離せます。

useCalcフックを作る

では、実際にフックを考えてみましょう。ここでは初期値と計算の関数を引数として渡して処理を行う「useCalc」というフックを考えてみます。

リスト4-17

```
function useCalc(num=0, func = (a)=>{return a}) {
  const [msg, setMsg] = useState(null)

  const setValue = (p)=>{
    let res = func(p)
    setMsg(<p className="h5">※ {p} の結果は、{res} です。</p>)
  }

  return [msg, setValue]
}
```

このようになりました。ここでは引数に予め初期値を指定していますが、こんな具合に値が用意されていますね。

```
num=0,
func = (a)=>{return a}
```

つまりこれは、numとfuncという2つの引数を用意していたのですね。numには初期値としてゼロを指定し、そしてfuncには初期値として(a)=>{return a}というアロー関数を用意してあります。これは見ればわかるように、引数で渡された値をそのまま返すだけのなんの計算もしていない関数です。

ここでは、メッセージのテキストをステートとして用意してあります。

```
const [msg, setMsg] = useState(null)
```

これは、計算結果のメッセージを保管しておくものです。メッセージの設定は、setValueという関数を用意し、この中からsetMsgを呼び出して行っています。

```
const setValue = (p)=>{
  let res = func(p)
  setMsg(<p className="h5">※ {p} の結果は、{res} です。</p>)
}
```

見ればわかるように、このsetValueの中で、useCalcの引数で渡された関数を実行した結果を用意し、それを使ってsetMsgでメッセージを設定しています。後は、このsetValueと、そしてメッセージのmsgを戻り値として返すだけです。

```
return [msg, setValue]
```

これで完成です。setValueで引数に数値を設定すれば、その計算結果がmsgとして取り出せるようになります。

useCalcで各種の計算を行う

では、作成したuseCalcを実際に使ってみましょう。App.jsを書き換えて、useCalcを使った関数コンポーネントをいくつか作成してみます。

リスト4-18

```
import React, { useState, useEffect } from 'react'
import './App.css'

// 合計計算の関数
const total = (a)=> {
  let re = 0
  for(let i = 0;i <= a;i++) {
```

```
    re += i
  }
  return re
}
// 消費税計算の関数
const tax = (a)=> {
  return Math.floor(a * 1.1)
}

// 数値を計算しメッセージを返す独自フック関数
function useCalc(num=0, func = (a)=>{return a}) {
  const [msg, setMsg] = useState(null)

  const setValue = (p)=>{
    let res = func(p)
    setMsg(<p className="h5">※ {p} の結果は、{res} です。</p>)
  }

  return [msg, setValue]
}

// デフォルトのコンポーネント
function PlainMessage(props) {
  const [msg, setCalc] = useCalc()

  const onChange = (e)=> {
    setCalc(e.target.value)
  }

  return <div className="p-3 h5">
    <h5>{msg}</h5>
    <input type="number" onChange={onChange}
        className="form-control" />
  </div>
}

// 合計計算コンポーネント
function AlertMessage(props) {
  const [msg, setCalc] = useCalc(0, total)

  const onChange = (e)=> {
    setCalc(e.target.value)
  }

  return <div className="alert alert-primary h5 text-primary">
```

```
    <h5>{msg}</h5>
    <input type="number" onChange={onChange}
        min="0" max="10000" className="form-control" />
  </div>
}

// 消費税計算コンポーネント
function CardMessage(props) {
  const [msg, setCalc] = useCalc(0, tax)

  const onChange = (e)=> {
    setCalc(e.target.value)
  }

  return <div className="card p-3 h5 border-primary">
    <h5>{msg}</h5>
    <input type="range" onChange={onChange}
        min="0" max="10000" step="100" className="form-control" />
  </div>
}

// ベース・コンポーネント
function App() {
  return (
    <div>
      <h1 className="bg-primary text-white display-4 ">React</h1>
      <div className="container">
        <h4 className="my-3">Hooks sample</h4>
        <PlainMessage />
        <AlertMessage />
        <CardMessage />
      </div>
    </div>
  )
}

export default App
```

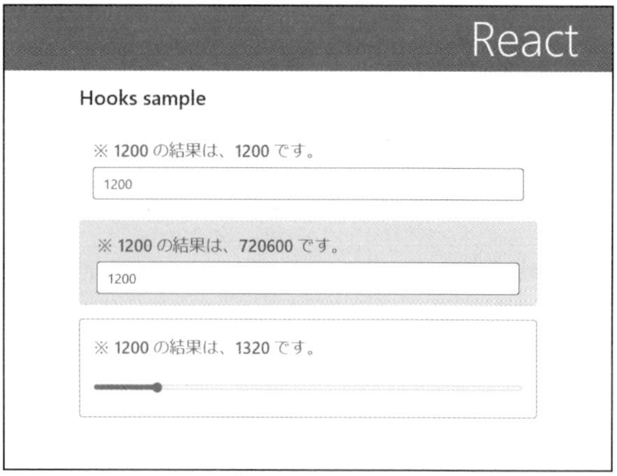

React

Hooks sample

※ 1200 の結果は、1200 です。

1200

※ 1200 の結果は、720600 です。

1200

※ 1200 の結果は、1320 です。

図4-18 3つのコンポーネントを用意し、それぞれにuseCalcフックを組み込んで動かす。

コンポーネントと関数の呼び出しを確認！

ここでは、全部で3つの関数コンポーネントを作成し、これを表示させています。上から、「PlainMessage」「AlertMessage」「CardMessage」となっています。この内、PlainMessageには関数は用意されていません(つまり、デフォルトの値がそのまま使われています)。他の2つのコンポーネントでは、それぞれ以下の関数を利用します。

●合計を計算する

```
const total = (a)=> {
  let re = 0
  for(let i = 0;i <= a;i++) {
    re += i
  }
  return re
}
```

●消費税額を計算する

```
const tax = (a)=> {
  return Math.floor(a * 1.1)
}
```

どちらもそれほど難しいことをしているわけではないのでだいたいわかるでしょう。引数で値を渡すと、それを使って計算をし、その結果をreturnするようにしているのですね。

では、これらの関数はどうやって利用しているのでしょうか。例としてAlertMessageを見てみましょう。ここでは以下のようにuseCalcを使っています。

```
const [msg, setCalc] = useCalc(0, total)
```

初期値にゼロとtotalを指定していますね。このtotalというのは、合計を計算する関数を代入しているtotal定数のことです。これで、total関数をuseCalcに渡して計算させていたのですね。

その他の部分は、だいたい今まで作ってきたコンポーネントと同じです。onChange関数でsetCalcを呼び出して計算結果のメッセージを作成し、それをJSXに埋め込んだ{msg}で表示させる、というものですね。

独自フックの基本がだいぶわかってきたなら、これらコンポーネントの内容もすぐに理解できるようになるでしょう。

Section 4-5 ステートフックの永続化

 ステートはリロードで消える！ 

さて、ここまでフックを使って関数コンポーネントに値を保管する方法をいろいろと考えてきました。だいぶフックの使い方もわかってきたことと思います。が、最後に、「フックの致命的な欠点」についても触れておかないといけません。

それは、「ステートの値をずっと保持できない」という点です。ステートフックは、現在のページにおいてのみ値が利用できます。ページをリロードしたりすると、もう値は消えてしまうのです。これはかなり問題です。フックを使って様々データを保管しても、次にアクセスした際には綺麗サッパリ消えているのですから。

フックは、Reactの機能です。Reactは、JavaScriptのスクリプトです。つまり、フックはJavaScriptのスクリプトを使い、JavaScriptの変数として値を保持していただけだったのですね。

では、値をずっと保ち続けたいときはどうすればいいのでしょうか。いろいろと方法は考えられますが、もっとも利用しやすいのは「ローカルストレージ」を使った方法でしょう。

ローカルストレージ

ローカルストレージは、WebブラウザのJavaScriptに搭載されている機能です。これはローカル環境に値を保管しておくものです。このローカルストレージは、windowオブジェクトにある「localStorage」というプロパティに機能をまとめられています。ここから以下のメソッドを呼び出すことで、ローカルストレージへのアクセスが行えます。

●指定のキーから値を取得する

```
変数 = window.localStorage.getItem( キー )
```

●値を指定のキーで保管する

```
window.localStorage.setItem( キー , 値 )
```

最初のwindowは省略することもできます。この場合は、単にlocalStorage.getItem、localStorage.setItemという形で記述します。

ローカルストレージは、「キー」と呼ばれるものを使った値を保管します。キーは、保管する名前につけておく名前のようなものです。getItemは、引数に指定したキーの値を取り出します。そしてsetItemでは第1引数に指定したキーに第2引数の値を代入します。

たったこれだけの操作で、値に名前をつけてWebブラウザの中に保管しておくことができるのです。別にそれほど難しい機能ではありませんから、ぜひここで覚えておいてくださいね！

ローカルストレージに保管するフックを作る

では、このローカルストレージを機能を利用した「独自フック」を作成してみましょう。これは汎用的に使えるように別ファイルとして用意することにします。react_appプロジェクトの「src」フォルダの中に、新しいテキストファイルを作成して下さい。ファイル名は「Persist.js」としておきましょう。そしてファイルが用意できたら、以下のように記述をして下さい。

リスト4-19

```
import React, { useState } from 'react'

function usePersist(ky, initVal) {
  const key = "hooks:" + ky
  const value = () => {
    try {
      const item = window.localStorage.getItem(key)
      return item ? JSON.parse(item) : initVal
    } catch (err) {
      console.log(err)
      return initVal;
    }
  }
  const setValue = (val) => {
    try {
      setSavedValue(val)
      window.localStorage.setItem(key, JSON.stringify(val))
    } catch (err) {
      console.log(err)
    }
  }
  const [savedValue, setSavedValue] = useState(value)
```

```
  return [savedValue, setValue]
}

export default usePersist
```

なんだか難しそうに見えますね。実際、これまでのフックとはちょっと違って難しいです。このusePersistでは、値を保管するキーの名前を示す定数keyの他に、「value」と「setValue」という2つの関数を用意しています。

valueは、window.localStorage.getItem(key)を呼び出してローカルストレージから値を取り出しています。そして値が存在したならJSON.parse(item)でJSON形式のテキストをもとにオブジェクトを生成して返しています。「JSON.parse」は、引数のJSON形式のテキストをもとにオブジェクトを生成して返すメソッドです。こうすることで、JSON形式のテキストの場合はオブジェクトに変換して値を取り出せるようにしているのですね。

そしてsetValueは、window.localStorage.setItem(key, JSON.stringify(val))を実行して引数valの値をJSON形式のテキストに変換してローカルストレージに保管します。その前にsetSavedValue(val)というものを呼び出していますが、これはこの後にあるsavedValueというステートに値を設定するためのものです。

これら2つの関数は、その後にある2文で使われています。

```
const [savedValue, setSavedValue] = useState(value)
return [savedValue, setValue]
```

savedValueというステートは、保管する値を保持するためのステートです。useStateの引数にはvalue関数が指定されていますね？ これで、valueを使って値が取り出されるように設定されます。

そして保管された値のsavedValueと、値をローカルストレージに保存するsetValueを戻り値としてreturnしています。これで、値をローカルストレージに保管し取り出すフックが完成しました。

「全然、何やってるかわからない」という人も、きっといるはずですね。でも、心配はいりません。一応、ざっと説明をしましたが、このusePersistの中身がどうなっているかなんて理解できなくても、usePersistは使えます。使うことさえできれば、データをローカルストレージに保管することができます。そして、それで十分なのです。このフックは、「使えればそれでOK」と考えましょう。中で何をやっているかは「まぁ、そのうち調べてみると面白いよ」程度に考えておきましょう。

usePersistフックでデータを保存する

では、実際にusePersistを使ってみましょう。ごく簡単な例として、名前、メールアドレス、年齢といった情報を入力するフォームを用意し、その内容をローカルストレージに保管してみましょう。App.jsを以下のように書き換えて下さい。

リスト4-20

```
import React, { useState, useEffect } from 'react'
import './App.css'
import  usePersist  from './Persist'

function AlertMessage(props) {
  const [name, setName] = useState("")
  const [mail, setMail] = useState("")
  const [age, setAge] = useState(0)
  const [mydata, setMydata] = usePersist("mydata", null)

  const onChangeName = (e)=> {
    setName(e.target.value)
  }
  const onChangeMail = (e)=> {
    setMail(e.target.value)
  }
  const onChangeAge = (e)=> {
    setAge(e.target.value)
  }
  const onAction = (e)=> {
    const data = {
      name: name,
      mail: mail,
      age: age
    }
    setMydata(data)
  }

  return <div className="alert alert-primary h5 text-primary">
    <h5 className="mb-4">{JSON.stringify(mydata)}</h5>
    <div className="form-group">
      <label className="h6">Name</label>
      <input type="text" onChange={onChangeName}
        className="form-control" />
    </div>
    <div className="form-group">
```

```
        <label className="h6">Mail</label>
        <input type="mail" onChange={onChangeMail}
          className="form-control" />
      </div>
      <div className="form-group">
        <label className="h6">Age</label>
        <input type="number" onChange={onChangeAge}
          className="form-control" />
      </div>
      <button onClick={onAction}
        className="btn btn-primary">
        Save it!
      </button>
    </div>
}

// ベース・コンポーネント
function App() {
  return (
    <div>
      <h1 className="bg-primary text-white display-4 ">React</h1>
      <div className="container">
        <h4 className="my-3">Hooks sample</h4>
        <AlertMessage />
      </div>
    </div>
  )
}

export default App
```

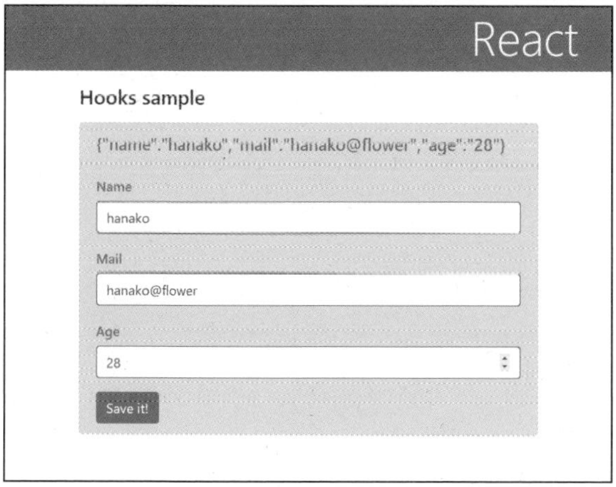

図4-19　フォームに入力しボタンを押すと、ローカルストレージに保管される。

サンプルのページに表示されるフォームに値を記入し、ボタンをクリックしてみましょう。フォームの上に、保管されている値が表示されます。それを確認したら、ページをリロードしてみて下さい。リロードしても値は保持されたままです。更には、実行中のreact_appを終了し、再起動してからまたアクセスしてみましょう。それでも問題なく保管された値が表示されます。

念のために、Webブラウザのデベロッパーツールを開いて「Application」を選択し、「localStorage」にある「http://localhost:3000/」という項目を見てみましょう。そこに「hooks:mydata」という項目が作成され、フォームから送信されたデータが保存されているのが確認できるでしょう。

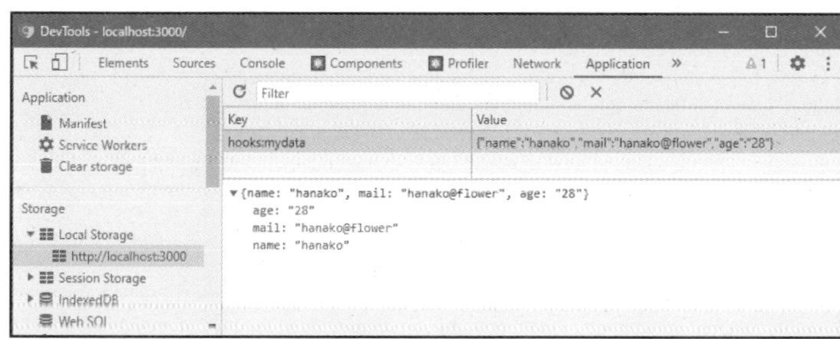

図4-20　デベロッパーツールでローカルストレージを見ると、「hooks:mydata」というキーでデータが保管されていることがわかる。

では、usePersistがどのように使われているか見てみましょう。ここでは、AlertMessageコンポーネントに以下のような形でステートを用意しています。

```
const [mydata, setMydata] = usePersist("mydata", null)
```

これで、mydataに保管した値が代入され、setMydataで値の設定が行えるようになります。データの保管は、ボタンのonClickに割り当てたonAction関数で行っています。

```
const onAction = (e)=> {
  const data = {
    name: name,
    mail: mail,
    age: age
  }
  setMydata(data)
}
```

各フィールドの値を保管するname, mail, ageといったステートを使い、これらをひとまとめにしたオブジェクトをdataに用意しています。そしてそれをsetMydataで保管します。保管されたデータは、以下のようにして表示されています。

```
<h5 className="mb-4">{JSON.stringify(mydata)}</h5>
```

mydataで得られる値はオブジェクトなので、JSON.stringifyでテキストに変換して表示をしています。もちろん、mydata.nameというようにmydataから各値を取り出して利用することもできます。

いかがですか？ usePersistを利用することで、値を簡単にWebブラウザに保管できるようになりました。これでぐっと実用性が高まりますね！

Section 4-6 簡易メモを作る！

 フックを使ってメモアプリを作る 

フックを利用したアプリの基本はわかってきましたが、もう少し本格的なアプリでフックを実装するとなると、いろいろと考えないといけないことが増えてくるでしょう。

何より、これまでのように「全部App.jsの中に書いて作る」というやり方では限界が見えてくるはずです。コンポーネントごとにファイルを分割し、それぞれを組み合わせて開発するスタイルになるでしょう。その場合、どのようにフックを実装していけばいいのでしょうか。考えるといろいろ難しいことがありそうですね。

こうしたことは、1つ1つの機能の説明というより、実際にアプリを作りながら、ノウハウの一つとして覚えていくしかありません。そこで、簡単なサンプルを実際に作ってみることにしましょう。

作成するのは、ごく簡単なメモアプリです。メモの一覧表示の他、メモの追加、削除、検索といった機能を用意することにしましょう。

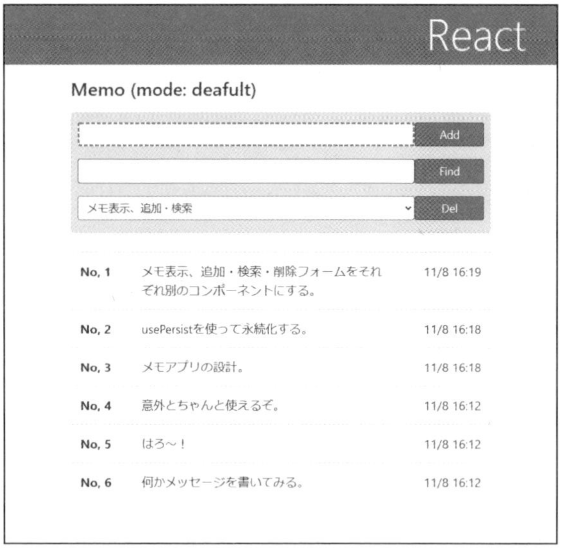

図4-21 作成するメモアプリのサンプル画面。メモの追加、削除、検索ができる。

全体の構成を考える

では、プログラムの構成を考えてみます。1つ1つのコンポーネントを別ファイルとして用意するならば、かなりのファイルを作成することになるでしょう。

◎ベースとなるもの

index.js	ベースとなるスクリプトですね。これはプロジェクトにあるものをそのまま再利用します。
App.js	アプリのベースコンポーネントです。これも既にあるファイルをそのまま再利用します。
Persist.js	usePersistフックのスクリプトですね。これも先ほど作成したものをそのまま利用します。

◎新たに作るコンポーネント

MemoPage.js	メモとフォーム類をまとめてページを表示するコンポーネントです。
Memo.js, Item.js	メモの表示と、メモの各項目の表示を担当するコンポーネントです。
AddForm.js, FindForm.js, DelForm.js	メモの作成、検索、削除のフォーム用コンポーネントです。

メモの表示は、Memo.jsとItem.jsの組み合わせで作成をします。そしてAddForm.js, FindForm.js, DelForm.jsは、メモを操作するためのフォームとその機能を提供します。これらは、すべてMemoPage.jsの中に配置されレイアウトされます。

新たに作るファイル類は、まとめておいたほうがわかりやすいので、「src」フォルダの中に「memo」というフォルダを作成し、その中に保管しておくことにしましょう。Visual Studio Codeを利用している場合は、左側のファイル類のリスト表示部分から「src」フォルダを選択し、プロジェクト名の項目(ここでは「react_app」)にあるアイコンから「新しいフォルダー」(左から2番目のアイコン)をクリックします。これでフォルダが作成されるので、そのままフォルダ名を入力して下さい。

なお、Visual Studio Codeを使わず、直接、プロジェクトのフォルダを開いて「src」フォルダ内に「memo」フォルダを作っても構いません。

図4-22 「src」を選択し、プロジェクトの新しいフォルダー」アイコンをクリックしてフォルダを作成し、「memo」と名前を入力する。

メモの構造を考える

もう1つ、メモにどのようなデータを用意するか決めましょう。ここでは、「message」と「created」という2つの値を用意することにしました。messageがメモのテキスト、createdは作成した時刻をそれぞれ表します。この2つの値を持つオブジェクトとしてメモを用意し、その配列を保管して管理すればいいのです。

永続化して保管しておく値は、他にもいろいろあります。今回は、以下のようなものを用意しておくことにしました。

memo	メモのデータ(message, created)
findMemo	検索したメモをまとめておくもの
mode	どういう操作をしたかを表す値

とりあえず、これだけあればメモの基本的な情報は保管できるようになるでしょう。では、これらの設計をもとに、コンポーネントの作成をしていきましょう。

App.jsを作成する

まずは、ベースとなるApp.jsを書き換えておきます。これらは、この後に作るコンポーネント類を利用する前提で書いておきます。

リスト4-21――App.js

```
import './App.css'
import MemoPage from './memo/MemoPage'

function App() {
  return (
    <div>
      <h1 className="bg-primary text-white display-4 ">React</h1>
      <div className="container">
        <h4 className="my-3">Memo.</h4>
        <MemoPage />
      </div>
    </div>
  )
}

export default App
```

ここでは、<MemoPage />というコンポーネントのタグが1つ追加されているだけです。これは、以下のimport文で読み込まれます。

```
import MemoPage from './memo/MemoPage'
```

これはどういうことか？ というと、App.jsの置かれている場所にある「memo」フォルダの中から「MemoPage」というものをロードしているのですね。今回、メモ関係は「memo」フォルダの中にファイルをまとめておく予定です。そこからMemoPageというコンポーネントを読み込んで表示していたわけです。このMemoPageが、メモ全体を一つにまとめるベースとなるコンポーネントです。このMemoPageの中に、各種のコンポーネント類を組み込んでページを作成します。

MemoPage コンポーネントを作る

では、メモのコンポーネントを作成していきましょう。最初に用意するのは、MemoPageコンポーネントです。これは、この後に作成していく各機能のコンポーネント全体をまとめて表示するものです。

では、「mcmo」フォルダの中に「MemoPage.js」という名前でファイルを作成しましょう。そして以下のように内容を記述して下さい。

リスト4-22

```
import  usePersist  from '../Persist'
import Memo from './Memo';
import AddForm from './AddForm';
import FindForm from './FindForm';
import DelForm from './DelForm';

function MemoPage() {
  const [mode, setMode] = usePersist('mode', 'default')

  return (
    <div>
      <h5 className="my-3">mode: {mode}</h5>
      <div className="alert alert-primary pb-0">
        <AddForm />
        <FindForm />
        <DelForm />
      </div>
      <Memo />
    </div>
  )
}

export default MemoPage
```

コンポーネント類のロード

では、スクリプトのポイントを整理しておきましょう。まずは、冒頭のimport文です。ここでは、作成したコンポーネント類をインポートしています。

```
import  usePersist  from '../Persist'
import Memo from './Memo';
import AddForm from './AddForm';
```

```
import FindForm from './FindForm';
import DelForm from './DelForm';
```

最初にステートフック永続化のためのPersistを読み込んでいますね。その後には、「memo」フォルダ内にある4つのコンポーネントを利用しているのがわかりますね。これらをインポートし、JSXに組み込んで使います。

JSXの表示部分を見ると、<AddForm />, <FindForm />, <DelForm />, <Memo />といったコンポーネントが組み込まれていることがわかるでしょう。これらコンポーネントの組み合わせでメモは完成します。

スクリプトを見ると気がつきますが、これらのファイルには、具体的な処理などは一切用意されていません。コンポーネント化すると、このようにそれぞれのコンポーネントごとに処理がまとめられるので、全体ではごちゃごちゃしたスクリプトなどがなくなり、すっきりとまとめられることがわかるでしょう。

Memoコンポーネントを作る

では、アプリの本体となる「メモの表示」を行う部分を作成しましょう。これはメモ本体とメモの項目の2つのコンポーネントを組み合わせて作ります。

まずはメモの本体から作りましょう。「memo」フォルダの中に「Memo.js」というファイルを新しく作って下さい。そして以下のように記述をします。

リスト4-23

```
import React, { useState, useEffect } from 'react'
import  usePersist  from '../Persist'

import Item from './Item'

function Memo(props) {
  const [memo, setMemo] = usePersist("memo", [])
  const [fmemo, setFMemo] = usePersist("findMemo", [])
  const [mode, setMode] = usePersist('mode', 'default')

  let data = []

  switch (mode){
    case 'default':
      data = memo.map((value,key)=>(
        <Item key={value.message} value={value} index={key + 1} />
      ))
```

```
      setMode('deafult')
      break

    case 'find':
      data = fmemo.map((value,key)=>(
        <Item key={value.message} value={value} index={key + 1}/>
      ))
      break

    default:
      data = memo.map((value,key)=>(
        <Item key={value.message} value={value} index={key + 1} />
      ))
  }

  return (
    <table className="table mt-4">
      <tbody>{data}</tbody>
    </table>
  )
}

export default Memo
```

モードによる表示の分岐

ここでは、returnでメモの内容をJSXで表示しています。が、この表示部分は、単純に{data}をテーブルのボディに書き出しているだけです。具体的な内容は、その手前のswitch文のところで作られています。

なぜこういうやり方をしているのかというと、操作によって表示する内容が変わるためです。デフォルトではすべてのメモを表示しますが、検索を実行したときは、検索されたメモだけを表示しないといけません。

ここでは、まずswitch (mode)という分岐を使い、modeの値をチェックしています。そしてそれに応じて、作成する項目を変更しているのです。このmodeは、usePersistフックに保管されている値です。操作に応じてmodeの値を設定することで、現在は何を表示するのか設定できるようにしてあるのですね。

では、どのような項目を作成しているのか整理してみましょう。

●通常の項目

```
data = memo.map((value,key)=>(
  <Item key={value.message} value={value} index={key + 1} />
```

```
))
```

●**検索時の項目**

```
data = fmemo.map((value,key)=>(
  <Item key={value.message} value={value} index={key + 1}/>
))
```

ほとんど違いはありませんね。通常は、memoの配列をmapで<Item />オブジェクトの配列に変換したものを用意します。検索時は、fmemoの配列をmapで<Item />配列に変換しています。えっ、「同じじゃないの？」って？ いえいえ、違いますよ。memoとfmemoの違いです。どちらのデータを使うかの違いなのです。

Chapter 1
Chapter 2
Chapter 3
Chapter 4
Chapter 5
Chapter 6
Addendum

mapで配列を作り直す

ここでは、memo/fmemoのmapメソッドを呼び出して表示内容を作っています。このmapというメソッド、前にも使いましたが覚えてますか？ 配列から1つずつ要素を取り出して別の形にアレンジし、新しい配列を作るものでしたね。

ここでは、以下のように呼び出しています。

```
data = memo.map((value,key)=> 項目の内容 )
```

これで、引数に用意しているアロー関数で、配列の各項目を返すようにすればいいのでしたね。ここでは、<Item key={value.message} value={value} index={key + 1}/>というJSXを返しています。ということは、これで作成されるdataには以下のような配列が代入されるわけです。

```
data = [
  <Item key="メッセージ1" value=メモ1 index=インデックス0 />
  <Item key="メッセージ2" value=メモ2 index=インデックス1 />
  <Item key="メッセージ3" value=メモ3 index=インデックス2 />
  ……略……
]
```

keyにメッセージを、valueにはメモのオブジェクトを、そしてindexにはインデックス番号を指定して<Item />が用意されます。その<Item />の配列としてdataが用意され、これを表示していたのです。

Itemコンポーネントを作る

では、メモの項目となるItemコンポーネントを作りましょう。「memo」フォルダの中に、「Item.js」という名前でファイルを作成して下さい。そして以下のように記述をしましょう。

リスト4-24
```
import React, { useState, useEffect } from 'react'

function Item (props) {
  const th = {
    width: "100px"
  }
  const td = {
    textAlign: "right",
    width: "150px"
  }
  let d = new Date(Date.parse(props.value.created))
  let f = d.getMonth() + '/' + d.getDate() + ' '
      + d.getHours() + ':' + d.getMinutes()

  return (
  <tr><th style={th}>No, {props.index}</th>
    <td>{props.value.message}</td>
    <td style={td}>{f}</td>
  </tr>
  )
}

export default Item
```

スタイル関係の値が書かれていますが、それ以外の処理は日付の表示の処理と表示するJSXを返すだけです。

ここでは、props.indexとprops.value.message、そしてprops.value.createdの値から作成した時刻のテキストfをテーブルの行にまとめています。このthis.propsに用意される値は、MemoコンポーネントでItemコンポーネントを作成する際に渡される値です。こんな感じでItemを作っていましたね。

```
<Item key={value.message} value={value} index={key + 1}/>
```

これで、indexには通し番号が、valueにはメモのオブジェクトがそれぞれ指定されます。メモのオブジェクトには、mssageとcreatedが保管されていました。それらを利用して、項目の表示を作っていたわけです。

 AddFormコンポーネントを作る 

後は、フォーム関係のコンポーネント3つですね。これらはどれもだいたい同じような形なので、3つといってもそう難しくはありません。

まずは、AddFormから作りましょう。これはメモを作成するためのフォームです。「memo」フォルダの中に「AddForm.js」という名前でファイルを作成して下さい。そして以下のように記述しましょう。

リスト4-25

```
import React, { useState, useEffect } from 'react'
import  usePersist  from '../Persist'

function AddForm (props) {
  const [memo, setMemo] = usePersist("memo", [])
  const [message, setMessage] = useState('')

  const doChange = (e)=> {
    setMessage(e.target.value)
  }

  const doAction = (e)=> {
    const data = {
      message: message,
      created: new Date()
    }
    memo.unshift(data)
    setMemo(memo)
    setMessage('')
  }

  return (
    <form onSubmit={doAction} action="">
    <div className="form-group row">
      <input type="text" className="form-control-sm col"
        onChange={doChange} value={message} required />
      <input type="submit" value="Add"
        className="btn btn-primary btn-sm col-2" />
    </div>
    </form>
  )
}
```

```
export default AddForm
```

ここでは、<form>タグ内に<input type="text">と<input type="submit">タグを用意しています。<input type="text">では、onChange={doChange}として記入するとdoChange関数を呼び出すようにしています。また<form>では、onSubmit={doAction}で送信時にdoActionが実行されるようにしてあります。

まず、doChangeを見てみましょう。これは非常にシンプルなものです。単にsetMessageでmessageステートを設定しているだけです。

```
const doChange = (e)=> {
  setMessage(e.target.value)
}
```

これで、入力したテキストがmessageに設定されました。doActionは、messageとDateオブジェクトを一つにまとめ、それをunshiftでmemoに追加しています。

```
const data = {
  message: message,
  created: new Date()
}
memo.unshift(data)
```

ただし、これはmemoに代入されている配列に追加されただけで、memoステート(usePersistで永続化されているステート)は変更されていません。そこでsetMemoで値を更新します。またsetMessageでメッセージもクリアしておきます。

```
setMemo(memo)
setMessage('')
```

memoのように、配列を保管するステートは、配列に値を追加したり、中にある値を削除したりといった操作をしますが、その場合、memoの値を変更してもステート自体は変更されません。ステートは、あくまでsetMemoを呼び出して更新する必要があります。

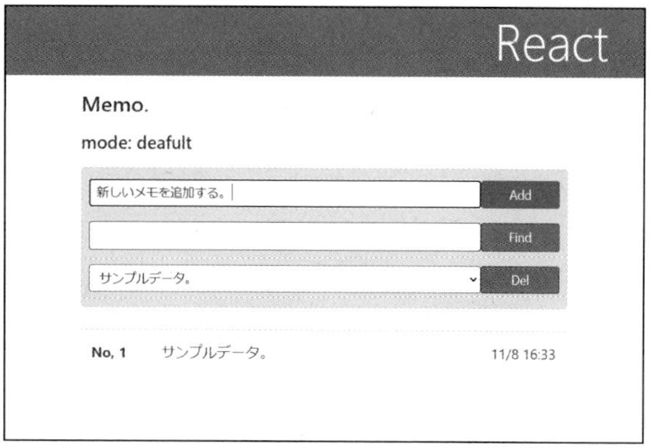

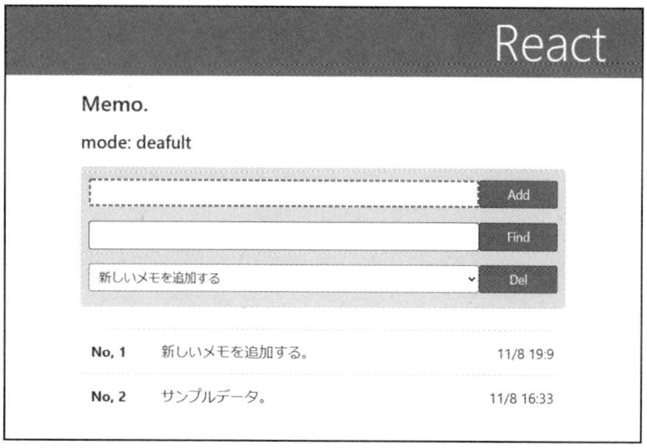

図4-23 フィールドにメッセージを書いて「Add」ボタンを押すとメモが追加される。

DelFormコンポーネントを作る

続いて、削除のDelFormコンポーネントです。これも「memo」フォルダの中に作ります。「DelForm.js」という名前のファイルを用意して、以下のように記述をしましょう。

リスト4-26

```
import React, { useState, useEffect, memo } from 'react'
import  usePersist  from '../Persist'

function DelForm (props) {
  const [memo, setMemo] = usePersist("memo", [])
  const [num, setNum] = useState(0)

  const doChange = (e)=> {
    setNum(e.target.value)
  }
```

```
  const doAction = (e)=> {
    let res = memo.filter((item, key)=> {
      return key != num
    })
    setMemo(res)
    setNum(0)
  }

  let items = memo.map((value,key)=>(
    <option key={key} value={key}>
      {value.message.substring(0,10)}
    </option>
  ))

  return (
    <form onSubmit={doAction}>
    <div className="form-group row">
    <select onChange={doChange} className="form-control-sm col"
      defaultValue="-1" >
      {items}
    </select>
    <input type="submit" value="Del"
      className="btn btn-primary btn-sm col-2" />
    </div>
    </form>
  )
}

export default DelForm
```

これも、基本的な構造はAddFormと同じです。<form>内に<select>タグでメモのリストを用意しておき、それを選んでボタンを押したらそのメモを削除する、という仕組みになっています。

<select>には、onChange={doChange}で変更時にdoChangeが実行され、これで現在の値をnumステートに設定しています。そして<form>にはonSubmit={this.doAction}が用意され、doActionで送信時の処理を行うようにしてあります。

この送信時の処理は、memo配列の「filter」というメソッドを使って行っています。

```
let res = memo.filter((item, key)=> {
  return key != num
})
```

Chapter 1 Chapter 2 Chapter 3 Chapter 4 Chapter 5 Chapter 6 Addendum

この部分です。filterメソッドは、引数に用意した関数を使い、配列の中から特定の要素だけを取り出して新しい配列を作るものです。引数には、(item, key)=> {……}という形でアロー関数が用意されていますね。このitemとkeyには、memoから取り出した値とインデックス番号が渡されます。

アロー関数の中では、return key != numという文が実行されていますね。これで、key != numの式が成立する値だけを取り出して配列にします。つまり、これでkeyの値がnumのものだけ取り除いた配列が作られるのです。

後は、作成された配列をsetMemoし、setNumで選択項目の番号をゼロに戻して終わりです。

```
setMemo(res)
setNum(0)
```

これで、指定のインデックス番号の値が削除されました。削除といっても、基本的には「保管するデータを操作して更新する」というだけなんですね。

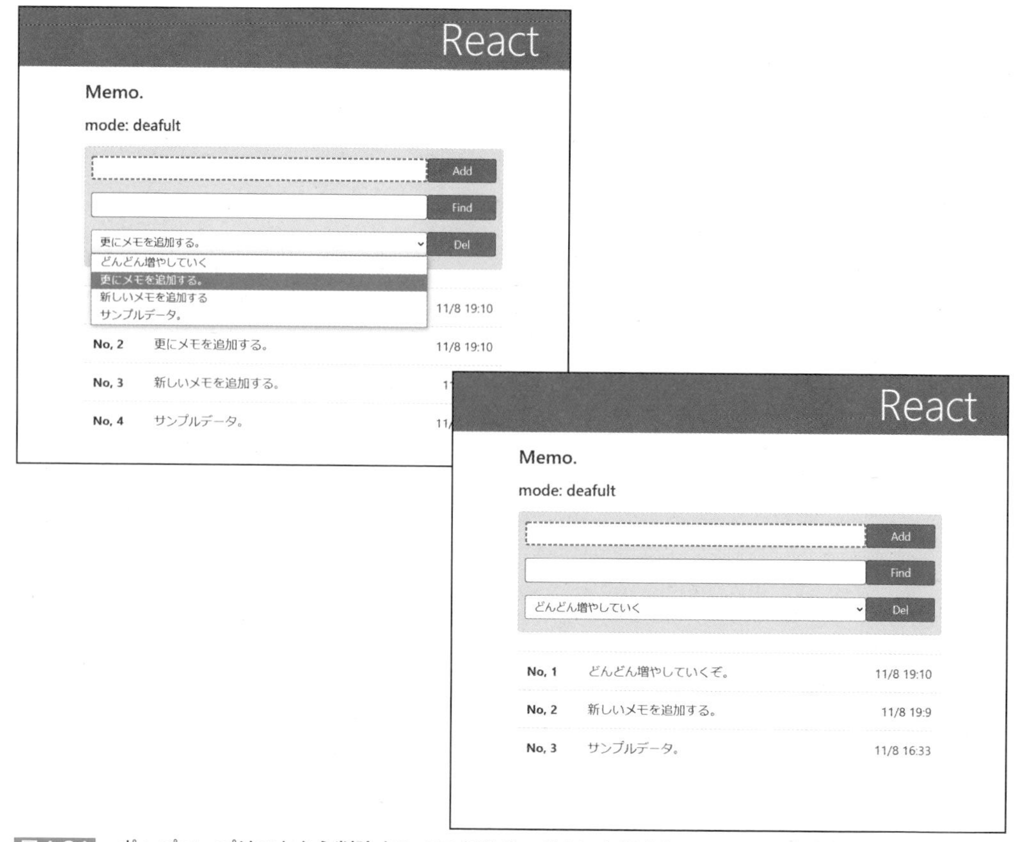

図4-24　ポップアップリストから削除するメモを選び、ボタンを押すと、そのメモが削除される。

FindFormコンポーネントを作る

残るは、検索のためのFindFormコンポーネントです。「memo」フォルダの中に「FindForm.js」という名前でファイルを作成しましょう。そして以下のように記述をして下さい。

リスト4-27

```
import React, { useState, useEffect, memo } from 'react'
import  usePersist  from '../Persist'

function FindForm (props) {
  const [memo, setMemo] = usePersist("memo", [])
  const [fmemo, setFMemo] = usePersist("findMemo", [])
  const [message, setMessage] = useState('')
  const [mode, setMode] = usePersist('mode', 'find')

  const doChange = (e)=> {
    setMessage(e.target.value)
  }

  const doAction = (e)=> {
    if (message == '') {
      setMode('default')
      return
    }
    let res = memo.filter((item, key)=> {
      return item.message.includes(message)
    })
    setFMemo(res)
    setMode('find')
    setMessage('')
  }

  return (
    <form onSubmit={doAction}>
    <div className="form-group row">
      <input type="text" onChange={doChange}
        value={message} className="form-control-sm col" />
      <input type="submit" value="Find"
        className="btn btn-primary btn-sm col-2" />
      </div>
    </form>
  )
}
```

```
export default FindForm
```

もう、フォーム関係のコンポーネントは慣れたものでしょう。<form>でフォームを作成し、入力のコントロールにはonChange={doChange}を用意し、送信のフォームにはonSubmit={doAction}を用意します。

doActionでは、まずmessageが空だった場合にモードをdefaultに戻す処理をしています。

```
if (message == '') {
  setMode('default')
  return
}
```

検索は、ただ値を探すだけでなくモードを示すmodeを変更して、「現在、検索データを表示中」ということを知らせます。そして検索を終了するときは、modeの値をデフォルトに戻すことで全メモが表示されるようになります。ここでは、何も入力されていない場合はdefaultにmodeの値を変更することで検索モードを抜けるようにしているのですね。

その後が、検索の作業です。ここでも、削除で使ったfilterメソッドを利用しています。

```
let res = memo.filter((item, key)=> {
  return item.message.includes(message)
})
```

引数に用意したアロー関数で、return item.message.includes(message)という文を実行していますね。includesというのはテキストに用意されているメソッドで、引数のテキストが寺院の中に含まれているかどうかをチェックします。つまり、item.message.includes(message)というのは、itemのmessageプロパティの中にmessageのテキストが含まれているかどうかを調べていたのですね。そして、これが成立する項目をまとめて配列にしていたのです。

後は、作成された配列をsetFMemoでfindMemoステートに保管し、setMemoでモードをfindに変更し、検索フィールドをクリアします。

```
    setFMemo(res)
    setMode('find')
    setMessage('')
```

これで、すべての機能が実装できました。ここまですべて完成すると、ようやくWebアプリのすべての機能が動作するようになります。実際にアクセスして操作し、動作を確認しましょう！

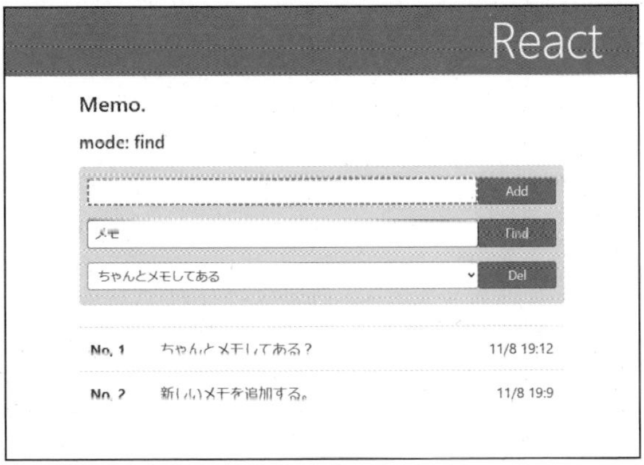

図4-25　検索テキストを記入してボタンを押すと、そのテキストをメモに含むものを表示する。

この章のまとめ

この章では、関数コンポーネントを強化する「フック」について説明しました。フックの機能は、比較的シンプルです。が、いろいろな形でのフックの利用について説明したので、頭がパニック状態になった人もいることでしょう。

では、フック利用のポイントを以下に整理しておきましょう。

ステートフックは必須！

フックの基本は、「ステートフック」です。ステートフックを使い、値を保管できるようにするのがこの章の最大の目的です。これはきっちりと理解し、使えるようになって下さい。またステートフックは複数用意できます。いくつものステートフックで値を管理することを覚えましょう。

複数コンポーネントでのステート共有

ステートの基本が頭に入ったら、複数のコンポーネントでステートを共有するやり方を覚えましょう。特に、属性(props)を利用して親コンポーネントから子コンポーネントに値を渡して利用するやり方はしっかり覚えておきたいですね。

副作用フックは、余力があれば！

副作用フックは、ステートフックほど頻繁に使われるわけではありません。ですから、これは「余力があれば覚えて使ってみる」ぐらいに考えておけばいいでしょう。

副作用フック自体も、作り方と使い方は決して難しいものではありません。ただ、どういうときに、どの部分を副作用フックとして作成するといいのか、そのあたりがかなり慣れるまではよくわからないでしょう。ですから、知識として「こういうもので、こう使うんだ」ということだけ頭に入れておけば今は十分です。

これより先は「Next.js」で！

それ以外のものは、とりあえず後回しにしてかまいません。最後に作ったusePersistは、「使い方だけわかればOK」と考えて下さい。中身は理解する必要はありませんよ。

これでReactの関数コンポーネントもフルに活用できるようになりました。が、まだまだ足りない機能はたくさんあります。それらを独自フックなどで全て自作していくのはかなり大変です。

そこで、これより先は、強力なライブラリ類をひとまとめにしてパッケージ化した「強化版React」とも呼べるソフトウェアの助けを借りることにしましょう。次の章は、「Next.js」を使った開発について説明していきます。

Chapter

5

Next.jsでReactをパワーアップ！

Reactにはさまざまなパワーアップアイテムがあります。それらの中から重要なものをひとまとめにして使えるようにしたのが「Next.js」です。Next.jsを使って、Reactをパワーアップしましょう。

Section 5-1 Next.jsを使おう

Reactの限界

前章までで、Reactの基本部分はほぼ説明しました。Reactは、一言でいえば「コンポーネントを作って表示する仕組み」です。コンポーネントさえわかれば、使うことはできます。

が、これは逆にいえば「コンポーネント以外の機能はそれほど用意されていない」ということになります。例えば、複数のページを作りたいとき、Reactではどうするのでしょう。あるいは、サーバーからデータを取得してステートとして使いたい場合は？ こんなふうに、ちょっと応用的なことをさせようとすると、途端に「あれ？ Reactにそんな機能あったっけ？」という事態に陥ってしまうのです。

では、Reactではこうした複雑な機能は使えないのか？ これは、YESでもあり、NOでもあります。確かにReactには、さまざまな便利機能は用意されていません。が、それはReactの開発チームが「Reactにやたらと機能を詰め込んで膨らませない」ようにしているからです。

React本体は、シンプルにまとめる。そしてそれ以外の機能は、必要に応じて拡張できるようにしたのです。こうした考えから、Reactでは機能を拡張するソフトウェアが多数作られています。それらを使うことで、Reactをどんどん拡張していけるのです。

そんな中で、「Reactを拡張したいなら、まずこれを使え！」と多くのReact開発者が推すのが「Next.js」というソフトウェアです。

Next.jsってなに？

「Next.js（ネクスト・ジェーエス）」は、Reactに各種のライブラリなどを統合しパッケージ化したものです。専用のコマンドプログラムを持っており、それを使って簡単にプロジェクトを作成し実行できます。

具体的に、どのような機能が追加されているのか、ざっと整理すると以下のようになるでしょう。

SSGとSSRの対応

SSG (Static Site Generator)とは、プロジェクトを静的サイト(必要な処理やデータをすべてHTMLベースで用意してあるもの)として出力する機能のことです。またSSR (Server Side Rendering)は、サーバー側で表示をすべてレンダリングしたものを表示する機能です。

Reactは、CSR (Client Side Rendering、Webブラウザ側で表示を生成する)と呼ばれる方式を採用しており、Webブラウザの側でJavaScriptを使って表示を生成します。これを全部サーバー側で作って表示するようにできます。

(※ただし、これらの機能は本書では取り上げません)

ファイルシステム・ルーティング機能

「ルーティング」というのは、アクセスするアドレスのパスごとにページを割り当てることです。Reactは、基本的にSPA (Single Page Application、1枚のページだけで完結するWebアプリ)の作成を考えて設計されています。が、Next.jsを利用することで、複数のページを組み合わせてWebアプリを作ることが簡単になります。

APIルートとフック

Webアプリで必要なデータをサーバーから取得する場合、データを配信するAPIを実装し、それにクライアント側からネットワークアクセスしてデータを取得します。Next.jsでは、APIを簡単に作成でき、しかも専用のフックを使ってAPIとデータをやり取りできます。

ゼロ設定アプリ

多くのフレームワークやライブラリでは、細々とした設定を行うために設定ファイルを用意し、それを読み込んでアプリの設定を行うようになっています。が、Next.jsでは設定ファイルは使いません。代りにJavaScriptのスクリプト内で必要な設定などが行えるようになっています。

(※これも本書では取り上げません)

他にもいろいろ！

その他にも、国際化のための機能、ビルドインCSSのサポート、イメージコンポーネントの最適化など、さまざまな機能を持っています。これらを使いこなすことで、Reactアプリを格段にパワーアップできるわけです。

しかも、用意されたコマンドを実行するだけで、すべてをセットアップされた状態でプロジェクトを作成し、すぐに開発に入れます。Reactのプロジェクトを作り、必要なパッケージを調べてすべてインストールし……という通常の開発手順を想像してみましょう。最初からNext.jsを使ったほうが、圧倒的に便利だと思うでしょう？

このNext.jsは、以下のWebサイトで公開されています。

https://nextjs.org

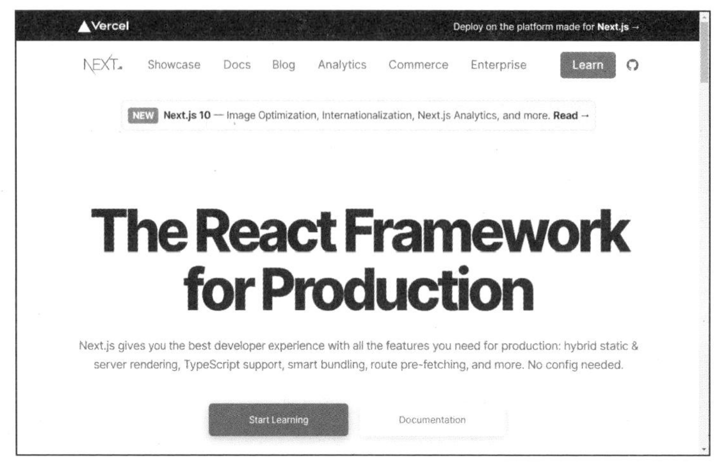

図5-1　Next.jsのWebサイト。

ここでNext.jsに関するドキュメントなどの各種情報を得ることができます。ただし、ここからNext.jsをダウンロードして利用したりはしません。npmに対応しているので、コマンドを使ってインストールを行い利用するのです。

本書で取り上げる機能

Next.jsはたくさんの機能が用意されているため、とても全て説明することはできません。本書では、Next.js導入ですぐに効果が感じられるものとして以下の機能についてのみ説明をします。

- ルーティング機能。複数のページを作成し利用する機能について。
- ビルトインCSS。スタイルシートのさまざまな組み込み方について。
- APIの作成。サーバーにアクセスし必要なデータを取得する方法について。
- SWR。サーバーから取得したデータをステートとして扱うモジュール。

これだけでNext.jsがどういうものか完璧に理解できるわけではありませんが、少なくともこれらを使うことで「普通のReactから格段にパワーアップした！」と実感できるはずですよ。

Next.jsプロジェクトを作ろう

では、Next.jsを利用してみましょう。普通ならば、「では、Next.jsのパッケージをインストールして……」となるでしょうが、実はNext.jsを利用するのにソフトウェアのインストールなどは一切必要ありません。npxコマンドを利用して、すぐにプロジェクトを作成できるのです。

では、コマンドプロンプトあるいはターミナルを起動して下さい。そして、プロジェクトを作成する場所に移動しましょう。ここではデスクトップに作成することにします。以下のcdコマンドを実行して移動して下さい。

```
cd Desktop
```

ここにNext.jsのプロジェクトを作成します。以下のコマンドを実行して下さい。これで「next_app」というプロジェクトのフォルダがデスクトップに作られます。

```
npx create-next-app next_app
```

図5-2　npx create-next-appを実行するとプロジェクトが生成される。

プロジェクトに必要なパッケージのインストールを行うため、作成には少し時間がかかります。インストール関係の出力が一通りされたあとで、「Success! Created next_app at ……」といったメッセージが表示されたなら、無事プロジェクトは作成できています。

プロジェクト操作の基本コマンド

最後に出力されるテキストをよく見て下さい。ここには、作成したプロジェクトの基本操作を行うコマンドの説明が出力されています。

```
npm run dev
```

開発用サーバーを起動してアプリを実行します。

```
npm run build
```

アプリをビルドし完成アプリを生成します。

```
npm start
```

完成アプリを起動して動作チェックします。

これらのコマンドだけわかれば、プロジェクトの開発は可能になります。なお、皆さんの中にはこれらのコマンドが「yarn ○○」という形で表示されていた人もいることでしょう。これは、yarnというツールがインストールされているためです。こうした人は、yarnコマンドを使って全く同じようにプロジェクトを操作できます。

Chapter 1 Chapter 2 Chapter 3 Chapter 4 Chapter 5 Chapter 6 Addendum

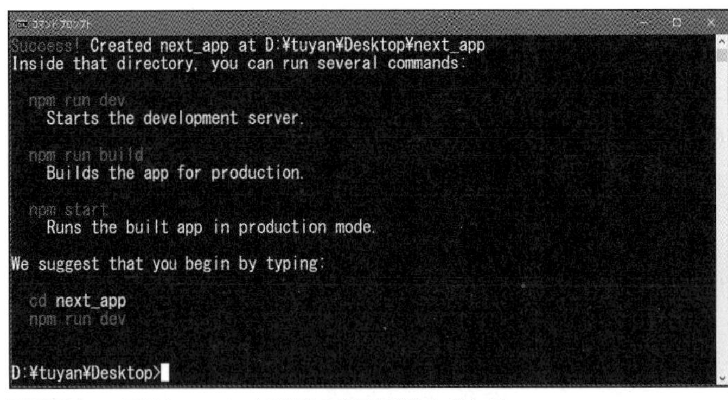

図5-3　最後にコマンド関連の説明が出力される。

Visual Studio Codeでプロジェクトを開く

プロジェクトができたら、Visual Studio Codeで開いて開発の準備を整えましょう。まだ、前章までのプロジェクト(react_app)を開いたままの人は、「ファイル」メニューの「フォルダーを閉じる」メニューでフォルダを閉じて下さい。そして、作成した「next_app」のフォルダをウインドウにドラッグ&ドロップすれば、フォルダが開かれ、その中身が表示され編集できるようになります。

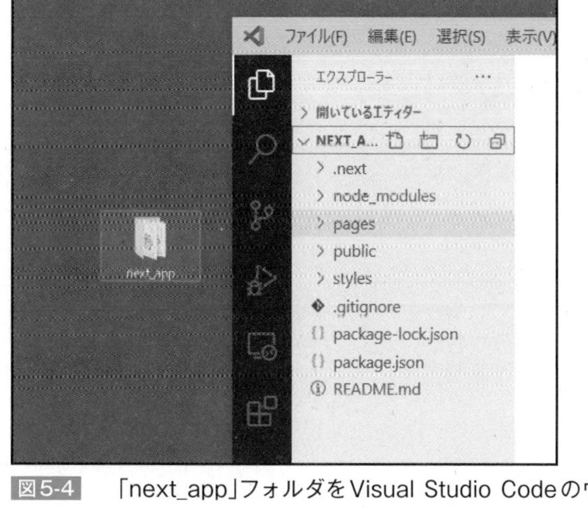

図5-4　「next_app」フォルダをVisual Studio Codeのウインドウにドラッグ＆ドロップするとフォルダが開かれる。

プロジェクトを実行しよう

では、プロジェクトを実行しましょう。「ターミナル」メニューから「新しいターミナル」メニューを選び、以下のように実行して下さい。

```
npm run dev
```

Visual Studio Codeを使っていない人は、コマンドプロンプトまたはターミナルアプリを起動して「next_app」フォルダに移動し、「npm run dev」を実行して下さい。

これでプロジェクトが実行され、Webブラウザからアクセスできるようになります。では以下のアドレスにアクセスして表示を確認しましょう。

```
http://localhost:3000/
```

「Welcome to Next.js」というタイトルテキストの下にメッセージがカードのようなデザインにまとめられて表示されます。これがデフォルトで用意されているダミーのページです。これでちゃんと動いているのが確認できました！

Welcome to Next.js!

Get started by editing `pages/index.js`

Documentation →

Find in-depth information about Next.js features and API.

Learn →

Learn about Next.js in an interactive course with quizzes!

図5-5　作成したWebページの内容。

プロジェクトの構成をチェック！

　では、作成されたプロジェクトがどのようになっているのか確認しましょう。「next_app」フォルダの中を見ると、以下のようなフォルダ／ファイルが用意されているのがわかります。

◎フォルダ類

「.next」フォルダ	プロジェクト作成時にはなく、実行すると生成されます。この中に、プロジェクトから生成されたWebアプリのファイル類が保存されます。
「node_modules」フォルダ	プロジェクトで必要なnpmのパッケージがまとめられています。
「pages」フォルダ	表示するWebページの内容がまとめられています。
「public」フォルダ	公開されるリソース類(イメージファイルなど)がまとめられます。
「styles」フォルダ	スタイルシートファイルがまとめられます。

◎ファイル類

.gitignore	Gitというバージョン管理システムのためのファイルです。
package-lock.json	npmでパッケージ管理するために使われるファイルです。
package.json	プロジェクトで使うパッケージなどの情報が記述されたファイルです。
README.md	リードミーファイルです。
yarn.lock	yarnというソフトがインストールされている場合に作成されるファイルです。

これらの内、私達が開発する上で使うことになるのは、「pages」「public」「styles」の3つのフォルダと、packge.jsonファイルです。といっても、最後のpackage.jsonは、しばらくは使うことはありません。ですから、3つの基本となるフォルダの役割だけわかってれば、開発に支障はないでしょう。

Next.jsは「pages」でページを用意する

Next.jsプロジェクトでWebページを開発する場合、もっとも重要なのは「pages」フォルダでしょう。このフォルダの中に、ページ表示のためのスクリプトファイルを配置すると、それを使って表示を行うのです。

「あれ? ベースとなるindex.htmlとかは？」と思った人。ないんです。Next.jsでは、作成するのはすべてJavaScriptのスクリプトファイルだけ。HTMLファイルはありません。

もちろん、実際にはその中でJSXを使って具体的な表示内容を書いていくので、最終的にHTMLのソースコードが作られているのは確かです。ただ、「HTMLファイルを直接使わずWebアプリを開発する」という点はよく理解しておきましょう。わたしたちは「Webの作成」となるとついHTMLを探してしまいますが、Next.jsでは「すべてJavaScript」なのです。

ページを作ろう！

では、実際にページのスクリプトがどのようになっているのか、確かめてみましょう。「pages」フォルダを開き、その中にある「index.js」というファイルを開いてみて下さい。すると、以下のようなコードが記述されていることがわかります。

リスト5-1

```
import Head from 'next/head'
import styles from '../styles/Home.module.css'

export default function Home() {
  return (
    <div className={styles.container}>
      <Head>
        ……中略……
      </Head>

      <main className={styles.main}>
        ……中略……
      </main>
```

Chapter 1 Chapter 2 Chapter 3 Chapter 4 Chapter 5 Chapter 6 Addendum

```
        <footer className={styles.footer}>
          ……中略……
        </footer>
      </div>
    )
}
```

画面に表示されている細々としたHTMLのタグについてはNext.jsの使い方とは直接関係ないので省略してあります。ここでは、Homeという関数コンポーネントを作成していたのですね。これは、export defaultでエクスポートされています。この関数内でreturnしているJSXが、画面に表示されていたのですね。

また、ここではimport Head from 'next/head'というようにしてHeadというものをインポートしています。これは、コンポーネントです。JSXの部分を見ると、こんなタグが書かれているのに気がつくでしょう。

```
<Head>
  ……中略……
</Head>
```

この<Head>タグが、importでインポートされたHeadコンポーネントです。これは、HTMLの<head>の内容を記述するためのものです。

JSXのタグを見るとわかりますが、このJSXには<html>も<body>もありません。実をいえば、「pages」に用意されるページのスクリプトは、<body>内で表示される内容だけを記述するようになっています。<head>部分は書く必要がないのです。

が、例えば<title>でタイトルを設定するなど、<head>内にタグを用意して設定したいことはよくあります。こうした場合に用いられるのが<Head>だった、というわけです。

index.jsを作成しよう

基本的なページのスクリプトがわかったら、実際に使ってみることにしましょう。では、「pages」フォルダのindex.jsを開いて、内容を以下に書き換えてみて下さい。

リスト5-2

```
import Head from 'next/head'
import styles from '../styles/Home.module.css'

export default function Home() {
```

```
  let title ="Next.js page"
  let message ="React Next.js sample page."

  return (
    <div>
      <Head>
        <title>{title}</title>
        <link rel="stylesheet" href="https://stackpath.bootstrapcdn.com/ ↵
          bootstrap/4.5.0/css/bootstrap.min.css"
          crossOrigin="anonymous"></link>
      </Head>

      <h1 className="bg-primary text-white display-4 ">React</h1>
      <div className="container">
        <h4 className="my-3">{title}</h4>
        <div className="alert alert-primary text-center">
          <p className="h5">{message}.</p>
        </div>
      </div>
    </div>
  )
}
```

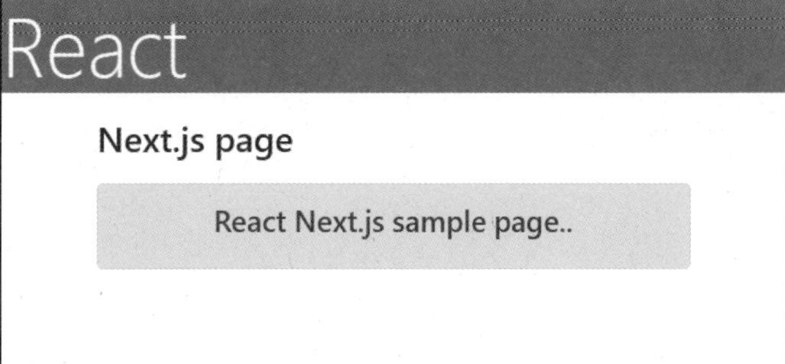

図5-6　タイトルとメッセージのシンプルなページが表示される。

そのままファイルを保存し、アクセスをしましょう。Next.jsでは、npm run devで開発用サーバーを起動しているとき、「pages」フォルダのファイルなど実行中のアプリのファイルが書き換えられると、リアルタイムにその表示や機能が変更されます。修正してファイルを保存すれば最新の状態に更新されるわけです。いちいち開発用サーバーをリスタートする必要はありません。

スタイルを適用する

ただHTMLの表示を行うのはJSXを利用してできました。が、これではあまりデザインされたページにはなりませんね。スタイルシートを用意して適用することにしましょう。

JSXでは、あらかじめスタイルの設定情報を変数にまとめておき、style属性を使ってスタイルを適用させることができました。この方式はNext.jsでも使えます。やってみましょう。

「pages」フォルダのindex.jsを開いて、以下のように書き直してみて下さい。

リスト5-3

```
import Head from 'next/head'
import styles from '../styles/Home.module.css'

export default function Home() {
  let title ="Next.js page"
  let message ="React Next.js sample page."

  const h1 = {
    textAlign:'right',
    padding:'5px 15px'
  }

  const p = {
    textAlign:'left',
    margin:'0px 5px',
    color:'#669',
    fontSize:'18pt'
  }

  const subtitle = {
    textAlign:'center',
    margin:'0px 5px',
    color:'#99d',
    fontSize:'24pt',
    fontWeight: 'bold'
  }

  return (
    <div>
      <Head>
        <title>{title}</title>
        <link rel="stylesheet" href="https://stackpath.bootstrapcdn.com/ ↲
          bootstrap/4.5.0/css/bootstrap.min.css"
```

```
        crossOrigin="anonymous"></link>
      </Head>

      <h1 className="bg-primary text-white display-4 "
        style={h1}>React</h1>
      <div className="container">
        <p className="my-3" style={subtitle} id="subtitle">{title}</p>
        <div className="alert alert-primary text-center">
          <p className="h5" style={p}>{message}.</p>
        </div>
      </div>
    </div>
  )
}
```

図5-7　スタイルを適用したところ。

修正したら動作を確認しましょう。なおビルドとエクスポート作業のためにサーバーを停止している場合は、再度「npm run dev」を実行しておいてください。これで、ブラウザの表示は前章までと同じようにBootstrapをベースとするデザインに変わります。

またテキスト関係はやや青みがかった色合いに変更されていますが、これらはh1, p, subtitleといった変数(constなので定数ですが)としてスタイルを用意し、それをタグのstyleに設定しています。既にJSXではおなじみのやり方ですね。これでスタイルが一応反映されました。

styled-jsxを使おう！

この方法は、個々のタグにスタイルを設定するには便利ですが、例えば「<h1>のスタイルを設定したい」とかいった使い方はできません。またタグの数が増えてくると、1つ1つにstyleを設定するのが面倒になってきます。もっと、普通のスタイルシートは使えないんでしょうか。

実は、できます。これには、「styled-jsx」と呼ばれるものを使います。これは<style jsx>というタグを使い、以下のように記述をします。

```
<style jsx>{`
  ……スタイルを記述……
`}</style>
```

<style jsx>という形でタグを書き、その後の{` ～ `}の中にスタイルを記述します。{` `}の部分は間違えないで下さい。この「`」記号は、「@」キーをShiftキーを押し下げたままタイプすると表示される記号です。いわゆるクォート記号(「'」や「"」)ではないので注意しましょう。

styled-jsxを試す

では、実際にstyled-jsxを使ってみましょう。「pages」フォルダのindex.jsを開いて以下のように書き換えて下さい。

リスト5-4

```
import Head from 'next/head'
import styles from '../styles/Home.module.css'

export default function Home() {
  let title ="Next.js page"
  let message ="React Next.js sample page."

  return (
    <div>
      <Head>
        <title>{title}</title>
        <link rel="stylesheet" href="https://stackpath.bootstrapcdn.com/ ↲
          bootstrap/4.5.0/css/bootstrap.min.css"
          crossOrigin="anonymous"></link>
      </Head>
      <style jsx>{`
        h1 {
          text-align: center;
        }

        h2 {
          text-align: center;
          margin: 0px 5px;
          color: #aad;
```

```
        font-size: 36pt;
        font-weight: bold;
      }

      p {
        text-align: left;
        margin: 0px 5px;
        color: blue;
        font-size: 18pt;
      }
    `}</style>

    <h1 className="bg-primary text-white display-4 "
      >React</h1>
    <div className="container">
      <h2 className="my-3 subtitle">{title}</h2>
      <div className="alert alert-primary text-center">
        <p className="h5">{message}.</p>
      </div>
    </div>
  </div>
  )
}
```

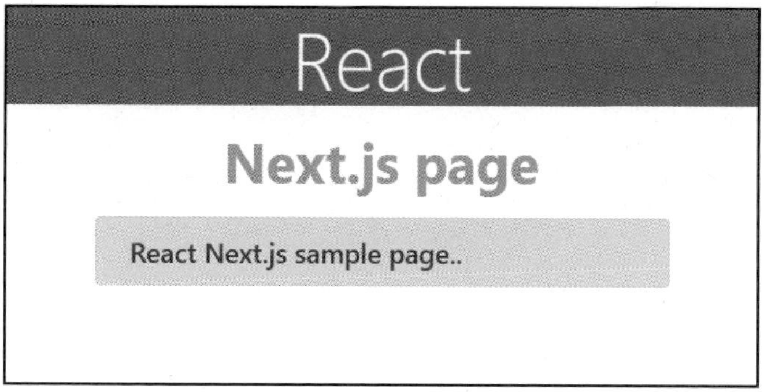

React

Next.js page

React Next.js sample page..

図5-8　styled-jsxでスタイル設定したページ。

修正したらWebブラウザで表示を確認しましょう。ちゃんとスタイルが適用された形でページが表示されます。ここでは <style jsx>{` 〜 `}</style> でスタイルを用意していますね。ここに用意されたh1とpが、そのまま<h1>と<p>に適用された、というわけです。これなら、JSXのタグにいちいちstyleを用意する必要もありませんね！

CSSファイルは「styles」フォルダで！

スタイルの説明をしたところで、「そんな面倒なことしないで、<link>とかでスタイルシートファイルを読み込んで使えばいいんじゃない？」なんて思った人もいるんじゃないでしょうか。

実をいえば、Next.jsでは、スタイルシートのファイルを<link>で読み込ませることはできないのです。ただし、「スタイルシートファイルが使えないのか？」というと、そういうわけでもありません。

Next.jsでは、スタイルシートは、「styles」というフォルダに用意されます。この中に「Home.module.css」というcssファイルが用意されていますね。そして「pages」フォルダのindex.jsには、冒頭に以下のような文が書かれていました。

```
import styles from '../styles/Home.module.css'
```

実は、これがスタイルシートをロードするための文だったのです。cssファイルから「styles」をimportすることで、cssファイルに記述されたスタイルがそのまま読み込まれて起用されるようになります。もちろん、「styles」フォルダ内に新たにcssファイルを作成し、同様に読み込ませることもできます。

細かにスタイルを用意したい場合は、この「styles」フォルダにファイルを作成してimportするとよいでしょう。

<head>をコンポーネント化しよう

これで一応はページのスクリプトが書けるようになりました。しかし、実際にやってみると、ちょっと面倒くさいところがありますね。それは、<head>の記述です。今回のサンプルでもBootstrapを使っていますが、その<link>を毎回書かないといけません。他にもいろいろと読み込むようなリンクがあったりすると、結構面倒ですね。そこで、<head>部分の内容をコンポーネント化しておくことにしましょう。

「pages」フォルダの中に、新たに「header.js」というファイルを作成して下さい。そして以下のように記述をしましょう。

リスト5-5

```
import Head from 'next/head'
import styles from '../styles/Home.module.css'

export default function Header(props) {
  return (
```

```
    <Head>
      <title>{props.title}</title>
      <link rel="stylesheet" href="https://stackpath.bootstrapcdn.com/ ↵
        bootstrap/4.5.0/css/bootstrap.min.css"
        crossorigin="anonymous"></link>
    </Head>
  )
}
```

これで、Bootstrapのクラスを読み込む<head>が生成されます。また、Home.module.cssもロードするようにしてあります。また、タイトルは{props.title}としてありますね。これで、titleという属性で設定したものがタイトルとして使われるようになります。

では、このheader.jsを利用する形でindex.jsを修正しましょう。

リスト5-6

```
import Header from './header'

export default function Home() {
  let title ="Next.js Index"
  let message ="React Next.js sample page."

  return (
    <div>
      <Header title={title} />
      <h1 className="bg-primary px-3 text-white display-4 text-right">
          React</h1>
      <div className="container">
        <h3 className="my-3 text-primary text-center">
          {title}</h3>
        <div className="alert alert-primary text-left">
          <p className="h5">{message}.</p>
        </div>
      </div>
    </div>
  )
}
```

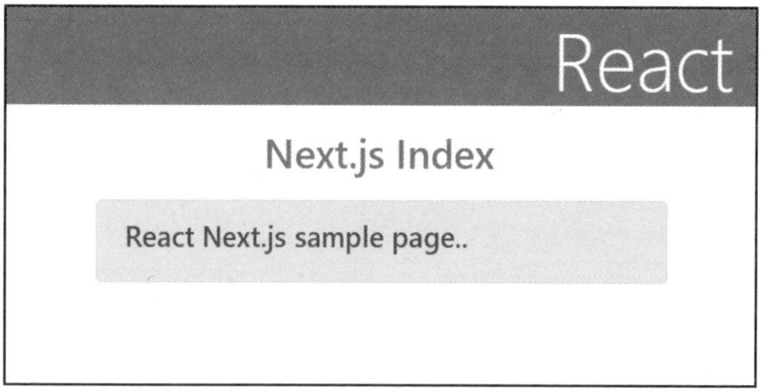

図5-9　header.jsを利用した例。Bootstrapもちゃんとロードされている。

修正したらページにアクセスしてみましょう。ちゃんとBootstrapのクラスは適用されていますね。

ここでは、<Header title={title} />とタグを用意しているだけで、他に<head>関連の記述はありません。これで、実際に表示するコンテンツの記述に専念できますね！

Section 5-2 複数ファイルを活用しよう

複数のページを作ろう

基本的なページの表示ができるようになったところで、Next.jsプロジェクトのさまざまな使い方を学んでいくことにしましょう。

ReactとNext.jsの一番の違いは「複数ページを持てる」という点にあります。Reactは、基本的にSPA（Single Page Application）を考えて作られており、普通のWebサイトのようにたくさんのページを作ってリンクする、といった作り方を考えていません。が、Next.jsならば、複数のページを持つWebアプリを簡単に作れます。

では、サンプルとして「pages」フォルダ内に「other.js」という名前でファイルを作成しましょう。そして、index.jsとother.jsの間をリンクして移動するようなページを作ってみます。

index.jsとother.js以下のように記述しましょう。

リスト5-7——index.js

```
import Header from './header'
import Link from 'next/link'

export default function Home() {
  const title = "Index"

  return (
    <div>
      <Header title={title} />
      <h1 className="bg-primary px-3 text-white display-4">
          React</h1>
      <div className="container">
        <h3 className="my-3 text-primary text-center">
          {title}</h3>
        <div className="card p-3 text-center">
          <p>
            これは、ページ移動のサンプルです。</p>
```

```
            <Link href="/other">
              <a>Go to Other page &gt;&gt;</a>
            </Link>
          </div>
        </div>
      </div>
    )
  }
```

リスト5-8――other.js

```
import Header from './header'
import Link from 'next/link'

export default function Other() {
  const title = "Other"

  return (
    <div>
      <Header title={title} />
      <h1 className="bg-primary px-3 text-white display-4">
        React</h1>
      <div className="container">
        <h3 className="my-3 text-primary text-center">
          {title}</h3>
        <div className="card p-3">
          <p>
            これは、もう1つのページの表示です。</p>
          <Link href="/">
            <a>&lt;&lt; Back to Index page</a>
          </Link>
        </div>
      </div>
    </div>
  )
}
```

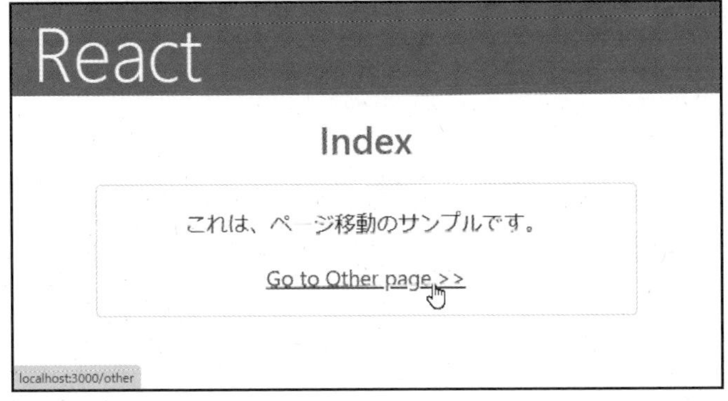

図5-10　リンクをクリックすると、indexとotherのページを行き来する。

アクセスすると、メッセージの下にリンクが表示されます。これをクリックするともう1つのページに移動します。ここからまたリンクをクリックすると元のページに戻ります。リンクで2つのページを行き来できるのがわかるでしょう。

Linkコンポーネントについて

ここでは、リンクの表示を行うのに、<Link>というタグを使っています。これは、import Link from 'next/link'という文でインポートされたLinkコンポーネントのタグです。

例えばindex.jsでは、以下のようにしてother.jsへのリンクを作成していますね。

```
<Link href="/other">
  <a>Go to Other page &gt;&gt;</a>
</Link>
```

<Link>タグは、<a>タグと同じようにリンクを作成するためのものです。hrefに、リンク先のページアドレスを指定します。<a>タグには、hrefなどが用意されていません。つまり、リンクの機能は<a>タグではなく、<Link>のほうにあるのです。

ここでは、<Link>内に<a>タグを用意していますが、これは別に<a>タグである必要はないんです。例えば、<p>タグにすれば、ただのテキストなのにクリックするとリンク先に移動できます。また<button>を用意すれば、クリックして移動するボタンができます。

レイアウトを考えよう

これで、「複数のページが利用できる」「コンポーネントが利用できる」「スタイルが利用できる」ということがNext.jsで可能になることがわかりました。これらの特徴を更に考えていくと、「アプリに用意されるすべてのページで統一されたレイアウトで表示されるような仕組みが作れる」ということに気がつくでしょう。

つまり、ページ全体をレイアウトするコンポーネントを用意し、すべてのページでその中に組み込んでいくようにしていけば、全体のデザインを統一できるわけです。また、ページのヘッダーやフッターなど、どのページでも同じように表示される部品もコンポーネント化しておけば、簡単に組み込めますし、修正も容易です。

では、実際に簡単なレイアウトを作ってみましょう。

レイアウトの基本構成を考える

ここでは、レイアウトを4つのコンポーネントの組み合わせとして用意することにします。これらはそれぞれ以下のようになります。

Layout	ページ全体のレイアウトとなるコンポーネントです。
Header	これだけ既に作成してありましたね。ヘッダー部分のコンポーネントです。タイトルなどを表示します。
Footer	フッター部分のコンポーネントです。コピーライトなどの情報を表示します。

これらを組み合わせてレイアウトを作成し、実際のページの表示はLayout内に組み込んで行うようにします。では、作っていきましょう。

「components」フォルダの用意

これらのファイルは、レイアウト用ですから直接ページとして表示はしません。ですから、「pages」フォルダに入れておくのは、用途が違いますからよくないでしょう。そこで別にフォルダを用意することにします。

プロジェクトのフォルダ(ここでは「next_app」フォルダ)内に、新たに「components」というフォルダを作成して下さい。ここにレイアウト関係のコンポーネントをまとめることにしましょう。

レイアウト用コンポーネントの作成

では、コンポーネントを作っていきましょう。まずは、全体のレイアウトを行うLayoutコンポーネントからです。「components」フォルダの中に、「layout.js」という名前でファイルを作成して下さい。そして以下のように記述をしましょう。

リスト5-9

```
import Head from 'next/head'
import styles from '../styles/Home.module.css'
import Header from './Header'
import Footer from './Footer'

export default function Layout(props) {
  return (
    <div>
      <Head>
        <title>{props.title}</title>
        <link rel="stylesheet" href="https://stackpath.bootstrapcdn.com/ ↵
          bootstrap/4.5.0/css/bootstrap.min.css"
          crossorigin="anonymous"></link>
      </Head>
      <Header header={props.header} />
      <div className="container">
        <h3 className="my-3 text-primary text-center">
          {props.title}</h3>
          {props.children}
      </div>
      <Footer footer="copyright SYODA-Tuyano." />
    </div>
  )
}
```

先にheader.jsに用意してあった<head>の部分も、このレイアウト用のLayoutコンポーネントに移動しました。header.jsには、純粋にヘッダーコンテンツのみを表示させるようにします。

ここでは、ヘッダーとフッターのコンポーネントを読み込み、これらとコンテンツを組み合わせて表示を作っています。整理すると、こういう形になっています。

```
<Header />
<div>
  <h3>{props.title}</h3>
  {props.children}
</div>
<Footer />
```

コンテンツは、{props.childrenとして用意してあります。コンポーネントの開始タグと終了タグの間に書かれたコンテンツは、childrenプロパティとして取り出せました。つまり、<Layout>○○</Layout> というように記述すれば、間の部分がchildrenプロパティとして取り出されるわけです。この部分をコンテンツとしてヘッダーとフッターの間に表示していた、というわけです。

HeaderとFooterは、それぞれ「header」「title」と、「footer」という属性を指定してあります。これらを各コンポーネントに渡して表示を行うようにします。

ヘッダーの作成

続いて、ヘッダー部分となるHeaderコンポーネントを作ります。「components」フォルダ内に「header.js」という名前でファイルを作成して下さい。そして以下のように記述します。

リスト5-10

```
export default function Header(props) {
  return (
    <div>
      <h1 className="bg-primary px-3 text-white display-4 text-right">
        {props.header}</h1>
    </div>
  )
}
```

ここでは、this.propsからheaderとtitleのプロパティを取り出して表示をしています。Layoutコンポーネントで、<Header />タグにこれらの属性が用意されていたのを思い出してください。これらを表示してヘッダーを完成させます。

フッターの作成

続いて、フッターのコンポーネントです。「components」フォルダ内に「Footer.js」という名前でファイルを作成しましょう。スクリプトは以下のようになります。

リスト5-11

```
export default function Footer(props) {
  return (
    <div className="text-center h6 my-4">
      <div>{props.footer}</div>
    </div>
  )
}
```

表示する内容は、this.props.footerをそのまま出力しています。Layoutコンポーネントで<Footer />タグを記述する際、footer属性にテキストを指定していましたね。それが、ここで表示されていたというわけです。

これでレイアウト関係のコンポーネントができました！

ページでレイアウトを利用する

では、用意したレイアウトを利用してみましょう。現在、「pages」フォルダの中には、index.jsとoher.jsがページ用のスクリプトファイルとして用意してありましたね。この2つを、作成したレイアウトを使う形に修正してみます。それぞれ以下のように書き換えて下さい。

リスト5-12――index.js

```
import Layout from '../components/layout'
import Link from 'next/link'

export default function Home() {
  return (
    <div>
      <Layout header="Next.js" title="Top page.">
      <div className="alert alert-primary text-center">
        <h5 className="mb-4">Welcome to next.js!</h5>
        <Link href="./other">
          <button className="btn btn-primary">
            go to Other &gt;&gt;
          </button>
        </Link>
      </div>
      </Layout>
    </div>
  )
}
```

リスト5-13——other.js

```
import Layout from '../components/layout'
import Link from 'next/link'

export default function Other() {
  return (
    <div>
      <Layout header="Next.js" title="Other page.">
      <div className="card  p-4 text-center">
        <h5 className="mb-4">This is Other page...</h5>
        <Link href=".">
          <button className="btn btn-primary">
            &lt;&lt; Back to Top
          </button>
        </Link>
      </div>
      </Layout>
    </div>
  )
}
```

完成したら、Webブラウザでアクセスして表示を確認しましょう。トップページも、ボタンをクリックして移動するotherページも、同じページのデザインで表示されるのが確認できるでしょう。

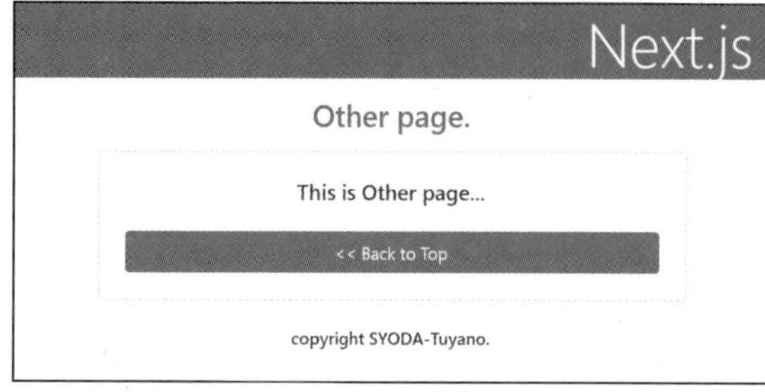

図5-11　アクセスすると、2つのページが同じデザインで表示されるようになった。

レイアウトの使い方をチェック！

では、作成したindex.jsとother.jsが、どのようにページの表示を作成しているか、JSXの出力部分を確認してみましょう。このようになっていることがわかりますね。

```
<Layout header="ヘッダー" title="タイトル">
    ……表示するコンテンツ……
</Layout>
```

ヘッダーに表示するテキストとタイトルをそれぞれ属性に指定して<Layout>タグを用意しています。後は、実際に表示する内容を<Layout />と</Layout>の間に書くだけです。

このように、<Layout>タグを用意してその中にコンテンツを書けば、すべてのページはLayoutコンポーネントを使ってレイアウトされた形で表示されるようになります。意外と簡単にレイアウトは作れるものなんですね！

静的ファイルの利用

ここまで、スクリプト関係以外のファイルとしては、「styles」フォルダのスタイルシートぐらいしか使ってきませんでした。では、その他のファイルはどう利用すればいいのでしょうか。

例えば、イメージファイルは？　これは、<img/>タグをJSXに用意することで表示することは可能です。例えば、こんな具合ですね。

```
<img src="ファイルパス" />
```

これで問題ないんですが、ページのコンポーネント化を進めていくなら、イメージも直接タグを書くのでなく、イメージ表示のコンポーネントとして扱えるようにしたほうが良いでしょう。

イメージファイルを用意する

では、実際に試してみましょう。まず、表示するイメージのサンプルを用意しておきます。「public」フォルダの中にJPEGのイメージファイルを保存して下さい。ファイル名は「image.jpg」としておきます。

図5-12 「image.jpg」を「public」フォルダの中にコピーしておく。

イメージコンポーネントを作る

このイメージファイルを表示するコンポーネントを作成します。「components」フォルダの中に、「image.js」という名前でファイルを作成して下さい。そして以下のように記述をしましょう。

リスト5-14

```
export default function MyImage(props) {
  let fname = './' + props.fname
  let size = props.size + "px"

  return (
    <img width={size} border="1"
        src={fname} />
  )
}
```

ここでは、MyImageという名前でコンポーネントを用意しました。JSXでは、<img>タグにwidth, border, srcといった属性を付けて表示しています。widthはthis.size、srcにはthis.fnameを値として設定しています。これらの値は、props.fnameとprops.sizeの値を使って作成しています。後は、このコンポーネントを配置する際に、これらの属性を用意すればいいわけですね。

「public」フォルダの公開アドレス

これらの内、注意したいのはsrcです。src={fname}と設定をしていますが、このfnameはlet fname = './' + props.fnameとしていますね。例えば、「image.jpg」とprops.fnameに設定されていれば、srcに設定される値は"./image.jpg"となります。

image.jpgは「public」フォルダに入っていますが、このファイルのパスは"./public/image.jpg"にはなりません。"./image.jpg"でいいのです。「public」フォルダにあるファイル類は、サーバー直下にあるように扱われます。「public」フォルダのimage.jpgは、http://localhost:3000/image.jpgで表示できるのです。間違えないようにしましょう。

Imageコンポーネントを利用する

では、作成したImageコンポーネントを使ってイメージを表示してみましょう。「pages」フォルダ内のindex.jsを以下のように書き換えてみて下さい。

リスト5-15

```
import Layout from '../components/layout'
import MyImage from '../components/image'

export default function Home() {
  return (
    <div>
      <Layout header="Next.js" title="Top page.">
      <div className="alert alert-primary text-center">
        <h5 className="mb-4">Welcome to next.js!</h5>
        <MyImage fname="image.jpg" size="300" />
      </div>
      </Layout>
    </div>
  )
}
```

Next.js

Top page.

Welcome to next.js!

copyright SYODA-Tuyano.

図5-13 アクセスすると、image.jpgが300ドットサイズで表示される。

Webブラウザで表示を確認しましょう。image.jpgのイメージが横幅300ドットの大きさで表示されます。ここでは、<MyImage />タグにfnameとsizeで表示するファイル名とイメージサイズを指定していますね。これらの属性を元に、Imageコンポーネントでイメージを表示していたわけです。

ここではJPEGイメージを表示しましたが、その他の静的ファイルの利用も、このように「そのファイルを利用するコンポーネント」をあらかじめ用意しておき、そのコンポーネントを組み込むことで利用する、というのがNext.jsらしい使い方でしょう。ちょっと面倒ですが、一度コンポーネントを定義してしまえば後はいくらでも使い回せるのです。後々、これらのコンポーネントを再利用できることを考えたなら、かえって開発は楽になるはずですよ。

Section 5-3 外部データを利用しよう

サーバーからデータを取得する

Webアプリでは、さまざまなデータを扱います。これらのデータは、Webページ内に変数などで持たせるのでなければ、どこからか入手しなければいけません。一般的には、サーバーにアクセスしてデータを受け取って利用する形になるでしょう。そのためには、Webページからサーバーにアクセスする方法を知っておく必要があります。

サーバーにアクセスする機能は、実はJavaScriptに標準で備わっています。一般に「Ajax」と呼ばれる機能ですね。Webサイトにデータファイルをアップロードしておき、それをAjaxで読み込んで表示する、といった処理はよく使われます。こうすれば、データファイルを更新するだけで表示内容も更新できますね。

fetch APIについて

このAjaxを利用する機能にはいくつかのものがあるのですが、一番使いやすいのは「Fetch API」というものを使った方法でしょう。これは、以下のような形で呼び出します。

```
fetch(《アクセスするURL》).then( res=> 受信後の処理 )
```

fetchがAjaxの関数です。引数には、アクセスするURLを指定します。これで指定したアドレスにアクセスを行います。ただし注意したいのは、これは「非同期の関数」である、という点です。

普通の関数は、「同期処理」と呼ばれるやり方をしています。両者は、処理の実行の仕方が全く違います。以下に簡単に整理しておきましょう。

●同期処理

同期処理は「1つ目を実行し、これが終わったら2つ目を実行し、それが終わったら3つ目を……」というように最初から1つずつ順番に実行していくやり方です。すべて「終わってから次に進む」ため、時間のかかる処理などがあるとしばらく反応が返ってこないこともあります。

●非同期処理

非同期処理は、処理を実行したら、(まだ実行の途中でも)すぐに次の処理に進むやり方です。そして実際の処理は、他の処理が進められている間、バックグラウンドで実行されます。処理が完了したら、あらかじめ用意しておいた別の処理を呼び出して後始末をします。待たずにすぐ次の処理に進めため、時間がかかる処理でも待つことがありません。

非同期処理は、待たずにすぐ次の処理にすすめるため、時間がかかる処理などにはうってつけです。ただし、処理はバックグラウンドで実行されるため、普通の関数のように「実行した結果を戻り値で受け取る」といったことはできません。あらかじめ事後処理の関数を用意しておき、そこで処理終了後に作業を用意してやる必要があります。普通の同期処理より面倒くさいのです。

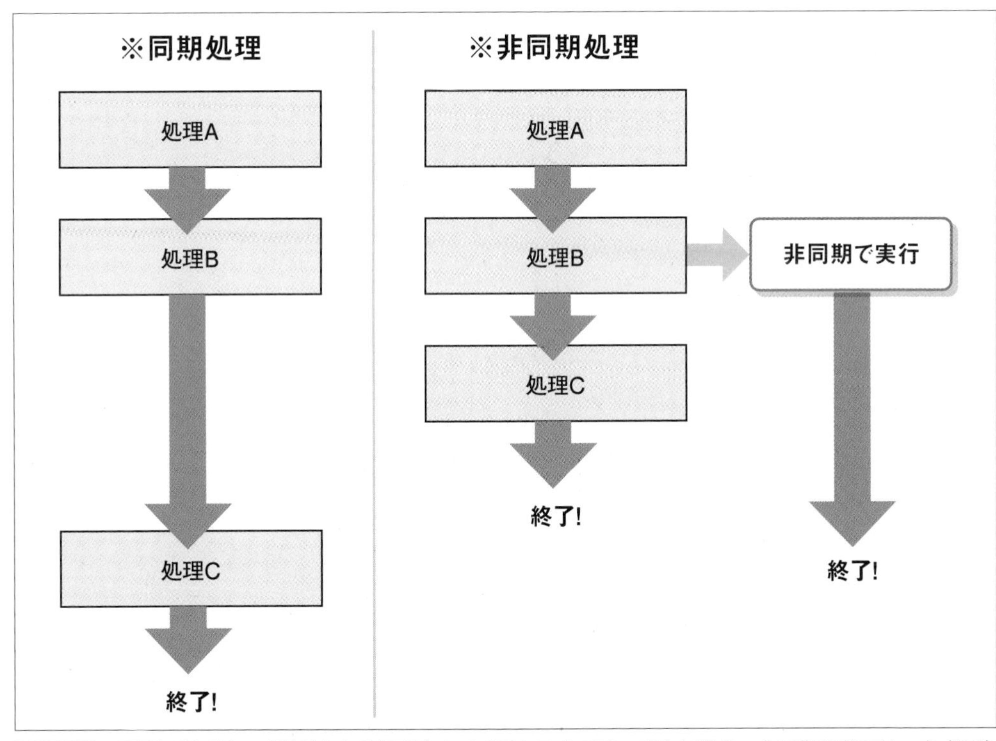

図5-14　同期処理では、時間がかかる処理もすべて終わるまで待って次に進む。非同期処理では、すぐに次の処理に進み、後はバックグラウンドで実行される。

JSONデータを用意しよう

では、実際にfetch APIを使ってサーバーからデータを取得し利用してみましょう。そのためには、まずサーバー側にデータを用意しないといけません。

ここでは、テキストファイルでJSONデータを用意しておくことにします。「public」フォルダの中に「data.json」という名前でファイルを作成しましょう。そして以下のように記述をしておきます。

リスト5-16
```
{
  "message": "This is sample JSON data.",
  "data": [
    {"name":"taro", "mail":"taro@yamada", "age":39},
    {"name":"hanako", "mail":"hanako@flower", "age":28},
    {"name":"sachiko", "mail":"sachiko@happy", "age":17}
  ]
}
```

ここでは、{"message": テキスト, "data": データの配列}という形のデータを用意しています。dataには、{"name":名前, "mail":メールアドレス, "age":年齢}という形式でデータをいくつか用意しました。JSONを利用すると、こんな具合に1つのオブジェクトにさまざまな形式のデータをまとめることができます。ただし、データを利用する際は、そのデータの構造がどうなっているかをよく理解して取り出さないといけません。

記述ができたら、Webブラウザからhttp://localhost:3000/data.jsonにアクセスしてみましょう。ちゃんとJSONデータが表示されればOKです。

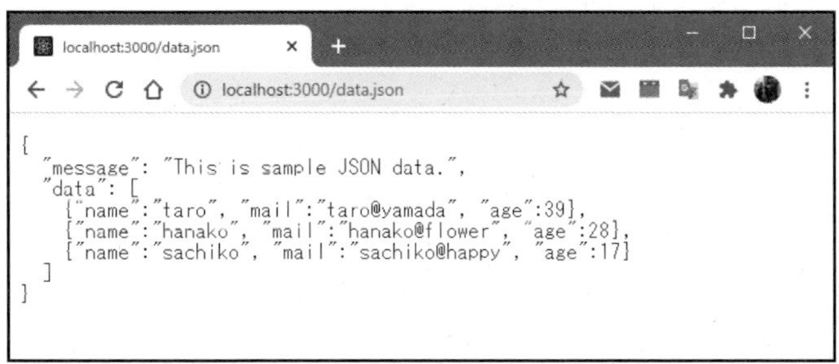

図5-15 /data.jsonにアクセスすると、作成したJSONデータが表示される。

fetch APIでJSONデータにアクセスする

では、用意したdata.jsonにアクセスしてデータを取得する処理を作ってみましょう。「pages」フォルダにあるindex.jsを開いて以下のように書き換えて下さい。

リスト5-17

```
import {useState} from 'react'
import Layout from '../components/layout'

export default function Home() {
  const url = './data.json'
  const [data, setData] = useState({message:'', data:[]})

  fetch(url)
    .then(res=> res.json())
    .then(res=> setData(res))

  return (
    <div>
      <Layout header="Next.js" title="Top page.">
      <div className="alert alert-primary text-center">
        <h5 className="mb-4">{data.message}</h5>
        <table className="table bg-white">
          <thead className="table-dark">
            <tr><th>Name</th><th>Mail</th><th>Age</th></tr>
          </thead>
          <tbody>
            {data.data.map((value, key)=> (
              <tr key={key}>
                <th>{value.name}</th>
                <td>{value.mail}</td>
                <td>{value.age}</td>
              </tr>
            ))}
          </tbody>
        </table>
      </div>
      </Layout>
    </div>
  )
}
```

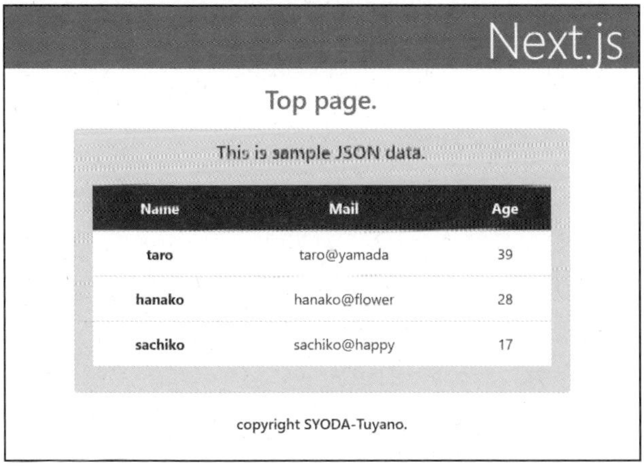

図5-16　data.jsonからデータを取得し、メッセージとテーブルを表示する。

ページにアクセスすると、data.jsonからデータを取得し、メッセージとテーブルを表示します。サーバーにあるファイルにアクセスして必要な情報を取り出していることが確認できますね。

fetch APIでJSONデータを扱う

では、どのようにfetch APIでJSONデータを取り出しているのか見てみましょう。ここでは、以下のように実行しています。

```
fetch(url)
  .then(res=> res.json())
  .then(res=> setData(res))
```

見ればわかるように、fetchを呼び出した後、更に「then」というメソッドを連続して呼び出しています。このthenメソッドは、fetchやthenが返す「Promise」というオブジェクトに用意されているものです。

Promiseは、非同期で実行するメソッドを呼び出したとき、「処理が終わった後の挙動を予約する」働きがあります。つまり、この返されたPromiseを使って「非同期処理が終わったら、これをやって！」という作業を設定しておけるのです。

これを行うのが「then」メソッドです。このthenの引数には関数を指定します。こうすることで、非同期処理が終わったら、引数に指定した関数を実行するようにできるのです。

問題は、「thenによって、アロー関数に用意される引数が違う」という点です。2つのthenを見てみましょう。いずれもこんな形になっているのがわかります。

```
then(res=> ○○)
```

見た目には同じですが、実はアロー関数で返される引数(ここではres)は、2つのthenで違うのです。整理すると以下のようになります。

●fetch(url)で返されるPromiseのアロー関数

これの引数は、「Response」というオブジェクトが渡されます。これはサーバーからクライアントに送られる情報を管理するためのものです。送られてきたデータもここから取り出せます。今回は、このResponseにある「json」というメソッドを使い、得られたデータをJSON形式のテキストとしてオブジェクトに変換したものを取得しています。

●then(res=> res.json())で返されるPromiseのアロー関数

このthenの中では、res.json()を実行していますが、このjsonも非同期で実行されるのです。then(res=> res.json())は、実行後、res.json()で返されるPromiseが返されるのですね。そのPromiseから、更にthenを呼び出しているのが2つ目のthenです。このアロー関数では、res.jsonで生成されたオブジェクトが返されます。ここでは、このオブジェクトをsetDataでステートに保管して利用していたのです。

取得したデータの利用

これで、サーバーにアクセスしてデータを取得し、dataステートに設定するまでできるようになりました。後は、dataステートを使って表示を作成するだけですね。

まず、メッセージの利用は簡単です。以下の部分ですね。

```
<h5 className="mb-4">{data.message}</h5>
```

{data.message}として、dataステートからmessageプロパティを取り出し表示しています。問題は、dataの表示です。これは<table>の中に<tr>タグの形でデータを出力しています。それを行っているのがこの部分です。

```
{data.data.map((value, key)=> (
  <tr key={key}>
    <th>{value.name}</th>
    <td>{value.mail}</td>
    <td>{value.age}</td>
  </tr>
))}
```

dataステートのdataプロパティにデータが配列としてまとめられています。この配列の「map」メソッドを使っていますね。mapは前にも登場しましたが、覚えていますか？ 配列の各要素をもとに新しい配列を作るものでしたね。

ここでは、(value, key)=> ○○という形のアロー関数を用意しています。これでvalueには取り出した値が、keyにはインデックス番号が渡されるようになります。そして関数内で、<tr>, <th>, <td>といったタグを使ってデータの表示を作成しているのですね。配列から取り出されたデータはvalueに渡されますから、そのデータ内にある各値は{value.name}というようにして得ることができます。

こんな具合に、JSONから得られたオブジェクトは、その構造に従って必要な値を取り出していけばいいのです。

SWRを利用する

このfetch APIを使ったやり方は、たしかに便利ではありますが、アクセスするタイミングなどを考える必要があります。ここではアクセス時にfetchしていますが、もし、その後の、data.jsonの値が更新されていた場合はどうなるでしょう。ページをリロードしないと新しいデータに更新されなくなってしまいます。

そこでNext.jsでは、「SWR」というパッケージを用意しました。これは、ネットワーク経由で値を取得するための独自フックです。useSWRという形で使い、普通のステートと同じ感覚で値を利用できます。

SWRで用意されるステートは、例えばWebブラウザのウインドウを選択してアクティブにしたときなどのタイミングでサーバーに再アクセスしデータを再度取得します。これにより、SWRのステートを使って表示を行っていれば、自動的に表示も更新されるようになります。

SWRのインストール

このSWRは、標準ではNext.jsプロジェクトにインストールされていません。利用の際には、パッケージをインストールする必要があります。

Visual Studio CodeのターミナルでCtrlキー+「C」キーを押して実行中のアプリケーションを終了して下さい。そして、以下のコマンドを実行しましょう。

```
npm install swr
```

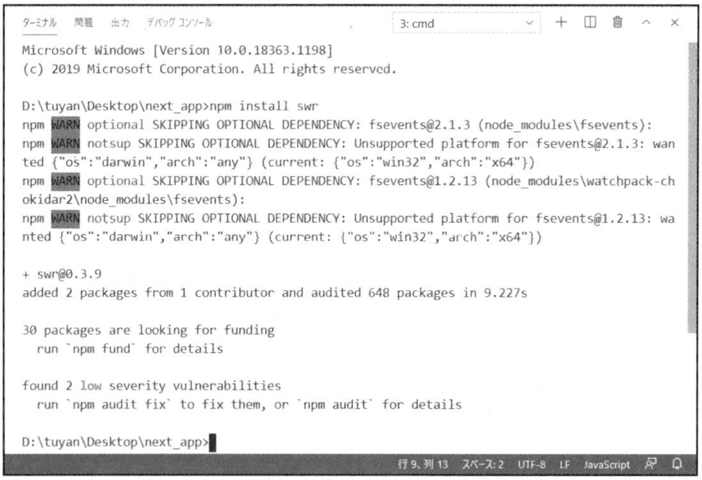

```
ターミナル  問題  出力  デバッグ コンソール                3: cmd
Microsoft Windows [Version 10.0.18363.1198]
(c) 2019 Microsoft Corporation. All rights reserved.

D:\tuyan\Desktop\next_app>npm install swr
npm WARN optional SKIPPING OPTIONAL DEPENDENCY: fsevents@2.1.3 (node_modules\fsevents):
npm WARN notsup SKIPPING OPTIONAL DEPENDENCY: Unsupported platform for fsevents@2.1.3: wan
ted {"os":"darwin","arch":"any"} (current: {"os":"win32","arch":"x64"})
npm WARN optional SKIPPING OPTIONAL DEPENDENCY: fsevents@1.2.13 (node_modules\watchpack-ch
okidar2\node_modules\fsevents):
npm WARN notsup SKIPPING OPTIONAL DEPENDENCY: Unsupported platform for fsevents@1.2.13: wa
nted {"os":"darwin","arch":"any"} (current: {"os":"win32","arch":"x64"})

+ swr@0.3.9
added 2 packages from 1 contributor and audited 648 packages in 9.227s

30 packages are looking for funding
  run `npm fund` for details

found 2 low severity vulnerabilities
  run `npm audit fix` to fix them, or `npm audit` for details

D:\tuyan\Desktop\next_app>
                                  行 9、列 13  スペース: 2  UTF-8  LF  JavaScript
```

図5-17　npm installでSWRをインストールする。

これで、SWRがプロジェクトにインストールされます。後は、importを使ってswrからuserSWR関数をロードすれば、フックとして使えるようになります。

useSWRでステートを用意する

では、data.jsonからSWRを利用してデータを取得し表示してみましょう。index.jsの内容を以下のように書き換えて下さい。

リスト5-18

```
import Layout from '../components/layout'
import useSWR from 'swr'

export default function Home() {
  const { data } = useSWR('/data.json')

  return (
    <div>
      <Layout header="Next.js" title="Top page.">
      <div className="alert alert-primary text-center">
        <h5 className="mb-4">
          {data != undefined ? data.message : 'error...' }
        </h5>
        <table className="table table-dark">
          <thead className="">
            <tr><th>Name</th><th>Mail</th><th>Age</th></tr>
```

```
        </thead>
        <tbody>
          {data != undefined ? data.data.map((value, key)=> (
            <tr key={key}>
              <th>{value.name}</th>
              <td>{value.mail}</td>
              <td>{value.age}</td>
            </tr>
          )) : <tr><th></th><td>no data.</td><td></td></tr>}
        </tbody>
      </table>
    </div>
    </Layout>
  </div>
  )
}
```

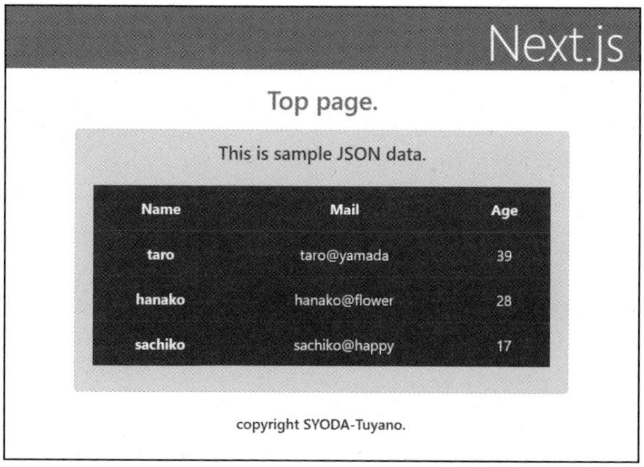
Next.js
Top page.
This is sample JSON data.
Name
Mail
Age
taro
taro@yamada
39
hanako
hanako@flower
28
sachiko
sachiko@happy
17
copyright SYODA-Tuyano.

図5-18 SWRを使ってdata.jsonのデータを表示する。

これでnpm run devでアプリを再度実行し、アクセスしてみましょう。先ほどと同じようにメッセージとデータが表示されます。

今回修正したスクリプトを見ると、import useSWR from 'swr'というようにしてuseSWRをインポートしています。そして以下のようにステートを用意しています。

```
const { data } = useSWR('/data.json')
```

引数には、アクセスするパスをテキストで指定してやるだけで、そのアドレスにアクセスし、得られた値をdataに代入します。これはステートですから、データが更新されればdataの表示もちゃんと更新されます。

SWRを利用することで、先ほどのスクリプトにはあったfetch文が消えているのに気がつくでしょう。ネットワークアクセスのための処理はなくなりました。必要なのは、useSWRによるステート作成の文だけです。ずいぶん簡単になりましたね！

また、今回はアクセスに失敗したときの表示も用意しておきました。例えば、useSWRの引数の値を存在しないパスに書き換えてみましょう。すると、メッセージには「error...」、テーブルには「no data.」と表示されるようになります。

ここでは、表示の際に三項演算子を使い、{data != undefined ? 表示内容 : エラー表示}という形で値を表示させています。

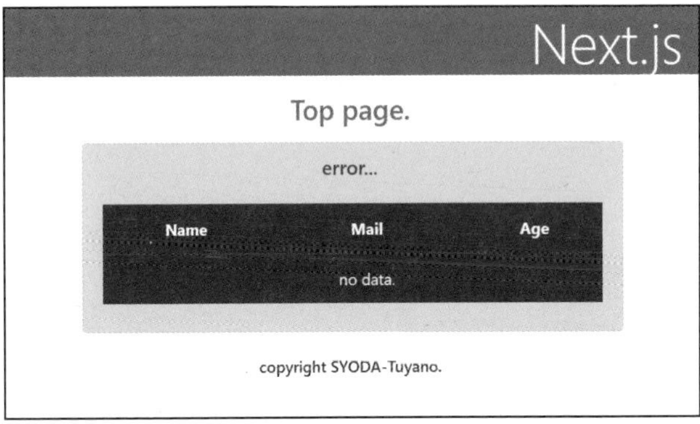

図5-19　データ取得に失敗するとこのように表示される。

テキストデータはエラーになる？

このSWRは、基本的に「JSONデータをネットワーク経由で取得する」という前提で作られています。では、JSON以外のデータの場合はどうなるのでしょうか。試してみましょう。

「public」フォルダの中に「data.txt」というファイルを作成しましょう。そしてそこにテキストを書き込んでおいて下さい(内容はどんなものでもかまいません)。

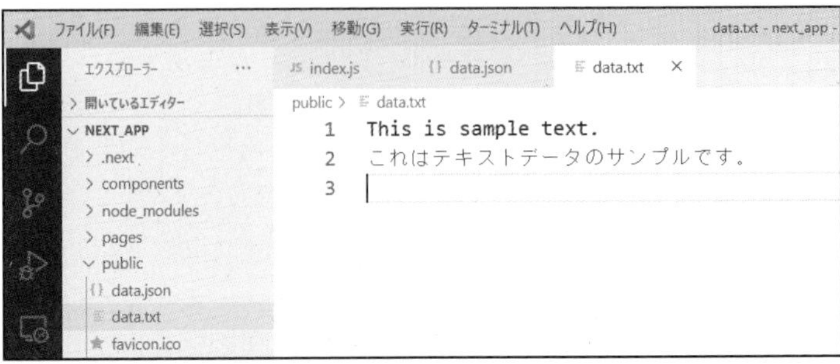

図5-20　data.txtにテキストを記入しておく。

このファイルを読み込むとどうなるか試してみましょう。先ほどのサンプルで、useSWRの文を以下のように修正します。

リスト5-19

```
const { data, err } = useSWR('/data.txt')
```

これでアクセスすると、エラーになってしまいます。アクセスして得られたデータがJSONのフォーマットになっていないため、値の取得に失敗したと判断されてしまうのです。

では、普通のテキストは取り出せないのか？ いいえ、ちゃんと取り出せますよ。実は、SWRでは、アクセスに使う関数を引数に指定することができるのです。

```
useSWR( パス , 関数 )
```

このように第2引数にアクセス用の関数を用意することで、JSON以外のフォーマットのデータを利用できるようになります。

data.txtのテキストを取得する

では、やってみましょう。先ほどのdata.txtのテキストデータを取得し表示するようにスクリプトを修正します。index.jsの内容を以下に修正して下さい。

リスト5-20

```
import Layout from '../components/layout'
import useSWR from 'swr'

export default function Home() {
  const func = (...args)=> fetch(...args).then(res => res.text())
  const { data, err } = useSWR('/data.txt', func)

  return (
    <div>
      <Layout header="Next.js" title="Top page.">
      <div className="alert alert-primary text-center">
        <h5 className="mb-4">
          { data }
        </h5>
      </div>
      </Layout>
    </div>
  )
}
```

図5-21 テキストデータを読めるようになった！

これでアクセスすると、data.txtに記述しておいたテキストがメッセージとして表示されるようになります。

ここでは、useSWRの部分を以下のような形で作成しています。

```
const func = (...args)=> fetch(...args).then(res => res.text())
const { data, err } = useSWR('/data.txt', func)
```

第2引数に指定する関数に、fetch(...args).then(res => res.text())というものを用意しています。ここでまたfetch関数が登場しました。then内では、res=> res.text()としていますね。このres.text()は、Responseから取得したデータをテキストのまま返します。これでdata.txtのテキストがuseSWRで得られるようになるのです。

このようにSWRは、関数を用意することでJSON以外のさまざまなフォーマットのデータにも対応できるようになります。

Web APIについて

SWRを使ってサーバーからデータが得られるようになってくると、今度は「どうやってデータを用意するか」を考える必要が出てくるでしょう。これまでのように、「ファイルにデータを書いて設置する」というやり方では、データの更新などが面倒ですし、状況に応じてダイナミックにデータを作成することもできません。

Webの世界では、「API」と呼ばれるサービスを用意するサイトが多数あります。これは、アクセスするとデータをJSONやXMLの形式で配信するサービスです。Next.jsにも、APIを簡単に作成できる機能が用意されています。

試しに、以下のアドレスにアクセスをしてみましょう。すると簡単なデータが表示されます。

```
http://localhost:3000/api/hello
```

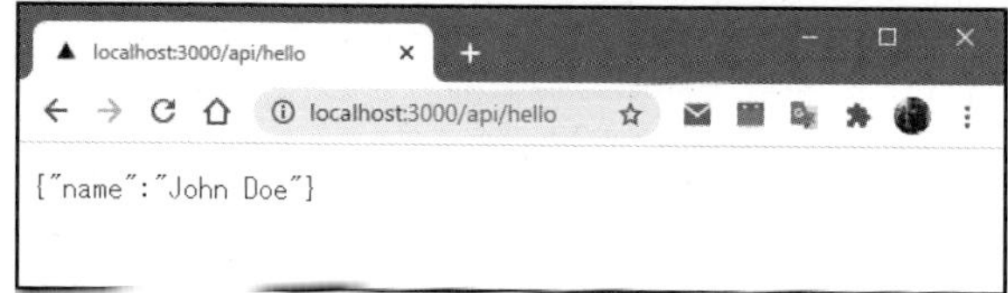

図5-22　/api/helloにアクセスすると、{"name":"John Doe"}とデータが表示される。

これが、Next.jsに用意されているAPI機能のサンプルです。Next.jsでは、/api/というところにアクセスすると、このようにJSON形式でデータを配信するAPIに接続されます。サンプルとして、helloというAPIが用意されていたのですね。

hello APIをチェックする

では、このhelloというAPIがどのように作られているか調べてみましょう。プロジェクトの「pages」フォルダを見ると、その中に「api」というフォルダが用意されていることがわかるでしょう。その中には、「hello.js」というスクリプトファイルが用意されています。これが、hello APIのスクリプトなのです。

これを開くと、以下のような内容が記述されているのがわかります。

リスト5-21

```
export default (req, res) => {
  res.statusCode = 200
  res.json({ name: 'John Doe' })
}
```

これが、APIサービスの基本コードです。APIも関数として作成をします。それをexport defaultでエクスポートすれば、APIのスクリプトが完成します。

RequestとResponse

export defaultでエクスポートされている関数を見てみましょう。ここでは以下のような形のものが用意されています。

```
(req, res)=> {……処理……}
```

引数に渡される2つのオブジェクトは、それぞれ「Request」と「Resonse」というものです。Requestは、クライアントからサーバーに送られる情報を管理するものです。Responseは、先に登場しましたね。サーバーからクライアントに送られる情報を管理するものでした。

この2つで、クライアントからサーバーにアクセスした際の情報と、サーバー側からクライアントへ送信する情報を管理します。それぞれ必要な情報を取り出したり設定したりする操作は、すべてこの2つのオブジェクトにあるプロパティやメソッドを呼び出して行えます。

ステータスコードとJSONデータの設定

ここでは、サンプルとして2つの分が実行されていますね。1つは、「ステータスコード」と呼ばれるものを設定します。

```
res.statusCode = 200
```

ステータスコードは、クライアントに送信する際のステータスを示すもので、Responseの「statusCode」プロパティに設定されています。200は、正常にアクセスできたことを示す番号です。何か問題が発生した場合は、発生した問題に応じてこのステータスコードの番号を変更します。

もう1つは、JSONデータを送信するためのものです。

```
res.json({ name: 'John Doe' })
```

Responseの「json」は、引数に指定したオブジェクトをJSONフォーマットのテキストとしてクライアントに送信します。これにより、必要な情報がクライアントに返されるのです。

データ用コンポーネントを用意する

では、APIを作っていきましょう。まず、APIで出力するデータをどうするか？ これから考えましょう。

本来ならば、データベースなどにアクセスして必要なデータを取り出せるような仕組みを用意するのがベストですが、現時点でまだデータベースなどの使い方はわかりません（次の6章で学ぶ予定です）。そこで、JSONデータを返すデータ用コンポーネントを用意しておき、これをページのコンポーネントから読み込んで利用することにします。

では、「components」フォルダの中に「data.js」という名前でファイルを作成して下さい。そして、以下のように記述をしましょう。

リスト5-22

```
export default [
  {"name":"taro", "mail":"taro@yamada", "age":39},
  {"name":"hanako", "mail":"hanako@flower", "age":28},
```

```
  {"name":"sachiko", "mail":"sachiko@happy", "age":17},
  {"name": "jiro", "mail": "jiro@change", "age": 6},
  {"name": "mami", "mail": "mami@mumemo", "age": 50},
]
```

ここでは、データをまとめた配列を返すだけのシンプルなものを用意しました。データはすべてname, mail, ageといった値で構成されています。ここから必要に応じてデータを取り出して利用することにしましょう。

hello APIにidパラメータを追加する

では、hello APIを修正して、データから特定のIDのものを取り出し表示するようにしてみましょう。「pages」フォルダ内の「api」フォルダ内にあるhello.jsを以下のように書き換えて下さい。

リスト5-23

```
import apidata from '../../components/data'

export default function handler(req, res) {
  let id = req.query.id
  if (id == undefined) { id = 0 }
  if (id >= apidata.length) { id = 0 }

  res.json(apidata[id])
}
```

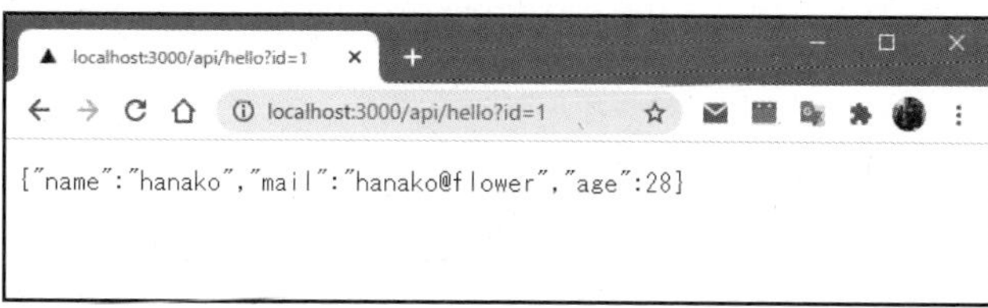

図5-23 http://localhost:3000/api/hello?id=番号にアクセスすると、指定したインデックス番号のデータが表示される。

修正したら、http://localhost:3000/api/hello?id=1とアクセスをしてみましょう。すると、インデックス番号1のデータが表示されます。?id=2とすれば2番のデータが、?id=3とすれば3番が表示されます。

ここでは、以下のようにしてクエリーパラメータの値を取り出しています。

```
let id = req.query.id
```

クエリーパラメータというのは、先ほどのアドレス末尾についている？以降の部分(?id=1の部分)です。アドレスの最後に？をつけ、？キー＝値&キー＝値……というようにキーと値をつけてアクセスすると、各キーに設定された値をアクセス先に渡すことができます。

このクエリーパラメータで渡された値は、Requestのqueryプロパティにまとめられます。idというキーの値ならば、req.query.idで取り出せるのです。

こうしてidの値を取り出したら、res.json(apidata[id])でapidataから指定の値を取り出し送信すれば、クエリーパラメータで指定した番号のデータが表示されるようになります。

hello APIをページから利用する

では、修正したhello APIを利用してデータを取得し表示させてみましょう。「pages」フォルダのindex.jsを以下のように書き換えて下さい。

リスト5-24

```
import {useState} from 'react'
import Layout from '../components/layout'
import useSWR from 'swr'

export default function Home() {
  const [ address, setAddress ] = useState('/api/hello')
  const { data, err } = useSWR(address)

  const onChange = (e)=> {
    setAddress('/api/hello?id=' + e.target.value)
  }

  return (
    <div>
      <Layout header="Next.js" title="Top page.">
      <div className="alert alert-primary text-center">
        <h5 className="mb-4">
          { JSON.stringify(data) }
        </h5>
        <input type="number" className="form-control"
          onChange={onChange} />
      </div>
      </Layout>
    </div>
```

```
  )
}
```

図5-24 入力フィールドで整数を入力すると、そのインデックス番号のデータが表示される。

ここでは、整数を入力するフィールドを1つ用意しておきました。このフィールドで取得したいデータのインデックス番号を指定すると、そのデータがメッセージとして表示されます。

ここでは、SWRを使ってhello APIからデータを取得しています。が、直接アドレスを指定するのではなく、以下のような形でステートを作成しています。

```
const [ address, setAddress ] = useState('/api/hello')
const { data, err } = useSWR(address)
```

まず、アクセスするアドレスを保管するaddressというステートを用意しておき、useSWRではこのaddressの値を引数に指定するようにしています。こうすることで、setAddressでアドレスを変更すれば、SWRによりそのアドレスからデータをdataステートに取り出せるようになります。

そして入力フィールドでは、OnChange属性に以下のような形で関数を設定しておきます。

```
const onChange = (e)=> {
  setAddress('/api/hello?id=' + e.target.value)
}
```

これで、'/api/hello?id=番号'という値がaddressに設定され、この更新されたaddressを使ってSWRはデータを取得するようになります。フィールドの番号を変更するたびに表示されるデータが更新されるようになるのです。

[id].jsでIdパラメータを処理する

これで必要なデータをAPIに渡せるようになりました。が、hello?id=1といったアクセスの仕方ははっきりいって少し「ダサい」ですね。もっとわかりやすいやり方として、例えば/hello/1とアクセスすれば1番のデータが表示される、というようなやり方のほうがずっとスマートです。

このようなやり方も、Next.jsでは可能です。それは、「[名前].js」という名前でスクリプトファイルを作成しておくのです。例えば「api」フォルダに[id].jsというファイルを用意すれば、/api/《番号》とアクセスすると番号の値がidパラメータとして取り出せるようになります。

「hello」フォルダ内に[id].jsを用意する

では、実際にやってみましょう。ここでは、/api/hello/《ID番号》という形でアクセスするようにしてみます。ということは、「api」フォルダ内に「hello」というフォルダを用意し、その中に[id].jsというファイルを用意して処理を行えばいいことになります。

では、「api」フォルダの中に「hello」フォルダを作成し、更にその中に[id].jsというファイルを作成しましょう。そして以下のようにスクリプトを記述しておきましょう。

リスト5-25

```
import apidata from '../../../components/data'

export default function handler(req, res) {
  const {
    query: {id}
  } = req

  res.json(apidata[id])
}
```

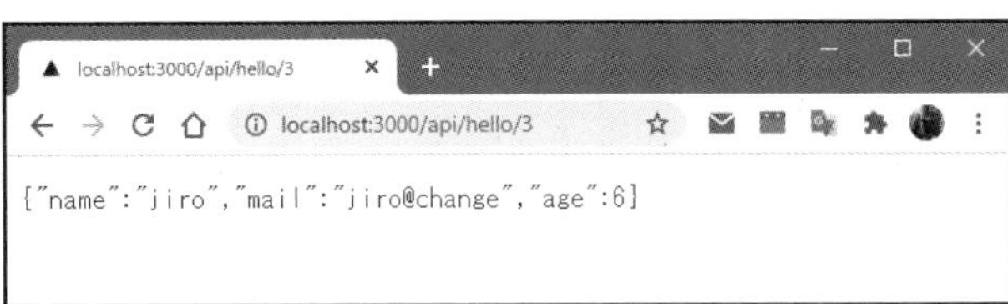

図5-25 /api/hello/3とアクセスするとインデックス番号3のデータが表示される。

修正したら、http://localhost:3000/api/hello/番号というアドレスにアクセスをしてみましょう。これで、指定したインデックス番号のデータが表示されるようになります。

ここでは、ちょっとおもしろいやり方でパラメータを取り出していますね。

```
const {
    query: {id}
  } = req
```

この部分です。これで、reqのqueryにある値をidに取り出しています。ちょっとわかりにくいでしょうが、これも分割代入の一種です。

```
id = req.query.id
```

↓

```
{query: {id}} = req
```

こんな具合になっています。reqのquery.idが{query: {id}}という形でidに代入されているのですね。よくわからなければ、req.query.idから値を取り出しても全然問題ありません。

index.jsを修正する

では、作成した[id].jsを利用するようにindex.jsを修正しましょう。入力フィールドのOnChangeに設定したonChange関数を以下のように書き換えて下さい。

リスト5-26

```
const onChange = (e)=> {
  setAddress('/api/hello/' + e.target.value)
}
```

これで、[id].jsにアクセスしてデータを取得するようになります。このほうがアクセスするアドレスもシンプルでわかりやすくなりますね！

複数パラメータの取得

[id].jsにより、/hello/番号といったアドレスからid番号を取り出すことはできるようになりました。では、複数のパラメータをアドレスで渡したい場合はどうするのでしょうか。例えば、/hello/番号/名前 のような形でアクセスして番号と名前を渡したい、といったことはよくあるでしょう。このような場合、「hello」フォルダ内にどうファイルを用意すればいいのでしょう。[id][name].jsとやってもこれはうまくいきません。

このような場合に用いられるのが、配列ファイル名です。これは、例えば[...名前].jsといった形で指定したファイル名のことです。[...名前]というように、[]の中に...を付け、その後にパラメータの名前を指定して記述します。

こうすることで、複数のパラメータが指定の名前の配列として得られるようになります。例えば、「hello」フォルダ内に配列ファイル名のファイルを用意すると、/hello/abc/xyz/123とアクセスしたなら、["abc", "xyz", "123"]というように/hello/以降のパスを配列の形にして取り出せるようになります。

[...params].jsを作成する

これも実際にやってみないと動作がよくわからないでしょう。では、「api」フォルダ内の「hello」フォルダの中に新しく[...params].jsという名前のファイルを作成して下さい。そして、以下のように内容を記述します。

リスト5-27

```
import apidata from '../../../components/data'

export default function handler(req, res) {
  const {
    query: {params: [id, item]}
  } = req

  const result = {id: id, item: apidata[id][item]}
  res.json(result)
}
```

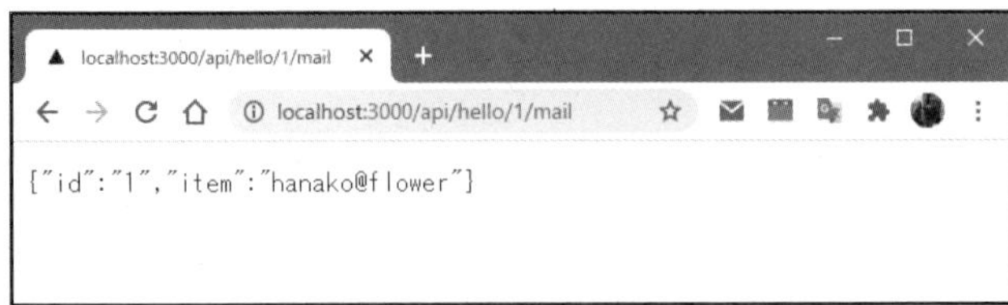

図5-26 /api/hello/1/mailとアクセスすると、インデックス1番のmailの値が取り出される。

修正したら、例としてhttp://localhost:3000/api/hello/1/mailというアドレスにアクセスをしてみて下さい。すると、{"id":"1","item":"hanako@flower"}といった値が表示されます。/1/mailというパラメータから、インデックス番号1のmailの値が取り出されていることがわかるでしょう。

ここでは、以下のようにしてパラメータの値を定数に取り出しています。

```
const {
  query: {params: [id, item]}
```

```
} = req
```

{query: {params: [id, item]}} と定数が用意されていますね。slugのスクリプトでは、Requestのqueryにparamsというプロパティが用意され、ここに渡されたパラメータすべてが配列として渡されます。[1, "mail"] といった具合ですね。これらが、上記のparams: [id, item] で指定した定数(idとitem)に取り出されるのです。

後は、得られたパラメータの値をもとに、{id: id, item: apidata[id][item]} という形で値を用意し、それを出力しています。これで、インデックス番号と指定の項目の値が返されるようになります。

ファイル名とqueryの値名は同じ！

重要なのは、「reqから代入されるquery内の項目は、ファイル名と同じものである必要がある」という点です。ここでは、[...params].jsという名前でファイルを作成しました。これにより、クエリーパラメータの部分はparamsという配列に渡されるようになります。これがquery内のparams: [id, item] でparams内からidとitemに値を取り出されているのです。

具体的な内部の働きまで理解する必要はありませんが、[...○○].jsというファイルでは、req内にquery: {○○: [……値……] } というように同じ名前の値としてパラメータが渡される、ということはよく頭に入れておきましょう。両者の名前が一致していないと、うまく値は受け取れないのですから。

[...params].jsを利用する

では、作成した[...params].jsを利用してみましょう。「pages」フォルダのindex.jsを以下のように書き換えて下さい。

リスト5-28

```
import {useState} from 'react'
import Layout from '../components/layout'
import useSWR from 'swr'

export default function Home() {
  const [pref, setPref] = useState({id:0, item:'name'})
  const [ address, setAddress ] = useState('/api/hello/'
      + pref.id + '/' + pref.item)
  const { data, err } = useSWR(address)

  const onChange = (e)=> {
```

```
    pref.id = e.target.value
    setPref(pref)
    setAddress('/api/hello/' + pref.id + '/' + pref.item)
  }
  const onSelect = (e)=> {
    pref.item = e.target.value
    setPref(pref)
    setAddress('/api/hello/' + pref.id + '/' + pref.item)
  }

  return (
    <div>
      <Layout header="Next.js" title="Top page.">
      <div className="alert alert-primary text-center">
        <h5 className="mb-4">
          {JSON.stringify(data) }
        </h5>
        <input type="number"
            className="form-control form-control-sm mb-2"
          onChange={onChange} />
        <select onChange={onSelect}
            className="form-control form-control-sm">
          <option value="name">Name</option>
          <option value="mail">Mail</option>
          <option value="age">Age</option>
        </select>
      </div>
      </Layout>
    </div>
  )
}
```

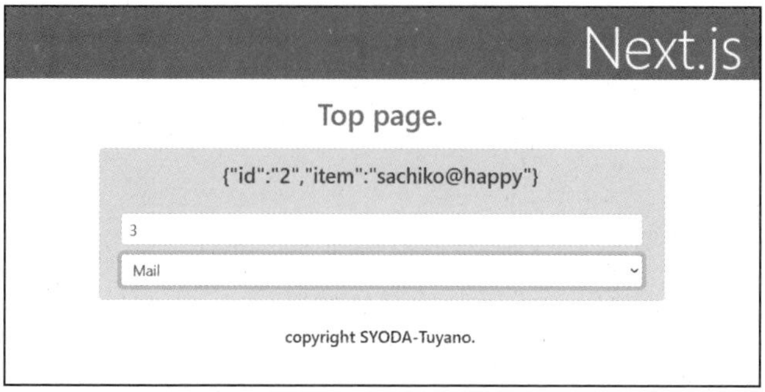

Next.js

Top page.

{"id":"2","item":"sachiko@happy"}

3

Mail

copyright SYODA-Tuyano.

図5-27 入力フィールドとプルダウンメニューでインデックス番号と項目名を指定すると、そのデータが表示される。

ここでは整数を入力するフィールドと、項目を選択するプルダウンメニューが用意されます。これらでインデックス番号と表示する項目を選ぶと、そのデータが表示されます。例えば番号を「1」、項目を「mail」にすると、{"id":"1","item":"hanako@flower"}という値が表示されます。

処理の流れを整理する

では、ここで行っている処理を見ていきましょう。まず、以下のように3つのステートを用意していますね。

```
const [pref, setPref] = useState({id:0, item:'name', ↲
  address:'/api/hello'})
const [ address, setAddress ] = useState('/api/hello/' + pref.id + ↲
  '/' + pref.item)
const { data, err } = useSWR(address)
```

パラメータとして送信するidとitemは、ひとまとめにしてprefステートに保管してあります。アクセスするアドレスはaddress、そしてSWRで取得するデータはdataというステートに保管しています。

そして、入力フィールドとプルダウンメニューそれぞれのonChangeに、onChangeとonSelectという関数を設定し、ここでステートの更新を行っています。

●入力フィールドの更新

```
const onChange = (e)=> {
  pref.id = e.target.value
  setPref(pref)
  setAddress('/api/hello/' + pref.id + '/' + pref.item)
}
```

●プルダウンメニューの更新

```
const onSelect = (e)=> {
  pref.item = e.target.value
  setPref(pref)
  setAddress('/api/hello/' + pref.id + '/' + pref.item)
}
```

それぞれ、e.target.valueで得た値をpref.idとpref.itemに設定し、それをsetPref(pref)で更新しています。アクセスするアドレスは別のステートに用意されているので、setAddressで変更します。これで、SWRが更新され、dataが最新のものに変わります。「SWRのアドレスに設定したステートを更新すれば、取得されるデータも更新される」という基本がわかれば、パラメータが増えても処理の仕方は同じことに気がつくでしょう。

これで、ネットワーク経由でサーバーから情報を取得しながら動くアプリの基本がだいぶわかってきました。データを他から得られるようになると、ぐっと汎用的なアプリが作れるようになりますね！

プログラマブル電卓を作ろう

計算履歴を記録する電卓アプリ

データを扱う方法をいろいろと覚えると、さまざまなアプリが作れるようになってきます。ここではサンプルとして、計算機のアプリを作ってみましょう。

といっても、ただ数字を入力して計算するだけでは面白くありません。ここでは「履歴付きプログラマブル電卓」を作ってみます。

この電卓は、入力フィールドと履歴からなります。数字キーや演算キーなどはありません。PCやスマホではキーから数字や演算記号を入力できますから、数字のボタンを用意しても使いにくいでしょう。

図5-28 完成した電卓アプリの画面。

この電卓の使い方は簡単です。入力フィールドに数式を記入し、Enterキーを押すとその実行結果が表示されます。入力フィールドの下には履歴の欄があり、計算を実行するとその結果が下に追加されていきます。

この履歴は、ローカルストレージに保管しているのでリロードしても消えたりしません。この履歴は、「Clear History」ボタンを押すとクリアされます。

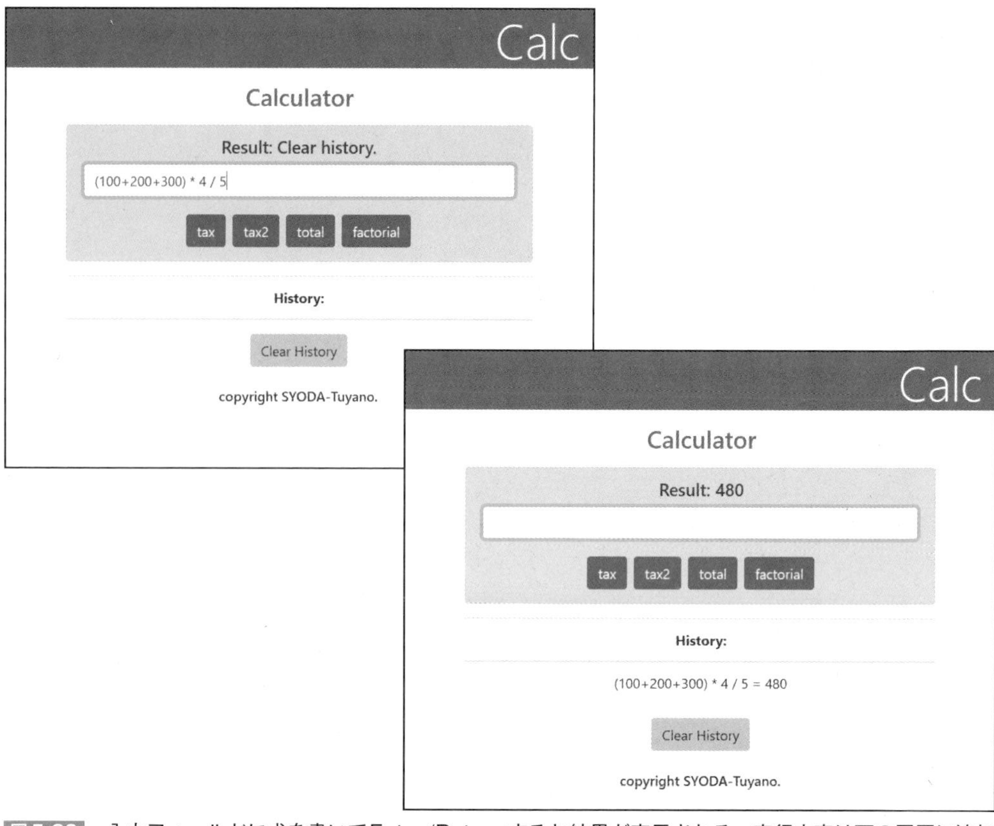

図5-29 入力フィールドに式を書いてEnter/Returnすると結果が表示される。実行内容は下の履歴に追加される。

入力フィールドの下にいくつかボタンが並んでいますが、これが「関数」ボタンです。それぞれのボタンには関数が定義されており、数値を入力してボタンを押すことで複雑な計算ができます。デフォルトでは以下のボタンが用意されます。

tax	数値の税込価格を計算します。例えば、「1000」と入力しボタンを押すと「1100」が表示されます。
tax2	軽減税率の税込価格を計算します。例えば、「1000」と入力しボタンを押すと「1080」と表示されます。
total	「total」はカンマで区切って記入した数字の合計を計算します。例えば、「100,200,300」と入力しボタンを押すと「600」が得られます。
factorial	ゼロから数値までの合計を計算します。例えば、「100」と入力してボタンを押すと、ゼロから100までの合計を計算します。

これらの関数ボタンは、自分で作ることができます。後述しますが、あらかじめJSON形

式で名前とキャプション、実行する処理をまとめた関数を用意しておくと、それをもとに自動的にボタンが追加され、使えるようになります。

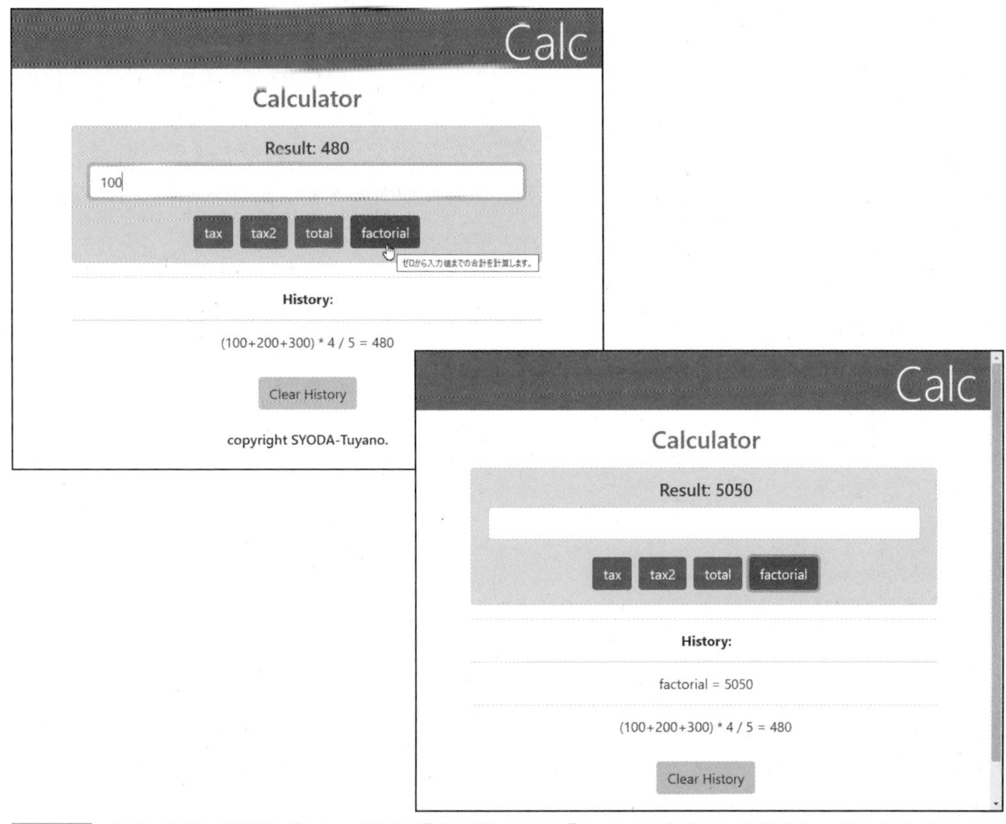

図5-30 下のボタンは関数ボタン。例えば「100」と記入し「factorial」ボタンを押すと、ゼロから100までの合計を計算する。

作成するスクリプトについて

では、アプリにはどのようなものを用意すればいいのでしょうか。今回は、以下の4つのファイルを用意することにします。

calcページ	実際に電卓を表示するページです。
Calcコンポーネント	calc電卓のコンポーネントです。これをcalcページに埋め込んで表示します。
funcモジュール	関数ボタンに関する情報をJSONにまとめたものを返します。
func API	funcコンポーネントからデータを読み込み、APIとして公開します。

今回のアプリでは、funcコンポーネントに関数のデータを用意し、これをfunc APIで公開するようにしてあります。電卓本体のCalcコンポーネントからfunc APIにアクセスして関数データを読み込み関数ボタンを追加するようにします。

この他、先の「react_app」プロジェクトで作成したPersist.jsも利用します。「react_app」フォルダの「src」内からPersist.jsのファイルをコピーし、「next_app」フォルダの「components」フォルダの中に入れておいて下さい。

Funcモジュールを作る

では、順に作成していきましょう。まずは、関数データを用意しておくFuncモジュールからです。これはモジュールですが、コンポーネントの部品のようなものですから、「components」フォルダに用意しておくことにしましょう。フォルダ内に「func.js」という名前でファイルを作成して下さい。そして以下のように記述しておきます。

リスト5-29

```
export default {
  'func': {
    'tax': {
      'caption': '入力した金額から消費税(10%)価格を計算します。',
      'function': '(...param)=> { return Math.floor(param[0] * 1.1) }'
    },
    'tax2': {
      'caption': '入力した金額から軽減税率(8%)による税込価格を計算します。',
      'function': '(...param)=> { return Math.floor(param[0] * 1.08) }'
    },
    'total': {
      'caption': '10,20,30...というようにカンマで区切った数字の合計を計算します。',
      'function': `(...param)=> {
        let re = 0
        for (let i in param) {
          re += param[i] * 1
        }
        return re
      }`
    },
    'factorial': {
      'caption': 'ゼロから入力値までの合計を計算します。',
      'function': `(...param)=> {
        let re = 0;
        for(let i = 0;i <= param[0];i++){
```

```
          re += i
        }
        return re
      }`
    },
  }
}
```

これは、export default {……}というようにオブジェクトをエクスポートしているだけのシンプルなスクリプトです。

funcのフォーマットについて

ここで作成している値は、以下のような形で関数のデータをオブジェクトにまとめています。

```
{ 'func': {……関数データ……} }
```

肝心なのは、funcに保管されている関数データの形式でしょう。これは以下のような形になっています。

```
'名前' : { 'caption': キャプション , 'function': 関数定義のテキスト }
```

関数の名前をキーにして、captionとfunctionという値を持つオブジェクトを用意しています。 captionは関数ボタンのツールチップに使います。functionに用意した関数がボタンクリックで実行される処理になります。

肝心なのは、「関数をどういう形で用意すればいいか」でしょう。これは、ざっと以下のような形になります。

```
(...param)=> { ……処理…… }
```

paramには、入力した値が配列の形で渡されます。そして{}の部分では、計算を実行後、returnで計算結果を返すようにします。これでreturnされた値が表示されるようになります。

この関数は、前後をクォートで括ってテキストとして用意して下さい。

func APIを作成する

用意したfuncモジュールは、そのままimportして使ってもいいのですが、外部から利用できるようにAPI化しておきましょう。「pages」フォルダ内の「api」フォルダの中に「func.js」というファイルを作成します。そして以下のように記述をしましょう。

リスト5-30

```
import func from '../../components/func'

export default function handler(req, res) {
  res.json(func)
}
```

ここでは「components」フォルダ内のfunc.jsを読み込んで得たオブジェクトをJSONフォーマットのテキストとして出力しています。実行しているのはres.json(func)の1文だけですから説明するまでもないでしょう。

Calcコンポーネントを作る

関数関係が用意できたところで、電卓本体部分となるCalcコンポーネントを作成しましょう。「components」フォルダ内に「Calc.js」という名前でファイルを作成して下さい。そして以下のリストを記述しましょう。

リスト5-31

```
import {useState, useEffect} from 'react'
import  usePersist  from './Persist'

export default function Calc(props) {
  const [message, setMessage] = useState('')
  const [input, setInput] = useState('')
  const [data, setData] = usePersist('calc-history', [])
  const [func, setFunc] = useState({func:{}})

  const fetchFunc = (address)=>
    fetch(address).then(res => res.json())

  useEffect(() => {
    fetchFunc('/api/func').then((r)=>{
      setFunc(r)
```

```
    })
  },[data])

  const onChange = (e)=> {
    setInput(e.target.value)
  }
  const onKeyPress = (e)=> {
    if (e.key == 'Enter') {
      doAction(e)
    }
  }

  // Enter時の処理
  const doAction = (e)=> {
    const res = eval(input)
    setMessage(res)
    data.unshift(input + ' = ' + res)
    setData(data)
    setInput('')
  }

  // 履歴のクリア
  const clear = (e)=> {
    setData([])
    setMessage('Clear history.')
  }

  // 関数ボタンの処理
  const doFunc = (e)=> {
    const arr = input.split(',')
    const fid = e.target.id
    const f = func.func[fid]
    const fe = eval(f.function)
    const res = fe(arr)
    setMessage(res)
    data.unshift(fid + ' = ' + res)
    setData(data)
    setInput('')
  }

  return (
    <div>
      <div className="alert alert-primary">
        <h5>Result: {message}</h5>
        <div className="form-group">
```

```
          <input type="text" value={input} className="form-control"
            onChange={onChange} onKeyPress={onKeyPress} />
        </div>
        {Object.entries(func.func).map((value,key)=>(
          <button className="btn btn-secondary m-1" key={key}
            title={value[1].caption} id={value[0]}
            onClick={doFunc} >{value[0]}</button>
        ))}
      </div>
      <table className="table">
        <thead><tr><th>History:</th></tr></thead>
        <tbody>
          {data.map((value,key)=> (
            <tr key={key}><td>{value}</td></tr>
          ))}
        </tbody>
      </table>
      <button onClick={clear} className="btn btn-warning">
        Clear History
      </button>
    </div>
  )
}
```

けっこう長くなりましたので、間違えないようによく確認しながら記述していきましょう。これでアプリは完成したも同然です。

calcページを作る

後は、このCalcを表示するページを用意するだけです。では「pages」フォルダ内に「calc.js」という名前でファイルを作成しましょう。そして以下を記述して下さい。

リスト5-32

```
import Layout from '../components/layout'
import Calc from '../components/Calc'

export default function Home() {
  return (
    <div>
      <Layout header="Calc" title="Calculator">
      <div className="text-center">
        <Calc />
```

```
      </div>
      </Layout>
    </div>
  )
}
```

見ればわかるように、コンテンツとして<Calc />を表示しているだけのシンプルなものです。特に処理は用意していませんから説明は不要でしょう。

これでアプリは完成です。実際にhttp://localhost:3000/calcにアクセスして動作を確認しましょう。

Calcコンポーネントの内容をチェック！

では、作成したCalcコンポーネントがどのようになっているのか、ざっと説明しましょう。まず、用意されているステート関係を確認しておきましょう。Calcでは、以下の4つのステートが用意されています。

```
const [message, setMessage] = useState('')
const [input, setInput] = useState('')
const [data, setData] = usePersist('calc-history', [])
const [func, setFunc] = useState({func:{}})
```

この内、dataステートだけはローカルストレージに保管するためPersistフックで作成しています。他のものはすべてステートフックで作られています。

ここで用意してあるステートは、以下のような内容を保管します。

message	メッセージのテキスト
input	入力フィールドの値
data	履歴データ
func	関数データ

これらのうち、関数データを保管するfuncだけはネットワーク経由で取得し設定します。これは、今回は副作用フックを使ってみました。

まず、アクセス用の関数をfetchFunc定数に用意しておきます。

```
const fetchFunc = (address)=>
```

```
fetch(address).then(res => res.json())
```

fetch関数で引数のアドレスにアクセスし、res.jsonでJSONデータをオブジェクトに変換する、シンプルな関数です。これを使って、副作用フックでデータをfuncステートに設定させます。

```
useEffect(() => {
  fetchFunc('/api/func').then((r)=>{
    setFunc(r)
  })
},[data])
```

useEffectの関数では、ffetchFuncでアクセスを行い、そこで得られるPromiseでsetFuncを呼び出してfuncの値を更新しています。useEffectの第2引数には[data]を指定し、dataが更新されたらuseEffcctが実行されるようにしてあります。これで、履歴が更新されるごとに関数も再チェックされるようになります。関数データを更新しても、次の入力から新しくなった関数データが使われるようになります。

計算の実行

入力フィールドでEnterキーを押して計算を実行させる処理は、doActionという関数として用意されています。これはdoActionという関数として用意されています。以下の部分ですね。

```
const doAction = (e)=> {
  const res = eval(input)
  setMessage(res)
  data.unshift(input + ' = ' + res)
  setData(data)
  setInput('')
}
```

ここでは、入力フィールドに書かれた値を式として実行し、その結果を得ています。これを行っているのは、実は最初の1文のみです。「eval」という関数は、引数に指定したテキストをJavaScriptのスクリプトとして実行するものです。これを利用して、入力したテキストを実行していたのですね。

後は、seMessageでメッセージを更新し、data.unshiftで履歴データの一番最初に現在実行した情報を追加し、setDataで履歴を更新し、setInputで入力フィールドをクリアします。いずれもステートの更新関係の処理だけで済んでいますね。

関数の実行

続いて、関数ボタンをクリックした際の処理です。これは「doFunc」という関数として定義してあります。以下のものですね。

```
const doFunc = (e)=> {
  const arr = input.split(',')
  const fid = e.target.id
  const f = func.func[fid]
  const fe = eval(f.function)
  const res = fe(arr)
  setMessage(res)
  data.unshift(fid + ' = ' + res)
  setData(data)
  setInput('')
}
```

まず、const arr = input.split(',')で入力したテキストをカンマで配列に分解しています。これで問題なければ、例えば"100,200,300"というテキストを ["100", "200", "300]という配列に分解するわけですね。

そして、ターゲットのidをfidに取り出し、funcからイベントが発生した(つまりクリックした)ボタンに対応する関数データをfunc.func[fid]で取り出してfに入れ、f.functionの値をevalで実行します。

```
const arr = input.split(',')
const fid = e.target.id
const f = func.func[fid]
const fe = eval(f.function)
```

これで、ボタンに対応する関数を実行し、実行結果をfeに代入する、といったことが行えるようになりました。

ボタンの表示について

実は、電卓に書いた処理を実行する作業はそれほど難しいわけではありません。意外と面倒なのが、JSXによる表示です。

ここでは、まず関数データをもとにボタンを生成しなければいけません。これは以下のように行っています。

```
{Object.entries(func.func).map((value,key)=>(
```

```
  <button className="btn btn-secondary m-1" key={key}
    title={value[1].caption} id={value[0]}
    onClick={doFunc} >{value[0]}</button>
))}
```

JSONで渡されるデータは、配列ではなくオブジェクトになっています。そのオブジェクトのfuncに関数データが保管されていますが、これも配列ではなく関数名をキーとする形でオブジェクトとしてまとめられています。

配列ならば、mapを使って項目を<button>に変換したりできるのですが、オブジェクトではmapは使えません。そこで、Object.entriesというものを使ってオブジェクトの各要素を配列として取り出し、そこからmapを呼び出しています。これは、整理するとこうなります。

```
Object.entries( オブジェクト ).map( 関数 )
```

Object.entriesは、オブジェクトを配列の形にして返します。「オブジェクトをどうやって配列にしているんだろう？」と思うでしょうが、以下のように変換するのです。

```
{a: x, b:y, c:z }
  ↓
[ [a, x], [b, y], [c, z] ]
```

わかりますか？ つまり、キーと値を[キー，値]という配列にしてまとめていたんですね。ここではfunc.funcにある関数データを配列化しています。これは、[関数名，関数データ]という形に変換されます。

```
{Object.entries(func.func).map((value,key)=>( …… )
```

このように実行すると、関数名はvalue[0]になり、関数データのオブジェクトはvalue[1]になります。関数データのオブジェクトにあるcaptionの値ならば、value[1].captionとして取り出すことになるのです。

履歴データのテーブル表示について

もう1つは、履歴データをもとにテーブルの<tr>として履歴を表示していく部分です。これは以下のように行っています。

```
<tbody>
  {data.map((value,key)=> (
    <tr key={key}><td>{value}</td></tr>
```

```
  ))}
</tbody>
```

こちらのほうがもう少しわかりやすいですね。履歴データのdataは配列ですので、そのままmapを呼び出して<tr>を生成できます。これで履歴の値をすべてテーブルの項目として表示できます。

この章のまとめ

というわけで、Next.jsによるアプリケーション作成の基本について一通り説明しました。ごく初歩的な部分を説明したところでおしまいになってしまいますが、とりあえず簡単なアプリを作れるぐらいにはなったことでしょう。

この章で取り上げたのは、Next.jsの基本機能に絞ったものですが、それでもかなり難しい内容だったかも知れません。が、覚えるべきこと、理解すべきことは決して多くはありません。すべて完璧に理解しようと思わず、「とりあえず、使うことだけできればOK」と割り切って考えましょう。

では、この章のポイントを整理しておきます。

Next.jsプロジェクトの基本構成を覚えよう

Next.jsプロジェクトの作り方、そしてファイルなどの構成をまずは頭に入れましょう。「pages」フォルダの中にJavaScriptファイルとして表示するページの内容を用意する、という基本はしっかりと理解しておくこと。またスタイルシートや公開されるリソースはそれぞれ「styles」「public」に入れておくなど、全体の構成を頭に入れておきましょう。

コンポーネントの使い方をマスターしよう

Next.jsでは、すべてがスクリプトです。表示するページも、exportでJSXを使って表示内容を作りますし、必要な機能はコンポーネントにして組み込むのが基本です。基本的なコンポーネントの作成と組み込みがきちんと行えるようになっておきましょう。

レイアウト作成の考え方は意外と重要

コンポーネントの応用として、レイアウトを作成しました。すべてのページで共通したページデザインを作成するのに必要なテクニックです。これは本格的なアプリを作ろうとすると意外に重要になります。今の段階で、その考え方、作る手順などをしっかり理解しておきましょう。

fetch APIは、できればぜひ！

ネットワーク経由で必要なデータを取得する場合、fetch APIを使うのが基本です。これはJavaScriptによるネットワークアクセスの基本となるものですので、もし余裕があるならばぜひ覚えておきたいところです。

SWRもありますが、これは環境によってうまく動いてくれない場合などもあったりします。fetchさえわかればこんなときもなんとかなります。SWRは、あくまで「おまけ」と考えておきましょう。

Chapter

6

FirebaseでReactをパワーアップ！

Webアプリに強力な機能を提供してくれるGoogleのサービス、それが「Firebase」です。ここではFirebaseを使い、「Firestore」というデータベースと「Authentication」というユーザー認証を使えるようになりましょう。そして、これらを利用して本格アプリづくりに挑戦しましょう！

Section 6-1 Firebaseでデータベース！

 Firebaseって何？ 

Chapter 1
Chapter 2
Chapter 3
Chapter 4
Chapter 5
Chapter 6
Addendum

既に皆さんは、ReactやNext.jsを使って簡単なアプリぐらいは作れるようになっているはずですね。では、「本格的なアプリを作ってみよう！」と思ったら、もう作れるんでしょうか。

おそらく、それはかなり難しいでしょう。それは、あなたの技術力がどうとかいう話ではありません。「本格アプリに必要な、とても重要な機能の使い方がまだ身についていない」からです。その機能とは、「データベース」です。

本格的なアプリを作ろうと思ったら、「データをどう管理するか」を考えないといけません。とりあえずfetch APIでAPIを利用してデータを取得する方法はわかりました。けれど、これはあくまで「あらかじめ用意したデータを取り出す」だけです。

例えば、本格的なオンラインショップを作ろうと思ったとき、その膨大な商品情報はどうすればいいんでしょう。JSONでアップロードしておく？ 在庫数も、1つ1つ売れるたびにJSONファイルを書き換える？ それはちょっと無茶でしょう。

Webアプリから膨大なデータから必要なものを検索し取り出して表示する。こうした処理に適したプログラムは、データベースしかありません。本格的なアプリを作ろうと思ったなら、データベースは避けては通れないのです。

サーバーレスのデータベースって？

が、ここで別の問題が発生します。データベースを利用するアプリというのは、通常、「サーバーにプログラムが設定されていて、そこでデータベース処理を行う」というのが基本なのです。が、Reactは、Webブラウザの中で動くものです。サーバーにプログラムなんてありません。なにしろブラウザの中だけのものですから。

Reactのように「ブラウザの中だけで動くプログラムでは、本格的なデータベースを利用することなどできない」というのがこれまでの考え方でした。データを検索したり、必要なデータをサーバーから取り出して表示したり、といったことは、すべてサーバー側に用意したプログラムを使って行うものだったのです。

ところが！ こうした常識を覆し、「サーバーレスでデータを扱える」というサービスが登場したのです。それが「Firebase（ファイアベース）」です。

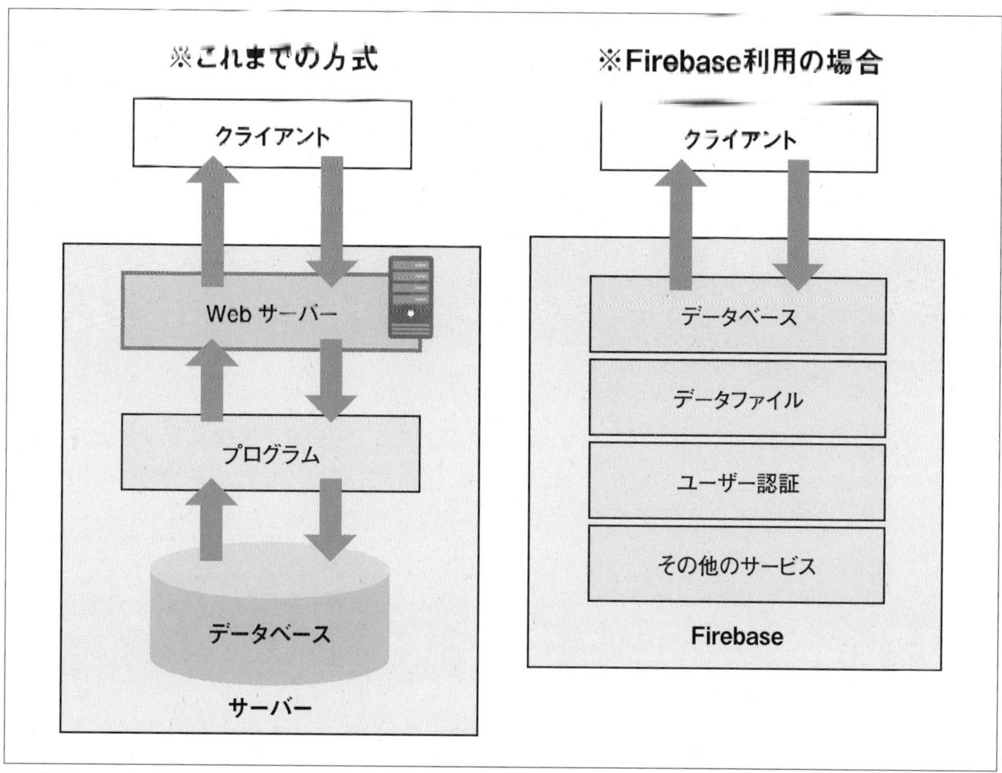

図6-1 普通のWebアプリでは、サーバー側に用意したプログラムを使ってデータベースにアクセスする。Firebaseでは、クライアントからFirebaseサービスにアクセスすれば、いつでもデータベースなどさまざまなサービスが使えるようになる。

Firebaseってどういうもの？

Firebaseは、Googleが提供するサービスです。Firebaseでは、クラウド環境にデータファイルやデータベースなどを設置し、インターネット経由でアクセスしてそれらを利用できるようにしています。サーバー側にプログラムなど用意する必要がないのです。

Firebaseは、Webサイトやスマートフォンなどで広く使われています。もちろん、Reactのようにクライアント側だけしか持たないWebアプリでも用いられます。

このFirebaseは、以下のアドレスで公開されています。

```
https://firebase.google.com
```

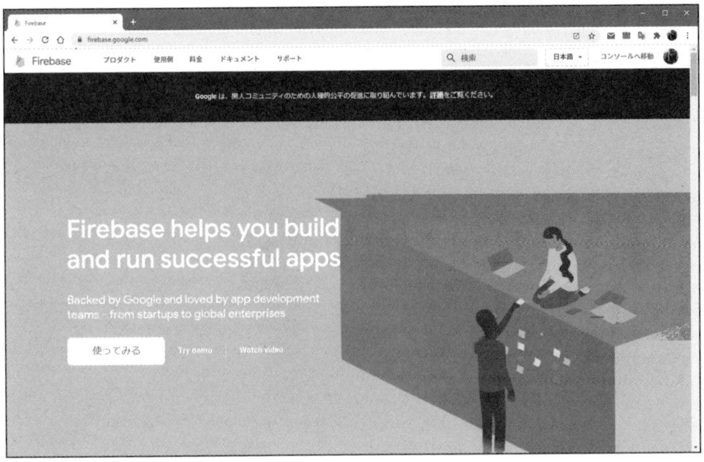

図6-2　Firebaseのサイト。

ここからGoogleアカウントでFirebaseに登録をし、利用できるようにします。GoogleアカウントでログインしたままFirebaseのサイトにアクセスすれば、自動的にFirebaseに登録され利用できるようになるので、面倒な手続きなどは不要です。

Firebaseプロジェクトを作る

Firebaseを利用するには、まず「プロジェクト」を作成する必要があります。といっても、Reactのアプリのようにパソコンの中に作るわけではありません。FirebaseのWebサイトに作成するのです。

Firebaseでは、Firebaseのサービス側にプロジェクトを作成し、その中にデータファイルやデータベースのデータなどを作っていきます。そしてアプリから利用する際には、使用するプロジェクトを指定してアクセスをするのです。プロジェクトは、各アカウントごとに複数作ることができます。

プロジェクトは、Firebaseのサイトから簡単に行なえます。Firebaseのサイト(https://firebase.google.com)にアクセスし、その右上にある「コンソールに移動」というリンクをクリックして下さい。「Firebaseにようこそ」と表示されたページに移動します。

このページは、「Firebaseコンソール」というもので、Firebaseのプロジェクトを管理するところです。

図6-3　Firebaseコンソールの画面。

プロジェクト作成の手順

では、プロジェクトを作成しましょう。画面に表示されている「プロジェクトを作成」ボタンをクリックして下さい。プロジェクトの設定ページに移動します。

（※なお、Webサイトは日々更新されていますから表示が変わる場合もあります。そうなっても、必要な設定などはほぼ同じはずですから、「この設定はどの役割に相当するものか？」を考えながら作業して下さい）

●1. プロジェクトの名前

まず「プロジェクトの名前」を入力します。ここに適当に名前を入力するのですが、これはユニーク（重複がないこと）な名前でなければいけません。既に使われている名前は使えないのです。本書では、例として「tuyano-react17」という名前でサンプルを作成し、これをベースに説明を行います。が、この名前はもう使えません（筆者が使ってしまったので）。それぞれで自分のプロジェクトの名前を考えて記入しましょう。絶対に他人とかぶらない名前を考えて下さい。

なお、G-SuiteやGoogle Workspaceを利用している場合には、下に「親リソースを選択」というボタンが表示されるでしょう。これをクリックし、利用するドメイン名を選択して下さい。これでプロジェクトが作成できるようになります。

図6-4　プロジェクト名を入力する。

●2. Googleアナリティクス

Googleが提供するアクセス解析サービスの設定です。これは、利用している人は設定をしてもいいのですが、特に使う必要はないので、ここではOFFにしておきましょう。下にある「このプロジェクトで Google アナリティクスを有効にする」をOFFにして下さい。設定項目がすべて消えます。

そのまま、下の「プロジェクトを作成」ボタンをクリックすればプロジェクトが作られます。作成には少し時間がかかるのでじっと待ちましょう。

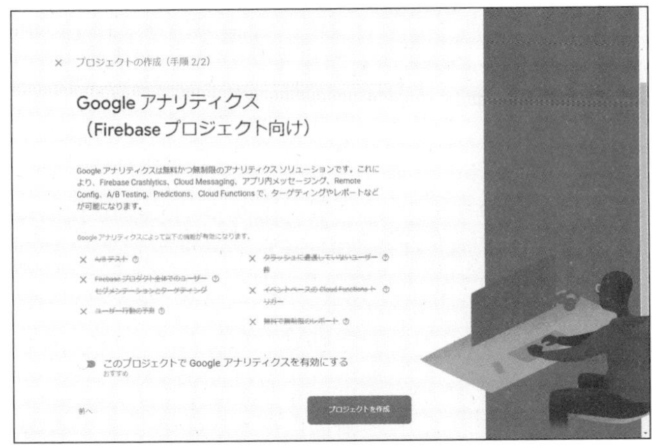

図6-5　GoogleアナリティクスをOFFにしてプロジェクトを作成する。

●3. 新しいプロジェクトの準備ができました

プロジェクトの作成処理が完了すると、「新しいプロジェクトの準備ができました」と表示が現れます。そのまま「続行」ボタンをクリックして下さい。これで新しいプロジェクトがスタートします。

図6-6　「続行」ボタンをクリックすれば作業完了だ。

「プロジェクトの概要」をチェック！

プロジェクトが作成されると、まず「概要」というページが表示されます。これがプロジェクトの基本画面といっていいでしょう。

左側の黒いエリアには、さまざまな項目がずらりと並べられています。これは、Firebaseに用意されているさまざまなサービスです。ここから使いたい項目をクリックすると、その設定内容が右側に表示されるようになっています。一番上に「プロジェクトの概要」という項目が見えますね？ これが、現在開かれている概要のページです。

先ほど、Firebaseを「データベースが使えるサービス」として紹介しましたが、実はFirebaseにはデータベース以外にもたくさんの機能が用意されているのです。それらをここで選んで設定できます。

図6-7　プロジェクトの概要ページ。左側にFirebaseに用意されている各種サービスの項目が表示される。

「Web」アプリを追加する

Firebaseのサービスを利用するためには、まずプロジェクトに「アプリ」を追加する必要があります。私たちがどういうプログラムの中でFirebaseを利用していくのか、その利用形態を設定していくのです。

アプリには、「Android」「iOS」「Web」といったものがあります(この他に「Unity」というのも用意されています)。使用するアプリの種類を選んでプロジェクトに追加していきます。

では、「Web」アプリを追加しましょう。現在、開いている概要ページで、「アプリにFirebaseを追加して利用を開始しましょう」という表示の下に丸いアイコンがいくつか並んでいるのが見えますね？ この中の「</>」というアイコンが、Webアプリのアイコンです。これをクリックして下さい。

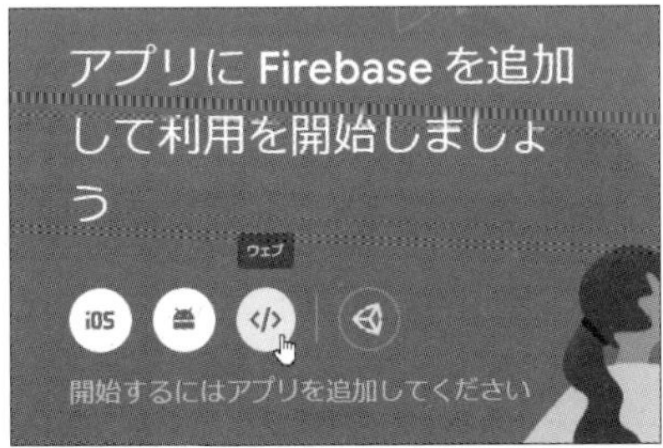

図6-8 「</>」というアイコンをクリックする。

ウェブアプリにFirebaseを追加

画面に「ウェブアプリにFirebaseを追加」という表示が現れます。まず、アプリの名前を設定します。ここでは「react_app」としておきました。なお、その下に「このアプリのFirebase Hostingも設定します」とチェックがありますが、これはOFFのままでかまいません。

入力したら「アプリを登録」ボタンをクリックします。

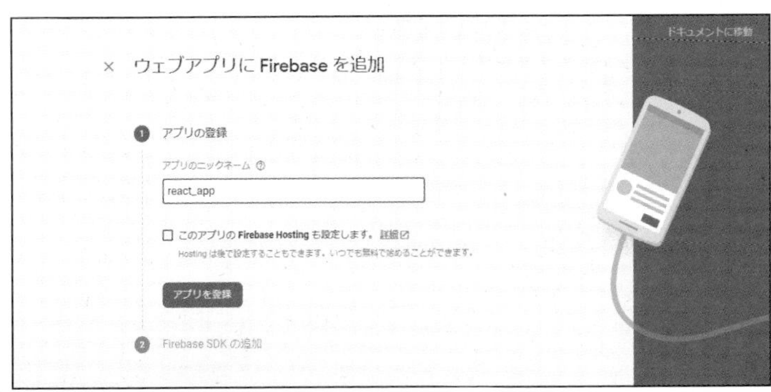

図6-9 アプリの名前を入力する。

Firebase SDKの追加

その下に、ずらっとスクリプトが表示されます。この部分を選択し、コピーして下さい。そして他のどこかに保管しておきましょう。これは、Firebase SDKを利用するためのコードです。アプリごとにAPIキーが割り当てられるため、他人のコードを流用したりはできません。必ず自分が作成したアプリのコードを使う必要があります。忘れずにバックアップしておきましょう。

バックアップできたら、「コンソールに進む」ボタンで元の画面に戻りましょう。

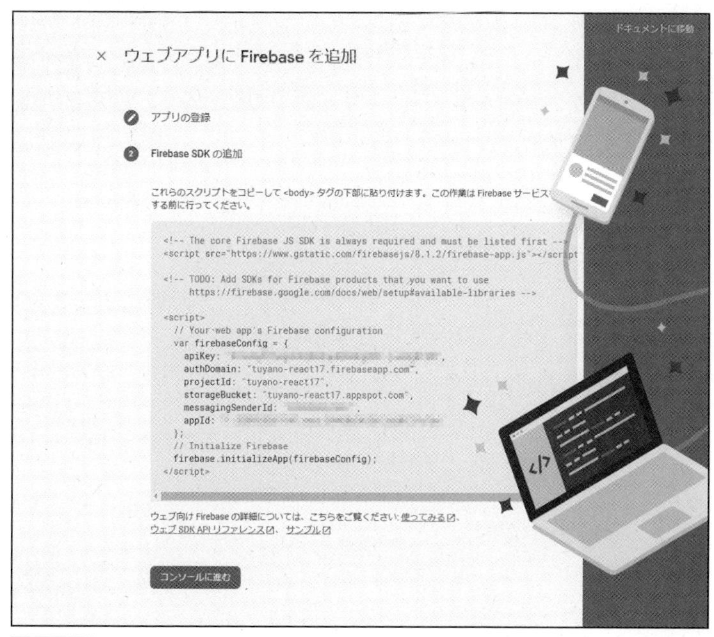

図6-10 Firebase SDKのコードをコピーし保管する。

 Firebase SDKのコードはどこに？ 

このFirebase SDKのコードは、Firebaseを利用する際に必ず必要となる重要なものです。中には、「あれ？ コピーしておくの忘れて閉じちゃった！」なんて人もいるでしょうし、うっかりコピーしておいたはずのものを消してしまった、なんてこともあるでしょう。そこで、このこのコードの入手の仕方を説明しておきましょう。

左側のリスト表示から、「プロジェクトの概要」の右側にある歯車アイコンをクリックして下さい。するとメニューがポップアップします。ここから「プロジェクトを設定」を選んで下さい。

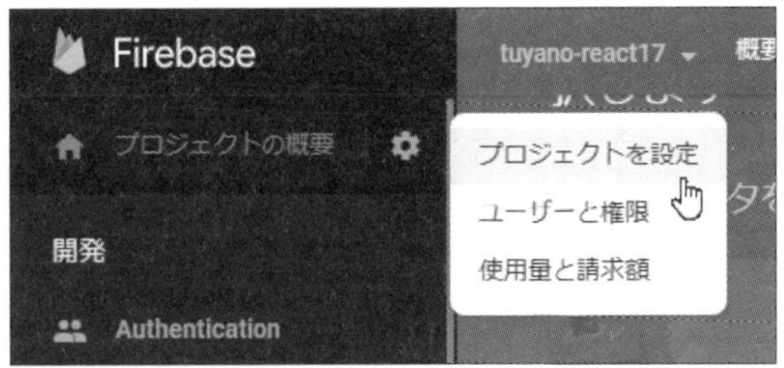

図6-11　歯車アイコンをクリックし、「プロジェクトを設定」を選ぶ。

プロジェクトの設定

これで、「設定」という表示が現れます。ここに、プロジェクトに関する情報が全てまとめて表示されます。この画面を下にスクロールすると、「マイアプリ」というところに、先ほど追加したウェブアプリの設定情報が表示されます。

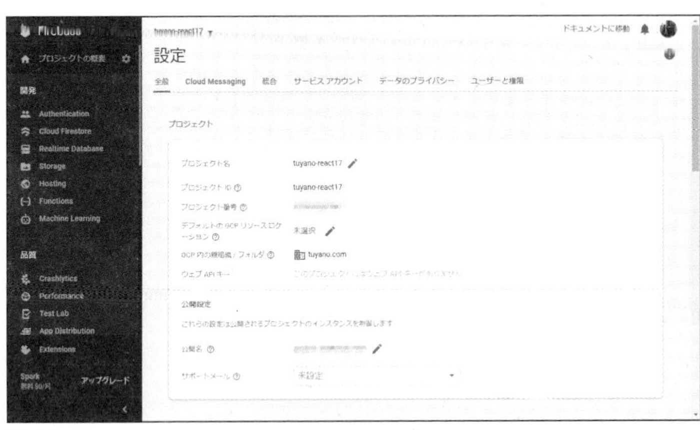

図6-12　プロジェクトの設定が表示される。

Chapter 1
Chapter 2
Chapter 3
Chapter 4
Chapter 5
Chapter 6
Addendum

CDNと構成の違い

このマイアプリのところに表示されるコードを見ると、その上に「CDN」「構成」というラジオボタンが表示されていることに気がつくでしょう。デフォルトで表示されているのは「CDN」のコードだったのです。これを「構成」に切り替えると、コードの内容が変わります。

これらのコードの違いは、以下のようになります。

CDN	これは、Content Delivery Networkを利用してFirbaseを使うためのものです。HTMLの<head>内にペーストして使います。
構成	これは、npmでFirebase SDKのパッケージをインストールして利用するためのものです。JavaScriptのスクリプト内からFirebaseを呼び出す際に使います。

つまり、Firebase SDKは、CDNを利用する方法と、npmでパッケージをインストールする方法の2通りの使い方が用意されているわけですね。どちらの方法を取るかによって使用するコードも若干違うため、このように2つのコードが用意されているのです。

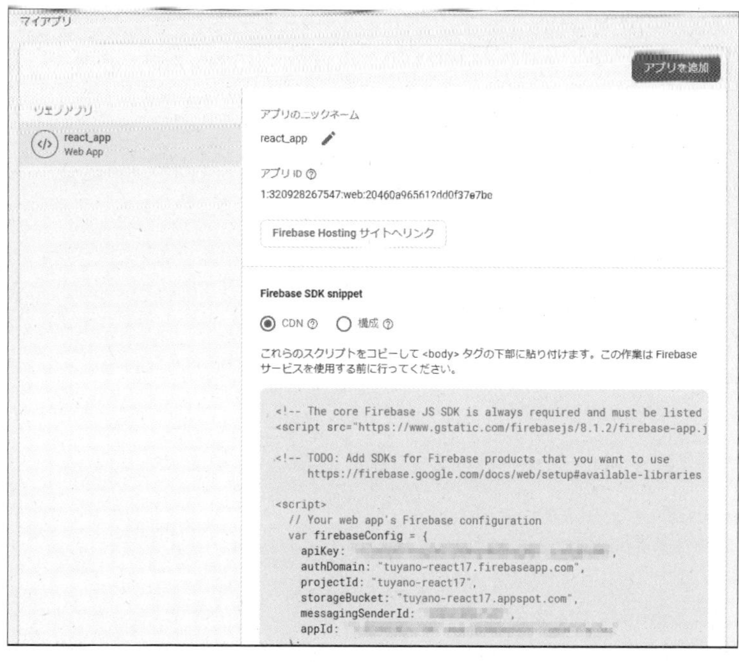

図6-13 CDNと構成で掲載コードは違うものになる。

 Firebase SDKのコードについて 

では、ここに掲載される設定情報はどのようなものなのでしょうか。CDNのコードを見てみましょう。これはJavaScriptのタグとスクリプトが記述されています。だいたい以下のような内容になっていることでしょう（なおコメントは省略しています）。

リスト6-1

```
<script src="https://www.gstatic.com/firebasejs/8.1.2/firebase-app.js">
  </script>

<script>
  var firebaseConfig = {
    apiKey: "……APIキー……",
    authDomain: "プロジェクト名.firebaseapp.com",
    databaseURL: "データベースのURL",
    projectId: "プロジェクト名",
    storageBucket: "プロジェクト名.appspot.com",
    messagingSenderId: "……メッセージ用ID……",
    appId: "……アプリケーションID……"
  };
  firebase.initializeApp(firebaseConfig);
</script>
```

もう1つの「構成」のスクリプトは、実をいえばこの<script>タグ内にあるfirebaseConfig変数を定義するスクリプト部分だけを取り出しています。つまり<script>タグの部分がないだけで、内容は大体同じなんですね。

見ればわかるように、このfirebaseConfigという変数で、利用するFirebaseプロジェクトを認識するようになっています（CDNの場合は、その後にFirebaseのオブジェクトを初期化する文も追加されています）。この設定情報こそが、Firebaseを利用する上で欠かせないものなのです。

これらは、単にデータベースを利用するだけならば不要な項目もあるのですが、基本的に「すべて一式そのまま使う」と考えて下さい。必要に応じて項目を取捨選択する必要はまったくありません。

Firestoreデータベースを使おう

Cloud FirestoreとRealtime Database

では、Firebaseを使っていきましょう。まずは、Firebaseのもっとも中心的な機能である「データベース」から利用していくことにしましょう。

データベースを利用するとき、注意しておきたいのが「データベースの種類」です。Firebaseには現在、2つのデータベースが用意されています。

Realtime Database	以前から用意されている基本のデータベースです。クライアント(Webブラウザなど)とのリアルタイムな同期ができます。レイテンシ(クライアントとサーバー間のやり取りの遅延時間)が低いのが特徴です。
Cloud Firestore	新しく追加されたデータベースです。Realtime Databaseを更に拡張したもので、高速なアクセスとスケーリング(アクセスの急増急減などへの対応能力)が特徴です。

Realtime Databaseは、使い方が簡単です。また利用も、特定のURLにアクセスするだけでデータの取得や更新などが行えるなど、非常にわかりやすい作りになっています。ただし、データベースは1つしかなく、その中にこまごまとデータを詰め込まないといけません。そのデータベースが破損したりすると、そこにあるすべてがダメになってしまいます。

Cloud Firestoreは、URLでデータベースにアクセスしたりはできなくなっていますが、その代りパワーアップされています。またデータベースは基本的にいくつも用意でき、それぞれ完全に独立しているため、あるデータベースが破損したりしても他には影響を与えません。

Realtime Databaseは、URLを指定してアクセスするだけでデータベースを操作できるので、API的に使うことはよくあります。が、データベースとして使う場合は、新しいCloud Firestoreのほうがより強力でしょう。

というわけで、ここでは「Cloud Firestore」(以後、Firestoreと略)を利用することにします。

データベースを作ろう

では、データベースを作成してみましょう。左側のリストから「Cloud Firesotre」をクリックして下さい。データベース関連の操作画面に切り替わります。この画面に表示されている「データベースの作成」というボタンをクリックして下さい。

図6-14　「Cloud Firestore」をクリックして選択し、現れた画面にある「データベースの作成」ボタンをクリックする。

セキュリティルールの設定

画面に「Cloud Firestoreのセキュリティ保護ルール」というダイアログが現れます。これは、アクセス制限に関する設定を行うものです。以下の2つのラジオボタンが表示されています。

本番環境モードで開始する	保護された状態でスタートするためのものです。特定のアプリケーションでのみ利用ができます。
テストモードで開始する	公開モードです。どこからでも自由にアクセスできます。

今回は、デフォルトで選択されている「本番環境モードで開始する」にしておきましょう。そして「次へ」ボタンをクリックして下さい。なお、セキュリティルールは後ほど環境に合わせて書き換える予定なので、どちらを選んでも問題はありません。

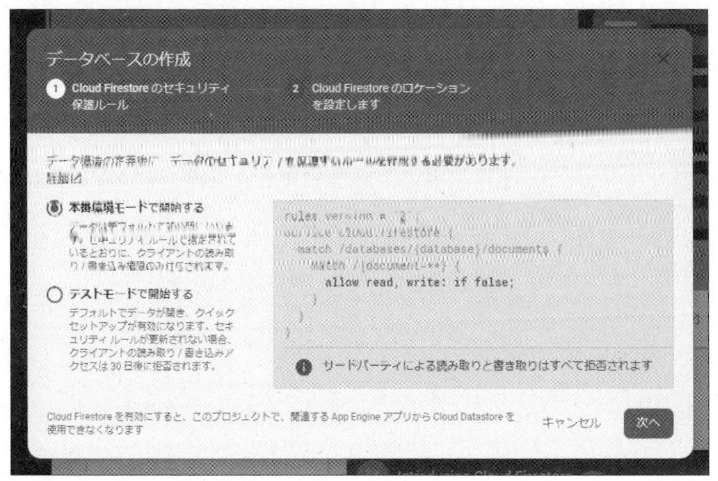

図6-15　本番環境モードを選んで次に進む。

リージョンの設定

Firestoreのデータベースを置くリージョンの設定を行います。これは、わかりやすくいえば「どの地域にデータを保管するか」です。Firebaseのデータ類は、世界各地にあるデータセンターのどこかに配置されます。ここでは「asia-northeast1」を選ぶことにしましょう。これは東京のリージョンで、日本で開発をするならこれを選んでおけばいいでしょう。

これをポップアップメニューから選択し、「有効にする」ボタンを押せばデータベースが有効になります。

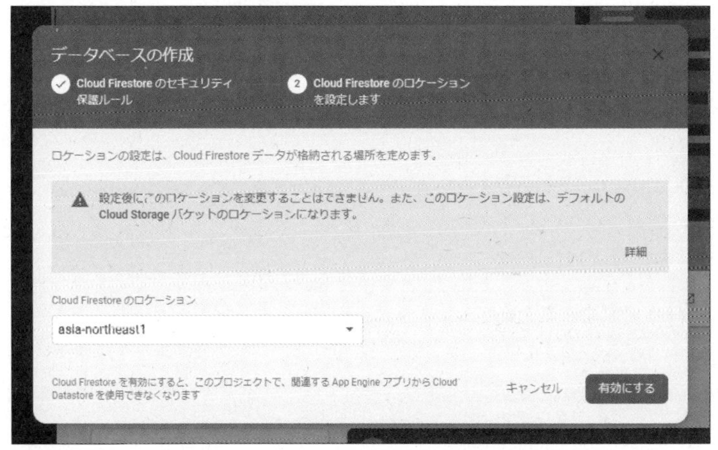

図6-16　asia-northeast1リージョンを選んで有効にする。

Firestore画面について

Firestoreの画面に戻ります。上に「データ」「ルール」「インデックス」「使用状況」といったリンクが表示され、デフォルトでは「データ」が選択されています。まずは、この画面の働きを簡単にまとめておきましょう。

データ	データベースのデータを作成していく画面です。これが基本画面となります。
ルール	先に設定したセキュリティルールの設定を行うものです。
インデックス	より高度な検索を行うために必要な「インデックス」というものを管理するためのものです。
使用状況	Firestoreの利用状況を確認します。

とりあえず、最初に行うのは「データ」によるデータベースの作成作業ですね。そして、実際にデータベースをアプリから利用するようになったら「ルール」でセキュリティルールを設定する必要があるでしょう。

図6-17　Firestore画面に戻る。ここからデータベースを作成する。

Firestoreのデータ構造

データを構築していくためには、Firestoreがどういう構造のデータになっているかを理解する必要があります。

Firestoreは「コレクション」「ドキュメント」「フィールド」という3つの要素の組み合わせ

でデータが作られています。この3つの役割を簡単にまとめましょう。

コレクション	データを格納する土台となるものです。Firestoreでは、複数のコレクションを用意できます。このコレクションの中にドキュメントとしてデータを追加していきます。
ドキュメント	コレクションに保管されるデータの1セットとなるものです。ランダムなキーが割り当てられ、その中にドキュメントで保管すべき情報を組み込んでいきます。
フィールド	値を保管するものです。ドキュメントの中に追加され、キーと値がセットになって用意されます。

データを保管するためには、まずコレクションを用意する必要があります。そしてその中にドキュメントを作成し、そこにフィールドで値を保管していきます。これを繰り返し、必要なだけドキュメントをコレクションの中に作成していきます。

コレクションの階層化

ここで覚えておいてほしいのは、「ドキュメントに保管できるのはフィールドだけではない」という点です。実はドキュメントの中には、更にコレクションを保管することもできます。その中にまたドキュメントを用意し、フィールドに値を保管する。つまり「コレクション→ドキュメント→コレクション→ドキュメント……」と階層的にデータを組み込んでいけるのですね。

まぁ、今すぐこうした階層的なデータを構築するわけではないので、「基本は、コレクション→ドキュメント→フィールド」ということだけしっかり理解していれば今は大丈夫です。ただ、「ドキュメントにはコレクションも追加できるんだ」ということは知識として知っておきたいですね。

データを作成しよう

では、実際にデータを作っていくことにしましょう。まず最初に、コレクションを作成する必要がありました。

では、「データ」を選択して現れる表示に見える「コレクションを開始」というリンクをクリックして下さい。そして現れたパネルにある「コレクションID」に、「mydata」と記入をして次に進みます。

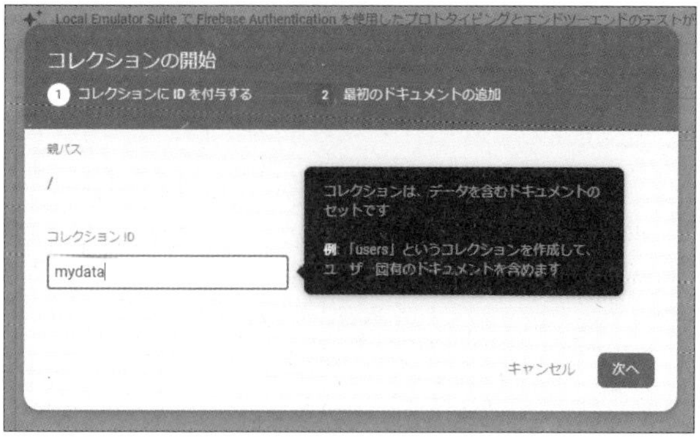

図6-18　コレクションを作成する。「mydata」と名前をつけておく。

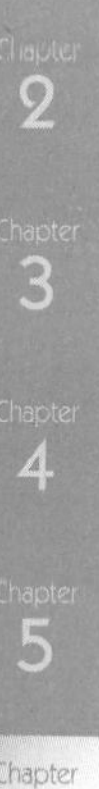

ドキュメントの作成

このmydataコレクションに、最初のドキュメントを作成します。「ドキュメントID」というところにIDを設定します。まずは「1」と入力しておきましょう。このIDは数字でなくてテキストでもいいのですが、わかりやすいように1から順番に番号を割り振ることにします。

その下の「フィールド」「タイプ」「値」は、このドキュメントに用意するフィールドを設定するものです。以下のように記入して下さい。

フィールド	name
タイプ	string
値	taro

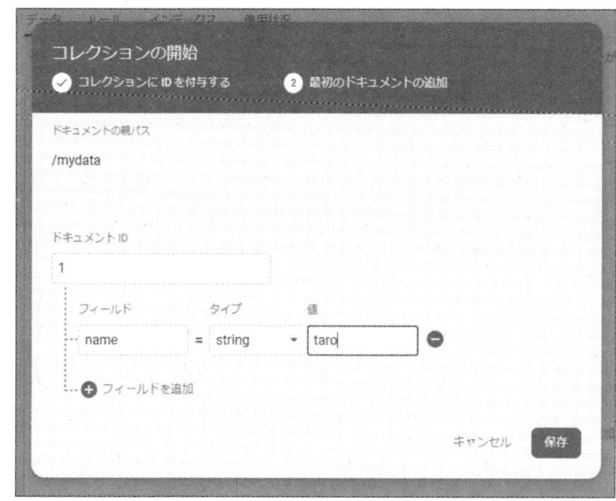

図6-19　ドキュメントIDと、フィールドの内容を記入する。

下に「フィールドを追加」というリンクが表示されるので、これをクリックします。これで2つ目のフィールドが用意されます。これを記入すると3つ目のフィールドが……という具合に、フィールドを記入すると次のフィールドが追加できるようになります。

ここでは、以下の2つのフィールドを追加し、全部で3つのフィールドを用意します。これらすべてを設定したら、「保存」ボタンで保存しましょう。

◎2つ目のフィールド

フィールド	mail
タイプ	string
値	taro@yamada

◎3つ目のフィールド

フィールド	age
タイプ	number
値	39

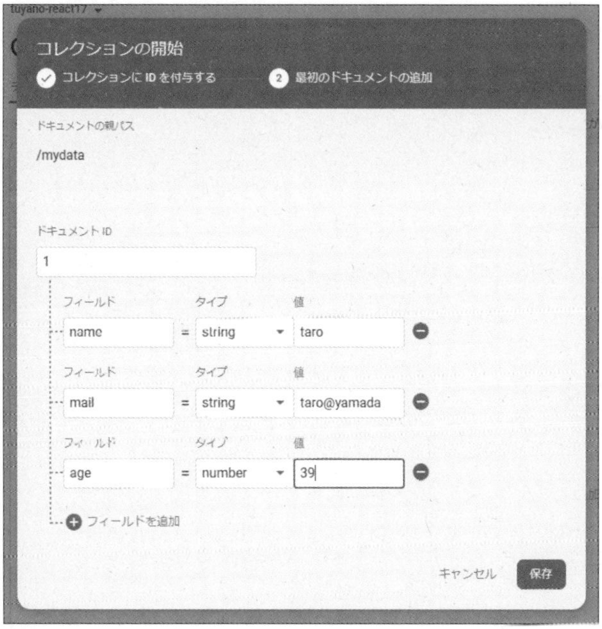

図6-20 3つのフィールドを用意する。

ドキュメントが追加された！

Firestoreの「データ」画面に戻ります。コレクションのところには「mydata」と追加され、そこにID = 1のドキュメントが保存されているでしょう。このようにして、コレクションにドキュメントを追加していくのですね。

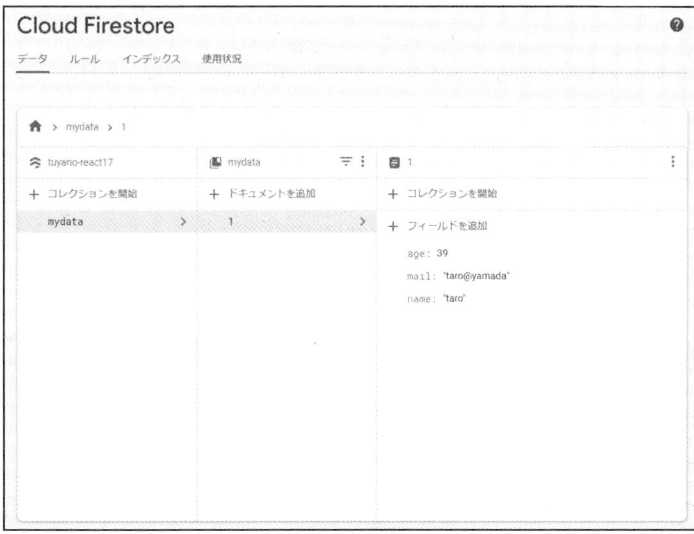

図6-21 「mydata」コレクションが作成され、そこにドキュメントが追加されている。

ドキュメントを追加しよう

後は、mydataコレクションにドキュメントをどんどん追加していくだけですね。「mydata」の項目のところにある「＋ドキュメントを追加」のリンクをクリックすると、先ほどのドキュメントの追加ダイアログが現れるので、同様にしていくつかサンプルのドキュメントを追加しましょう。項目はすべて「name」「mail」「age」と、1つ目のドキュメントと同じ内容にしておきます。

なお、IDは1, 2, 3……と1から順番になるように入力しておきましょう。

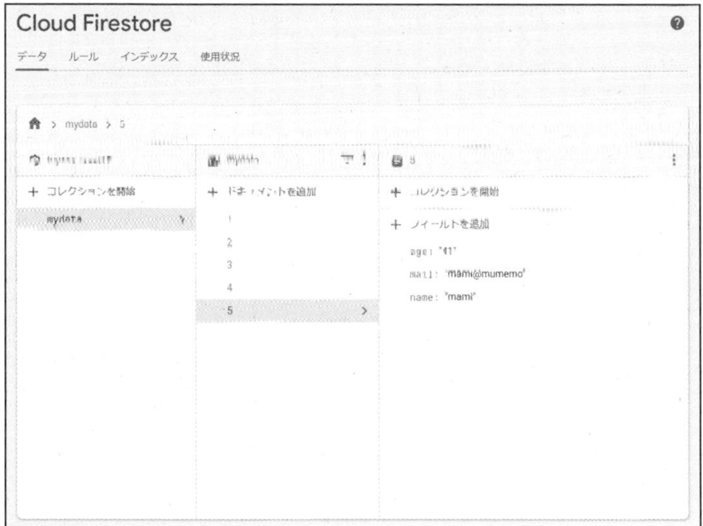

図6-22 いくつかサンプルのドキュメントを追加する。

 セキュリティルールの修正

次に行うのは、セキュリティルールの修正です。先ほどFirestoreのデータベースを作成する際に、セキュリティルールを設定しました。このとき、(覚えていないかもしれませんが)こんな内容のものがセキュリティルールに記述されていました。

リスト6-2

```
rules_version = '2';
service cloud.firestore {
  match /databases/{database}/documents {
    match /{document=**} {
      allow read, write: if false;
    }
  }
}
```

rules_versionの数字が違ったりするかもしれませんが、基本的にはこのような内容のものが設定されていました。実際にFirestoreのページにある「ルール」リンクをクリックして、現在設定されているセキュリティルールを確認してみましょう。

Cloud Firestore

データ　ルール　インデックス　使用状況

ルールを編集　ルールをモニタリング　開発とテスト

データにアクセスできるユーザーやデータの構成を定義するルールを使用して、データを保護します

ドキュメントを表示

```
rules_version = '2';
service cloud.firestore {
  match /databases/{database}/documents {
    match /{document=**} {
      allow read, write: if false;
    }
  }
}
```

ルールプレイグラウンド
セキュリティルールのテストや検証を行うことができます

図6-23　セキュリティルールの設定。

allow read, writeについて

これはデータベースのどこにアクセスしたときに読み書きをどのように許可するかを記述したものです。よくわからないでしょうが、以下の部分で、読み書きの許可が行われています。

```
match /{document=**} {
  allow read, write: if false;
}
```

「allow read, write」で、読み書きを許可することを示します。が、その後に「: if false;」というものが書かれていますね？ これは、「もしfalseなら」という条件指定になります。これは、ifで指定した条件がtrueならば、その前のallow read, writeが実行される、という意味になります。

ということは？「if falseならば、allow read, write」というわけですから、ifの条件は常にfalseであり、allow read, writeは常に実行されないことになります。つまり、最後に「if false」という条件をつけたことで、「常にアクセスが許可されない」状態になっていたわけです。したがって、このままではアプリからアクセスをしても拒否されてしまいます。

アクセスを許可する

では、アプリからアクセスできるように修正をしましょう。セキュリティルールの「allow～」の文を以下のように書き換えて下さい。

```
allow read, write: if false;
```

⬇

```
allow read, write;
```

図6-24 セキュリティルールを修正し、公開する。

わかりますか？「: if false」の部分を削除するだけですね。最後のセミコロンは忘れないようにして下さい。これでFirestoreに自由にアクセスできるようになります。修正したら、上に表示される「公開」ボタンをクリックすると、修正内容が反映されます。

セキュリティルールはまだ未完成！

この修正により、Firestoreデータベースには誰でもアクセス可能になります。これはセキュリティの面で好ましくなく、決して勧められるものではありません。

Firestoreのセキュリティルールは、もう少し先に進んだところで、Firebaseの認証機能を使ってアクセスするように修正します。この修正後の状態が最終の設定と考えて下さい。現時点での設定は、あくまで一時的なもので、ずっと使うべきものではない、ということをよく理解しておきましょう。

さぁ、これでFirebase側の準備は整いました。後は、Reactのアプリ側で、Firestoreのデータベースを利用する処理を作成していくだけですね！

Section 6-3 JavaScriptからFirestoreを利用する

ReactでFirebaseを使おう！

では、Firebaseで作成したデータベースをプロジェクトから利用してみましょう。ここまで、プロジェクトは2つのものを作りましたね。Reactプロジェクトと、Next.jsプロジェクトです。両者は微妙に構成が違っていますから、組み込み方も若干違ってきます。が、基本的にどちらもアプリの本体部分は関数コンポーネントとして作成してきましたので、「関数コンポーネントでFirebaseをどうやって利用すればいいか」がわかれば、どちらのプロジェクトでも同じように使えるようになるはずです。

ここでは、Next.jsで作成したプロジェクト(「next_app」フォルダのもの)をベースにFirebaseの使い方を説明していくことにしましょう。こちらの方式がわかれば、react_appのプロジェクトに組み込むことも簡単に行えるようになるでしょう。

Firebaseパッケージのインストール

では、next_appでFirebaseを使えるようにしましょう。Firebaseを利用する方法には、CDNを使う方法と、npmでパッケージを追加する方法があります。

CDN（Content Delivery Network)を使った方式は、CDNサイトのファイルを<link>で読み込むだけで済みます。既にBootstrapで使っていますね。

この方式は、next_appのプロジェクトで使うには向きません。CDNを使う場合も、ただスクリプトファイルのリンクを埋め込むだけでなく、初期化処理なども用意しなければならず、HTMLファイルを持たないNext.jsには向かないでしょう。

もう1つの「npmでパッケージをインストールする」方式は、既にSWRをインストールして利用したりして経験済みですね。この方式ならばNext.jsのプロジェクトでもスムーズに利用できます。というわけで、ここではnpm方式でFirebaseを利用することにしましょう。

では、パッケージをインストールしましょう。Visual Studio Codeのターミナルを開いて下さい(まだ前章で動かしたアプリが実行中の場合はCtrlキー＋Cキーで終了して下さい)。そして、以下のようにコマンドを実行しましょう。

```
npm install firebase
```

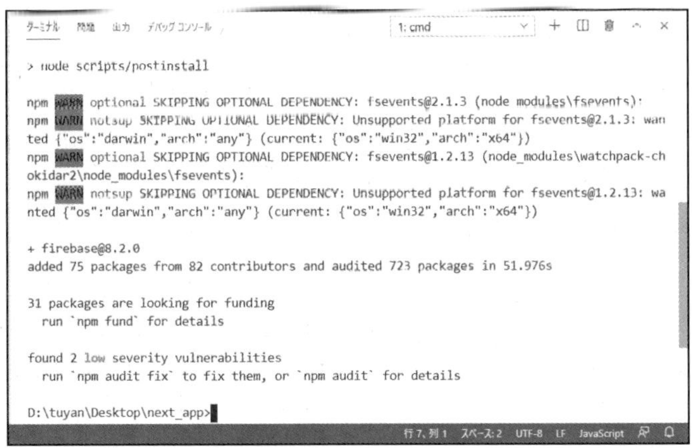

図6-25 npm installでFirebaseパッケージをインストールする。

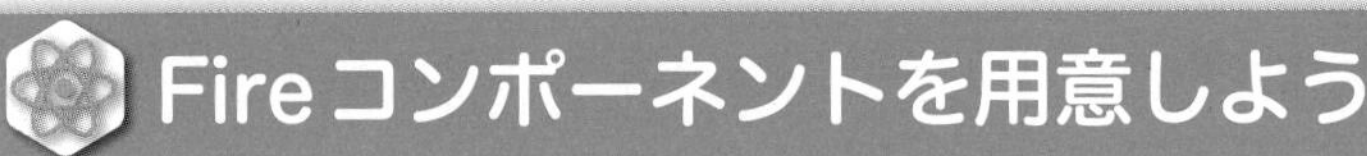

Fireコンポーネントを用意しよう

インストールできたら、Firebaseを利用するスクリプトを作成していきます。

Firebaseの利用は、2つの部分に分けて考えることができます。1つは「Firebaseを利用するための準備(初期化)」、もう1つが「Firebaseのサービスを利用する具体的な処理」です。

どんなサービスでどんな処理を行うにしても、最初に「Firebase利用のための初期化」処理を行わないといけません。この部分はすべて共通しています。そこで、この初期化処理の部分をコンポーネントとして用意し、すべてのページでこれを読み込んで利用することにします。

では、「components」フォルダの中に、新たに「fire.js」というファイルを作成して下さい。そして以下のように記述しましょう。

リスト6-3

```
import firebase from 'firebase'

// ☆各プロジェクトの設定を記述
const firebaseConfig = {
  apiKey: "……APIキー……",
  authDomain: "プロジェクト名.firebaseapp.com",
  databaseURL: "データベースのURL",
  projectId: "プロジェクト名",
  storageBucket: "プロジェクト名.appspot.com",
```

Chapter 1 Chapter 2 Chapter 3 Chapter 4 Chapter 5 Chapter 6 Addendum

```
  messagingSenderId: "……メッセージ用ID……",
  appId: "……アプリケーションID……"
}

if (firebase.apps.length == 0) {
  firebase.initializeApp(firebaseConfig)
}
```

☆マークのfirebaseConfigという定数の内容は、それぞれのプロジェクトに用意されているものに差し替えて下さい。このままでは動きませんよ！

Firestoreアクセスの手順

では、ここで実行している処理について説明をしていきましょう。まず最初にFirebaseのモジュールを利用するためのimport文が書かれていますね。

```
import firebase from 'firebase'
```

これで、FirebaseのAPIがfirebaseとして取り出されます。このfirebaseオブジェクトから必要な機能を呼び出していくわけです。

firebaseの初期化

最初に行うのは、firebaseオブジェクトの初期化です。まず最初に、Firebase利用のための設定情報を定数にまとめておきます。

```
const firebaseConfig = {……設定情報……}
```

この部分ですね。これは、Firebaseに用意されているコードをそのままペーストして使えばいいでしょう。プロジェクトごとに値は違いますから、自分のプロジェクトの設定を使うようにして下さい。適当に値を書いてもアクセスはできませんよ。

設定が用意できたら、firebaseにある「initializeApp」というメソッドを呼び出して初期化を行います。

```
if (firebase.apps.length == 0) {
  firebase.initializeApp(firebaseConfig);
}
```

これでfirebaseが初期化されました。このinitializeAppの引数には、先に用意した設定情報をまとめた値を渡します。ただし、このinitializeAppは、既にアプリケーションのオブジェクトが作成されていると再実行に失敗します。initializeAppで作成されたアプリケーションのオブジェクトはfirebase.appsというプロパティに配列として保管されるため、ここではfirebase.appsに何も要素がない場合のみinitalizeAppを実行するようにしています。

これでFirebaseの初期化がされました！ 後は、具体的なアクセス処理を作っていくだけです。

 fire/index.jsを作成する 

では、実際にFirebaseのサーバーにアクセスしてみましょう。Firebase関係は、この後もいくつかファイルを作成する予定ですから、どこかにひとまとめにしたほうがわかりやすいですね。「pages」フォルダの中に、「fire」というフォルダを作成して下さい。ここにまとめておくことにしましょう。

まず最初に、mydataコレクションにアクセスしてデータを取得することからやってみます。「fire」フォルダに、新たに「index.js」というファイルを作成して下さい。そして以下のように記述しましょう。

リスト6-4

```
import {useState, useEffect} from 'react'
import Layout from '../../components/layout'
import firebase from 'firebase'
import '../../components/fire'

const db = firebase.firestore()

export default function Home() {
  const mydata = []
  const [data, setData] = useState(mydata)
  const [message, setMessage] = useState('wait...')

  useEffect(() => {
    db.collection('mydata').get().then((snapshot)=> {
      snapshot.forEach((document)=> {
        const doc = document.data()
        mydata.push(
          <tr key={document.id}>
            <td><a href={'/fire/del?id=' + document.id}>
                {document.id}</a></td>
```

```
            <td>{doc.name}</td>
            <td>{doc.mail}</td>
            <td>{doc.age}</td>
          </tr>
        )
      })
      setData(mydata)
      setMessage('Firebase data.')
    })
  }, [])

  return (
    <div>
      <Layout header="Next.js" title="Top page.">
      <div className="alert alert-primary text-center">
        <h5 className="mb-4">{message}</h5>
        <table className="table bg-white text-left">
          <thead>
            <tr>
              <th>ID</th>
              <th>Name</th>
              <th>Mail</th>
              <th>Age</th>
            </tr>
          </thead>
          <tbody>
            {data}
          </tbody>
        </table>
      </div>
      </Layout>
    </div>
  )
}
```

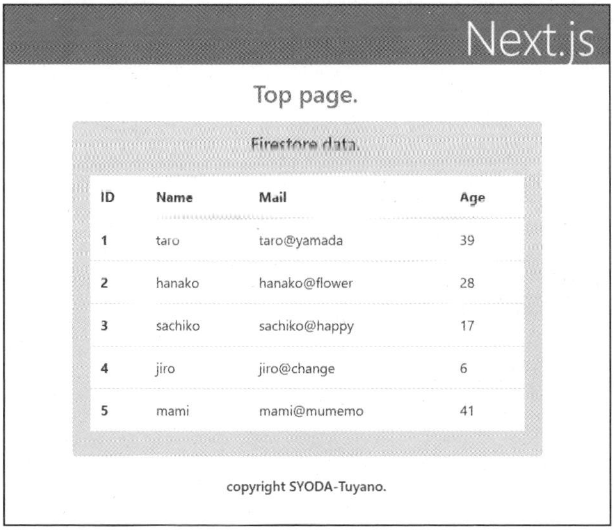

Next.js

Top page.

Firestore data.

ID	Name	Mail	Age
1	taro	taro@yamada	39
2	hanako	hanako@flower	28
3	sachiko	sachiko@happy	17
4	jiro	jiro@change	6
5	mami	mami@mumemo	41

copyright SYODA-Tuyano.

図6-26　Firestoreのmydataを取得して表示する。

修正したら、npm run devを実行してhttp://localhost:3000/fireにアクセスしてみましょう。すると、先ほどFirestoreに作成したmydataコレクションのドキュメントがテーブルにまとめて表示されます。

なお、一覧テーブルでは、IDの表示に/fire/delというアドレスへのリンクが設定されていますが、これは後ほど作成する予定です。今は動かないのでクリックしないように！

コラム　サーバーエラーが出た！　Column

中には、アクセスしたら「FirebaseError: Firebase: Firebase App named '[DEFAULT]' already exists (app/duplicate-app).」といったエラーが起こってしまった、という人もいたかも知れません。これは、Firebaseのアプリケーションオブジェクトの作成に失敗したために発生するエラーです。

もし、こうしたエラーが発生したら、Ctrlキー＋Cキーで開発用サーバーを一度終了し、再起動して下さい。

1 of 1 unhandled error

Server Error

FirebaseError: Firebase: Firebase App named '[DEFAULT]' already exists (app/duplicate-app).

This error happened while generating the page. Any console logs will be displayed in the terminal window.

Source

```
pages\index.js (15:9) @ Module../pages/index.js

  13 | }
  14 |
> 15 | firebase.initializeApp(firebaseConfig)
     |         ^
  16 | const db = firebase.firestore()
  17 |
  18 | export default function Home() {
```

図6-27　このようなエラーが出たら、Firebaseのオブジェクト生成に失敗している。

Firestoreアクセスの流れ

では、作成した処理を見ながら説明をしていきましょう。まず最初に、利用するFirestoreのオブジェクトを用意します。

```
const db = firebase.firestore()
```

firestoreメソッドでFirestoreのオブジェクトが取り出されます。この取り出したオブジェクトを使ってFirestoreにアクセスを行います。

コレクションのドキュメントを取り出す

では、Firebaseにアクセスしましょう。これは関数コンポーネント内で行っています。まず最初に、以下の定数を用意していますね。

```
const mydata = []
const [data, setData] = useState(mydata)
const [message, setMessage] = useState('wait...')
```

mydataは、Firestoreから取り出したデータを保管しておくものです。dataステートは、mydataにまとめたデータをステートに保管しておくためのものです。またmessageはメッセージの表示用ステートです。

では、Firestoreからデータを取り出しましょう。ここではmydataコレクションのドキュメントを取り出します。これには、collectionでコレクションを指定し、その内容をgetで取り出す、という処理を行います。

```
db.collection('mydata').get()
```

collectionは、アクセスするコレクションを指定するものです。引数にコレクション名を指定します。そしてgetは、そのコレクションのデータを取得するものです。

このgetは非同期のメソッドで、Promiseを返します。覚えてますか、Promiseって？ そう、非同期の処理を実行したとき、完了した後に実行する処理を設定しておくためのものでしたね。

thenで取得したドキュメントを処理する

get後の処理は、戻り値のPromiseから「then」というメソッドを使って設定します。引数には、実行する関数を用意しておきます。

```
…….then((snapshot)=> {
  ……完了後の処理……
})
```

アロー関数の引数snapshotには、スナップショットというオブジェクトが渡されます。これは、アクセスした時点でのFirestoreの状態をまとめたオブジェクトです。ここから順にドキュメントのオブジェクトを取り出していきます。

forEachによるドキュメントの処理

このsnapshotには「forEach」というメソッドが用意されています。これはスナップショットから順に要素を取り出して処理を行うためのもので、前に使った配列のmapメソッドと同じようなものと考えればいいでしょう。

これは以下のような形で記述します。

```
snapshot.forEach((document)=> {
  ……ドキュメントの処理……
})
```

今回は、collection('mydata')でmydataコレクションを取り出しました。ということは、スナップショットのforEachで得られるのは、mydataコレクション内にある要素(つまり、ドキュメント)ということになります。アロー関数のdocument引数には、取り出されたドキュメントの情報をまとめたオブジェクトが順に渡されていくのです。

documentの処理

このdocumentは、ドキュメントのデータではありません。ドキュメント全体を扱うためのオブジェクトです。従って、documentをそのまま使うのではなく、そこからドキュメントのデータを取り出し処理する必要があります。

```
const doc = document.data()
```

このdataメソッドが、ドキュメントにあるデータをオブジェクトとして取り出すものです。このdataで得られるのは、ドキュメント内にある各フィールドの名前と値をまとめたものになります。

後は、取り出したオブジェクトからドキュメント内の各フィールドの値を取り出して利用すればいいわけですね。ここでは、JSXでテーブルのタグを作成し、その中にドキュメントの値を埋め込んでいます。

```
mydata.push(
  <tr key={document.id}>
    <th>{document.id}</th>
    <td>{doc.name}</td>
    <td>{doc.mail}</td>
    <td>{doc.age}</td>
  </tr>
)
```

「push」メソッドは、配列(ここではmydata)の最後に値を追加するものです。JSXでテーブルの表示内容を用意し、これをmydataにpushで追加しています。

ここでは、{doc.name}というようにdocオブジェクトのプロパティを指定してname, mail, ageの値を取り出しています。またIDについては、document.idというようにドキュメントのオブジェクトからidプロパティで取り出します。

こうしてmydataにJSXの配列としてデータがまとめられたら、これをdataに設定します。

```
setData(mydata)
```

これで画面表示用に用意したJSXの{data}にdataステートの内容が表示されるようになります。

整理すると、Firestoreのデータ取得手順は以下のようになります。

1. firestoreのcollectionからgetを呼び出す。
2. thenの引数に用意したアロー関数で、スナップショットのforEachを使って各要素の処理をする。
3. ドキュメントはdataメソッドでデータを取り出す。この中に各フィールドの値がプロパティとして保管されている。

collectionとget、forEach、data。これらのメソッドの役割をしっかり理解して、コレクションから必要な情報を取り出す手順をしっかりと頭に入れておきましょう。

 なぜ、useEffectを使うのか？ 

ここでは、副作用フックのuseEffectを用意し、その中でFirestoreにアクセスをしています。これ、普通に関数コンポーネントの中にFirestoreにアクセスする処理を書いたのではダメなんでしょうか？ つまり、わかりやすくいえばこういうことですね。

```
export default function Home() {
  const [data, setData] = useState(null)

  db.collection('mydata').get().then((snapshot)=> {
    snapshot.forEach((document)=> {……})
    setData(データ)
})
```

こんな具合に、関数コンポーネント内にそのままdb.collection().get()と用意しておいてもデータの取得は可能です。いちいちuseEffectを使うより、このほうが簡単ですよね？ これでデータが取れるなら、それで別にいいんじゃない？ そう思う人もいるでしょう。

このやり方でもアクセスは可能ですが、これは勧められません。なぜか？ それは「アクセスしすぎる」からです。

Firebaseは、契約内容に応じてアクセスできる量が決まっています。例えばFirestoreの場合、無料枠では1日5万アクセス(読み取り、書き込みは2万まで)までに限られています。5万アクセスというと相当多いように思うかも知れませんが、例えば1回アクセスして10個のドキュメントを取得すると、これで10アクセス消費します。アクセス数は思っている以上に使ってしまうものなのです。

Reactのコンポーネントは、必要に応じてリロードされます。「必要に応じて」というのは、最初にアクセスしたときだけでなく、ステート関係が1つでも更新されればすぐにコンポーネントはリロードされます。ということは、私たちが気がつかないだけで、実は数百数千回も関数コンポーネントはロードされ更新されているのです。

このため、関数コンポーネント内にそのままアクセス処理を書いてしまうと、ほんの数十分〜数時間程度で1日の無料枠を使い切ってしまい、アクセス不能に陥るでしょう。

従って、副作用フックを使い、useEffectの第2引数には[]と空の配列を指定して、ステートが更新されてもフックが実行されないようにしていたのです。こうすることで、最初にアクセスしたときだけFirebaseにアクセスし、以後、ページを表示している間はFirebaseにアクセスしないようにできます。

Firebaseのアクセスは、副作用フックを使い、必要最小限となるように調整する。それがFirebase利用時の、もっとも重要なポイントと言えるでしょう。

ドキュメントの作成

続いて、ドキュメントの作成を行いましょう。これも動作するサンプルを作成しながら説明をしていきます。「fire」フォルダ内に、「add.js」というファイルを作成しましょう。そして以下のリストを記述します。

リスト6-5

```
import {useState, useEffect} from 'react'
import Layout from '../../components/layout'
import firebase from 'firebase'
import { useRouter } from 'next/router'
import '../../components/fire'

const db = firebase.firestore()

export default function Add() {
  const [message, setMessage] = useState('add data')
  const [name, setName] = useState('')
  const [mail, setMail] = useState('')
  const [age, setAge] = useState(0)
  const router = useRouter()

  const onChangeName = ((e)=> {
    setName(e.target.value)
  })
  const onChangeMail = ((e)=> {
    setMail(e.target.value)
  })
  const onChangeAge = ((e)=> {
    setAge(e.target.value)
  })
```

```
const doAction = ((e)=> {
    const ob = {
      name:name,
      mail:mail,
      age:age
    }
    db.collection('mydata').add(ob).then(ref=> {
      router.push('/fire')
    })
  })

  return (
    <div>
      <Layout header="Next.js" title="Top page.">
      <div className="alert alert-primary text-center">
        <h5 className="mb-4">{message}</h5>
        <div className="text-left">
          <div className="form-group">
            <label>Name:</label>
            <input type="text" onChange={onChangeName}
              className="form-control" />
          </div>
          <div className="form-group">
            <label>Mail:</label>
            <input type="text" onChange={onChangeMail}
              className="form-control" />
          </div>
          <div className="form-group">
            <label>Age:</label>
            <input type="number" onChange={onChangeAge}
              className="form-control" />
          </div>
        </div>
        <button onClick={doAction} className="btn btn-primary">
          Add
        </button>
      </div>
      </Layout>
    </div>
  )
}
```

Next.js

Top page.

add data

Name:
ichiro

Mail:
ichiro@baseball

Age:
52

Add

copyright SYODA-Tuyano.

Next.js

Top page.

Firebase data.

ID	Name	Mail	Age
1	taro	taro@yamada	39
2	hanako	hanako@flower	28
3	sachiko	sachiko@happy	17
4	jiro	jiro@change	6
5	mami	mami@mumemo	41
7MzVplj5x4euP24fTMzi	ichiro	ichiro@baseball	52

copyright SYODA-Tuyano.

図6-28　フォームに入力してボタンを押すとドキュメントが追加される。IDにはランダムなテキストが設定されている。

修正できたら、http://localhost:3000/fire/addにアクセスしましょう。これでName, Mail, Ageを入力するフォームが表示されます。これらに値を記入しボタンをクリックすると、mydataにドキュメントとしてデータが追加されます。

実際にやってみるとわかりますが、作成されるドキュメントにはIDとしてランダムなテキストが設定されます。ダミーに作成したような整数値にはならないんですね。

ドキュメントの新規作成処理について

では、順に見ていきましょう。まずは、用意されているステート関係です。今回は以下のようなものがあります。

```
const [message, setMessage] = useState('add data')
const [name, setName] = useState('')
```

```
const [mail, setMail] = useState('')
const [age, setAge] = useState(0)
const router = useRouter()
```

messageは表示メッセージのステートでしたね。name, mail, ageは、それぞれ入力フィールドの値を割り当てるためのものです。最後にあるrouterというのは、後で説明しますがリダイレクト(他のページに移動する)に必要となります。

name, mail, ageは、それぞれonChangeName, onChangeMail, onChangeAgeといった関数を使って入力フィールドの値が設定されるようになっています。routerという値は今まで見たことないでしょうが、それ以外はこれまで既にやってきた使い方のものばかりですから、それほど難しいことはないでしょう。

addでコレクションに追加する

では、コレクションに新しいドキュメントを追加する処理を見てみましょう。これは、<button>のonClickに割り当てているdoAction関数の中で行っています。

まず最初に、追加するデータをオブジェクトにまとめておきます。

```
const ob = {
  name:name,
  mail:mail,
  age:age
}
```

見ればわかるように、オブジェクト内にはname, mail, ageといった値が用意されています。これは、コレクションに追加するドキュメントの内容と一致しています。こんな具合に、組み込むデータの構造をそのままオブジェクトの形にまとめておくのです。

そして、このオブジェクトをコレクションに追加します。

```
db.collection('mydata').add(ob)
```

collectionで得られるコレクションのオブジェクトから「add」というメソッドを呼び出しています。この引数に、先ほどのオブジェクトを指定して実行すると、そのコレクションにドキュメントが追加されるのです。新規作成の処理自体は、こんな具合に驚くほど簡単です。

コラム addするとIDはランダムなテキストになる！ Column

このaddでドキュメントを追加すると、IDにはランダムなテキストが自動的に割り当てられます。1, 2, 3……といった番号にはなりません。

IDを指定してドキュメントを追加したい場合は、ドキュメントの「set」というものを使う必要があります。これについては、もう少し後で触れる予定です。

ページのリダイレクト

ここでは、コレクションにドキュメントを追加した後、/fireに移動をしています。このように現在開いているページから別のページに移動することを「リダイレクト」といいます。

このリダイレクトは、Next.jsに用意されているrouterというモジュールの機能を使っています。リストの冒頭にこんなimport文が用意されていましたね。

```
import { useRouter } from 'next/router'
```

ここで「useRouter」という関数をインポートしています。これは、ルーティング（パスごとにコンポーネントを割り当てる機能）を扱うための独自フックです。このuseRouterからオブジェクトを定数に取り出します。

```
const router = useRouter()
```

こうして得られたrouterを使ってリダイレクトを行います。ここでは、addを実行した後にこのrouterを使っています。

addは非同期で実行されるメソッドで、Promiseを返します。覚えてますか、Promiseって？ そう、非同期の処理が完了した後のことを設定するオブジェクトでしたね。

addによるデータの追加作業が完了すると、このPromiseが返されます。その中の「then」メソッドを使って、完了後の処理を用意します。

```
.then(ref=> {
  router.push('/fire')
})
```

ここでは、こんな具合にrouterの「push」というメソッドを呼び出していました。これは、routerオブジェクトに移動のための情報を追加していたのです。push('/fire')により、routerに/fireへの移動が追加されます。すべての処理が完了したあとで、routerは追加された移動情報を取り出し、それを元に移動を行います。

まあ、よくわからない場合は、「router.pushで移動するパスを追加すれば、そこに移動できる」ということだけ覚えておきましょう。またaddのように非同期のメソッドを呼び出している場合は、それらが完了したあとでpushを実行するよう気をつけましょう。

ドキュメントの削除

作成ができたら、削除も行えないといけませんね。これもサンプルを作って試しましょう。「pages」フォルダの「fire」フォルダ内に「del.js」というファイルを作成して下さい。そして、以下のように内容を記述しましょう。

リスト6-6

```
import {useState, useEffect} from 'react'
import Layout from '../../components/layout'
import firebase from 'firebase'
import { useRouter } from 'next/router'
import '../../components/fire'

const db = firebase.firestore()

export default function Delete(props) {
  const [message, setMessage] = useState('wait.')
  const [data, setData] = useState(null)
  const router = useRouter()

  useEffect(() => {
    if (router.query.id != undefined) {
      setMessage('Delete id = ' + router.query.id)
      db.collection('mydata').doc(router.query.id).get().then(ob=>{
        setData(ob.data())
      })
    } else {
      setMessage(message + '.')
    }
  }, [message])

const doAction = (e)=> {
    db.collection('mydata').doc(router.query.id)
        .delete().then(ref=> {
      router.push('/fire')
    })
  }
```

```
  return (
    <div>
      <Layout header="Next.js" title="Top page.">
      <div className="alert alert-primary text-center">
        <h5 className="mb-4">{message}</h5>
        <pre className="card p-3 m-3 h5 text-left">
          Name: {data != null ? data.name : '...'}<br/>
          Mail: {data != null ? data.mail : '...'}<br/>
          Age: {data != null ? data.age : '...'}
        </pre>
        <button onClick={doAction} className="btn btn-primary">
          Delete
        </button>
      </div>
      </Layout>
    </div>
  )
}
```

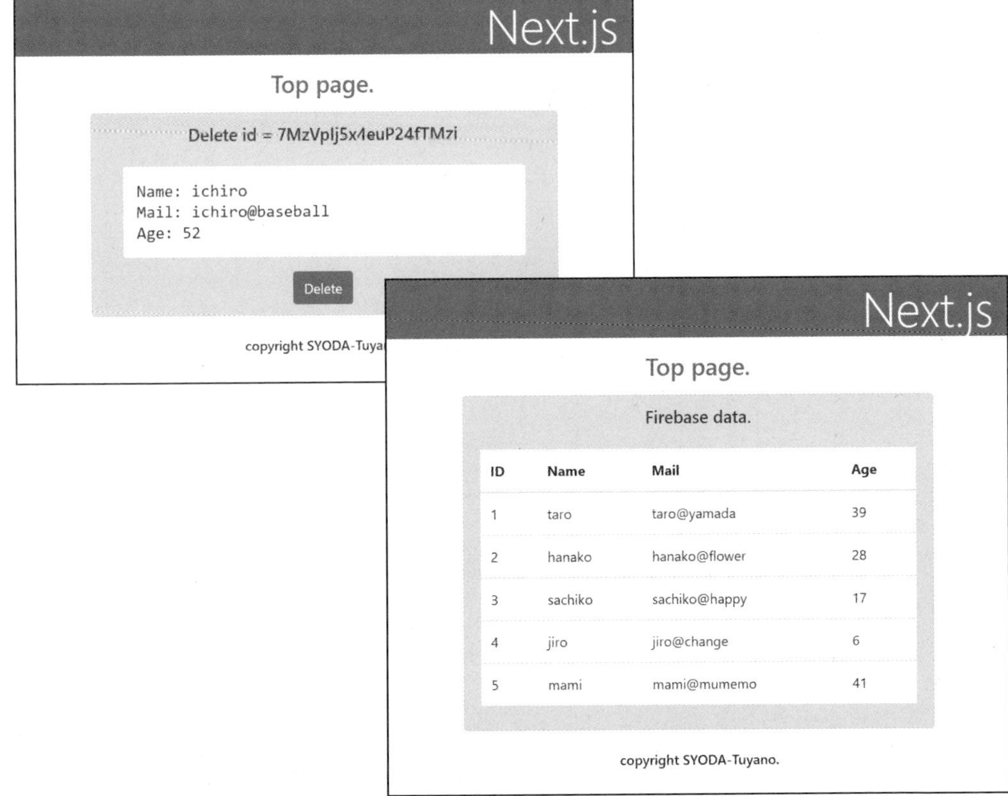

図6-29 /fireからIDのリンクをクリックすると、そのIDのデータが表示される。このままボタンをクリックすると、そのIDのドキュメントが削除される。

http://localhost:3000/fireで表示されるリストのID部分にはリンクが設定されていましたね。このリンクをクリックすると、作成した削除ページに移動します。ここで、クリックしたIDのドキュメントの内容が表示されます。そのまま「Delete」ボタンをクリックすると、そのIDのドキュメントを削除し、/fireの一覧表示に戻ります。

router.queryでパラメータを得る

ここでは、/fire/del?id=○○という形でアクセスすることで、削除するドキュメントのIDを渡しています。この値は、useRouterで用意したrouterステートから得ることができます。今回もuseEffectでアクセス時の処理をしていますが、そこでこんな形でIDをチェックしていますね。

```
if (router.query.id != undefined) {……}
```

router.queryがクエリーパラメータをまとめてあるプロパティで、その中のidの値をチェックしています。これがundefinedでなければ、得られた値をもとにFirestoreからドキュメントを取得し、それを表示する、というわけです。

注意したいのは、このページにアクセスした直後にrouter.queryをチェックしても、中身は空っぽになっているという点です。値が得られるのにはアクセスしてから若干の時間が必要です。ここではrouter.query.idがundefinedだった場合にはmessageのテキストにドット(.)を1つ追加し、これにより再びuseEffectが呼ばれるようにしています。router.queryからidが得られたならmessageの表示テキストは固定されるため、もうuseEffectは呼ばれなくなる、というわけです(useEffectの第2引数に[message]とあるのを確認しておきましょう)。

指定したIDのドキュメントを得る

では、router.queryからidの値が得られるようになったら、どのようにしてそのIDのドキュメントを取り出しているのでしょうか。これは、以下のように行っています。

```
db.collection('mydata').doc(router.query.id).get().then(ob=>{
  setData(ob.data())
})
```

コレクションを得るcollectionから「doc」というメソッドを呼び出しています。これは、引数に指定したIDのドキュメントを指定するものです。ここから更にgetを呼び出すことで、そのIDのドキュメントを取り出せます。

getは非同期メソッドですから、得られる値を処理するにはthenで完了後の処理を用意しないといけません。そこで、引数のobからdataメソッドを呼び出してドキュメントの値を取り出し、setDataでdataステートに保管します。これで、指定したIDの内容がdataから得られるようになります。

ページに表示しているJSXの中身を見ると、このようにしてdataの内容を表示していることがわかります。

```
<pre className="card p-3 m-3 h5 text-left">
  Name: {data != null ? data.name : '...'}<br/>
  Mail: {data != null ? data.mail : '...'}<br/>
  Age: {data != null ? data.age : '...'}
</pre>
```

dataがnullでないかチェックし、値があるようならそのプロパティを表示しています。これで取得したドキュメントの内容が表示できるようになりました。

指定IDのドキュメントを削除

肝心の「ドキュメントの削除」は、doAction関数で行っています。これは先ほどと同様にdocメソッドでドキュメントのオブジェクトを取得し、「delete」メソッドを呼び出すだけです。

```
db.collection('mydata').doc(router.query.id).delete()
```

これで、doc(router.query.id)で得られたドキュメントが削除されます。非常に単純ですね。このdeleteも非同期で実行されるので、返されるPromiseからthenメソッドを使ってリダイレクトの処理を行います。

```
.then(ref=> {
  router.push('/fire')
})
```

リダイレクトは先ほど新規作成のところでやりましたからもうわかりますね。これで削除後に/fireに戻って指定のドキュメントが削除されたか確認できるようになります。

ドキュメントの検索

これでドキュメントの作成や削除などが行えるようになりましたが、こうした作業の他に、もっと重要な機能があります。それは、「検索」です。データベースを使う以上、必要に応じてデータを探し出す機能は必須でしょう。

データの検索に関する機能はいくつかありますが、一番の基本となるものはコレクションの「where」メソッドです。これは以下のように利用します。

```
where( パス , 演算子 , 値 )
```

パスは、検索対象となる項目のパスを示します。例えばコレクションの中の「name」という項目から検索をしたければ、'name'と指定すればいいでしょう。

演算子は、「<」「<=」「==」「>=」「>」の5つが用意されています。これで、指定したパスの値と第3引数の値とを比較して、条件に合致するものだけが取り出されます。例えば、「nameの値が'taro'のもの」を探したければ、

```
where('name', '==', 'taro')
```

こんな具合に呼び出せばいいのです。

このwhereは、条件を指定するだけのもので、これ自体は何も値は取り出しません。ここから「get」メソッドを呼び出して値を取り出します。例によってgetは非同期メソッドですから、更にthenで完了後の処理を用意し、そこで得られた値を取り出して利用します。

検索ページを作る

では、実際に使ってみましょう。「pages」フォルダ内の「fire」フォルダの中に「find.js」という名前でファイルを作成して下さい。そして以下のように記述をしましょう。

リスト6-7

```
import {useState, useEffect} from 'react'
import Layout from '../../components/layout'
import firebase from 'firebase'
import { useRouter } from 'next/router'
import '../../components/fire'

const db = firebase.firestore()

export default function Find() {
  const [message, setMessage] = useState('find data')
  const [find, setFind] = useState('')
  const [data, setData] = useState([])
  const mydata = []

  const onChangeFind = ((e)=> {
    setFind(e.target.value)
  })
```

```
const doAction = ((e)=> {
  db.collection('mydata').where('name', '==', find).get().
    then(snapshot=> {
    snapshot.forEach((document)=> {
      const doc = document.data()
      mydata.push(
        <tr key={document.id}>
          <td><a href={'/fire/del?id=' + document.id}>
              {document.id}</a></td>
          <td>{doc.name}</td>
          <td>{doc.mail}</td>
          <td>{doc.age}</td>
        </tr>
      )
    })
    setData(mydata)
    setMessage("find: " + find)
  })
})

return (
  <div>
    <Layout header="Next.js" title="Top page.">
    <div className="alert alert-primary text-center">
      <h5 className="mb-4">{message}</h5>
      <div className="text-left">
        <div className="form-group">
          <label>Find:</label>
          <input type="text" onChange={onChangeFind}
            className="form-control" />
        </div>
      </div>
      <button onClick={doAction} className="btn btn-primary">
        Find
      </button>
    </div>
    <table className="table bg-white text-left">
        <thead>
          <tr>
            <th>ID</th>
            <th>Name</th>
            <th>Mail</th>
            <th>Age</th>
          </tr>
```

```
            </thead>
            <tbody>
              {data}
            </tbody>
          </table>
        </Layout>
      </div>
    )
}
```

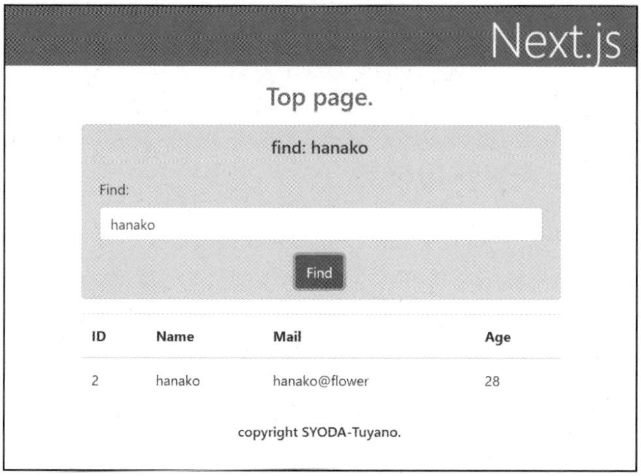

Next.js
Top page.
find: hanako
Find:
hanako
Find

ID	Name	Mail	Age
2	hanako	hanako@flower	28

copyright SYODA-Tuyano.

図6-30　入力フィールドにテキストを記入してボタンを押すと、nameの値が入力したテキストと同じものを検索する。

完成したら、http://localhost:3000/fire/findにアクセスをしましょう。そして入力フィールドに、検索したいドキュメントのnameを書いて「Find」ボタンをクリックして下さい。nameの値が入力したテキストと同じドキュメントを表示します。

今回作成したものは完全一致したもののみを検索します。大文字小文字まで同じものでないと探し出せないので注意しましょう。

検索処理の実行

では、内容をチェックしましょう。今回は、findステートに入力フィールドの値を保管し、これを利用して検索を行っています。doActionに用意した検索処理を見ると、こんな形になっているのがわかるでしょう。

```
db.collection('mydata').where('name', '==', find).get().then(snapshot=> {
  snapshot.forEach((document)=> {
    ……取得したデータを処理……
```

```
    })
  })
```

db.collection('mydata')でmydataコレクションを指定していますね。そして、そこからwhere('name', '==', find).get()でnameの値がfindと等しいものを取り出しています。

検索結果は、thenにあるアロー関数で処理をしています。snapshot.forEachを使い、検索された結果から順にドキュメントを取り出し、その値をもとにJSXのコードを生成してmydataにpushしていきます。

これで、mydataに検索されたドキュメントの内容が配列化されて保管されます。後は、これをもとにテーブルで表示されるように処理を作っていくだけです。このへんの非同期処理は、もう何度も作成してきましたからだいぶ理解できるようになったことでしょう。

入力テキストで始まるドキュメントの検索

Firebaseの検索は、完全一致したものを検索するだけであまり高度なことはできません。が、テクニックを使ってもう少し柔軟な検索を行うことはできます。

例として、「○○で始まるものを検索」というのをやってみましょう。例えば入力フィールドに「abc」と書いて検索すると、nameがabcではじまるものをすべて検索する、というものですね。

先ほどのリストで、検索を行っていたdoAction関数の部分を見て下さい。検索は、db.collectionからwhereというものを使って行っていました。この部分を、以下のように修正してみましょう。

●修正前

```
db.collection('mydata').where('name', '==', find)
```

⬇

●修正後

```
db.collection('mydata').orderBy('name').startAt(find).endAt(find + ↲
  '¥uf8ff')
```

この後のget()以降は全く同じです。これで、入力したテキストで始まるものを検索できるようになります。

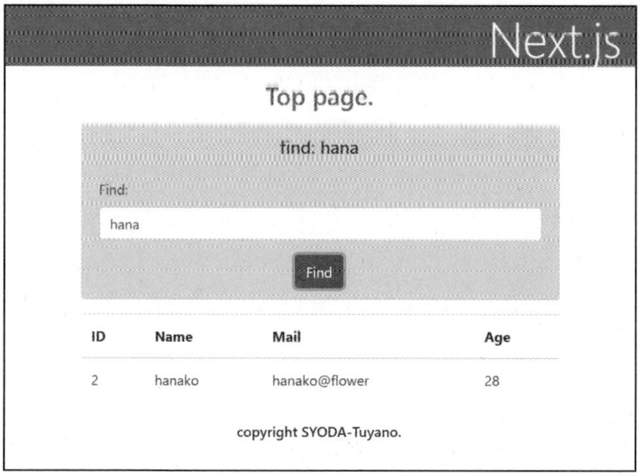

Next.js

Top page.

find: hana

Find:

hana

Find

ID	Name	Mail	Age
2	hanako	hanako@flower	28

copyright SYODA-Tuyano.

図6-31　フィールドに入力したテキストでnameが始まるものを検索する。

検索はアイデア次第！

Firebaseの検索は、このあたりが限界です。「○○で始まるもの」は検索できるようになりましたが、では「○○で終わるもの」や、「○○を含むもの」はどうか？ というと、これはできないのです。

従って、あまり高度な検索を必要とする処理は設計を考え直す必要があるでしょう。それよりも、「シンプルな検索で実現可能なもの」を考えてアプリを設計して下さい。それでも十分に使えるものが作れるのですから。

Section 6-4 Authでユーザー認証しよう

 ユーザー認証ってなに？ 

Firebaseには、データベース以外にも便利な機能が色々と用意されています。その中でも、本格的なWebアプリを作るときになくてはならないのが「ユーザー認証」の機能です。

ユーザー認証というのは、「ログインして各ユーザーを識別するための仕組み」です。多くのWebサイトでは、ユーザーのアカウントとパスワードを入力してログインすると、自分だけの設定や表示などが行えるようになっていますね？ あれはユーザー認証によって「今アクセスしているのはこの人だ」と識別をし、そのユーザーのための情報などを取り出すようになっているからです。

このユーザー認証を自分で作ろうとすると、これはなかなかに大変です。ユーザーのアカウントとパスワードをデータベースで管理する必要がありますし、「現在ログインしているかどうか」「どのアカウントでログインしているのか」を常に把握し、それに応じた処理をしないといけません。更には、悪意あるクライアントからの攻撃などを受けてもパスワードや個人情報が流出しないように堅牢なシステムを作らないといけません。とてもWeb開発のビギナーの手に負える代物ではないのです。

そこで、Firebaseの登場です。Firebaseには、ユーザー認証を行うサービスが用意されているのです。これを使うことで、登録されたアカウントでログインし、各ユーザーを識別することができます。

Firebaseが優れているのは、単に「アカウント名とパスワード」による認証だけでなく、主なソーシャルサービスの認証機能を標準でサポートしている点です。

例えばGoogleアカウントによる認証というのがありますね？ Webサイトによっては、ログインするとき、Googleアカウントを選択するウインドウが開いて、そこでGoogleのアカウントを選択してログインできるところがあります。あれを自分のWebアプリでも使えるようになるのです。

Googleアカウントに限らず、FacebookやTwitter、Github、Microsoft、Appleなど主なソーシャル認証サービスを網羅しています。この他、電話番号による認証や匿名ユーザーによる認証などまでサポートされているのです。

ユーザー認証の設定

ユーザー認証を利用するためには、まず設定を行う必要があります。左側のリストから「Authentication」をクリックして選択して下さい。これがユーザー認証のためのサービスの画面になります。ここですべての設定などが行われます。

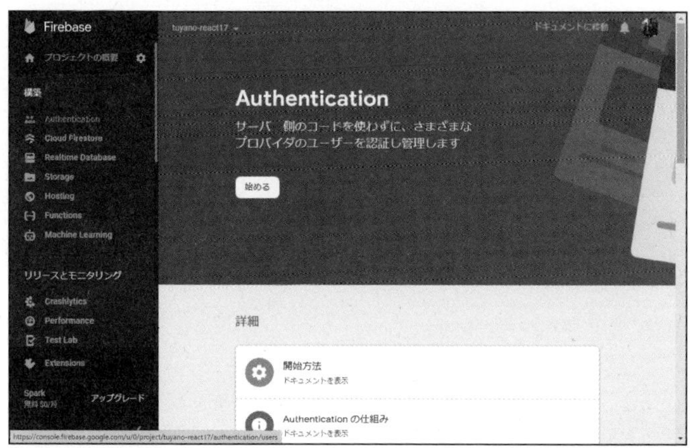

図6-32 Authenticationの画面。

では、この画面に表示されている「始める」ボタンをクリックしましょう。これで、Authenticationサービスが有効になります。表示が変わって、認証に関する設定画面が現れます。

この画面の上部には「Users」「Sign-in method」「Templates」「Usage」といったリンクが表示されています。これらを切り替えて認証関係の作業を行っていきます。これらはそれぞれ以下のような役割を果たします。

Uses	登録されたユーザーを管理します。
Sign-in method	使用する認証方式を設定します。
Templates	認証関係で使われるテンプレート集です。
Usage	利用状況を表示します。

最初に表示されたときは、「Sign-in method」が選択されているはずです。これは、どの認証方式を使うかを設定するもので、まず最初にここで使用する認証方式を指定します。

「ログインプロバイダ」という表示の下にずらっと項目が並んでいますね？ これが、利用可能な認証方式のリストです。

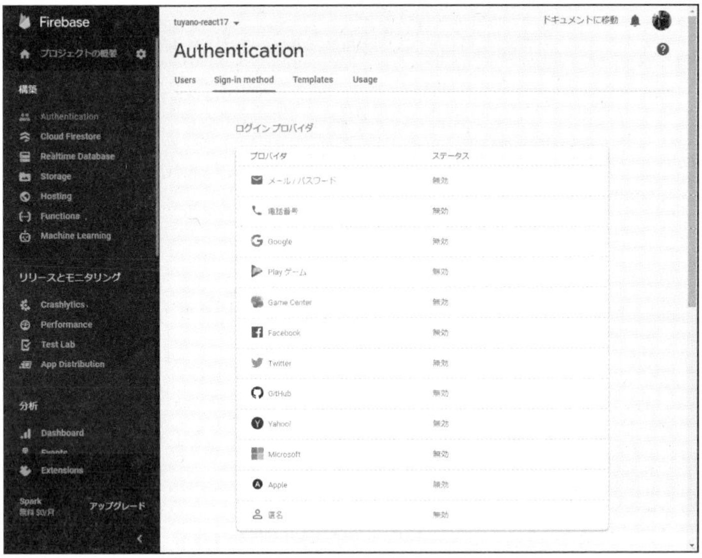

図6-33 「Sign-in method」の画面。ここで認証方式を選ぶ。

Googleユーザー認証を使う

さまざまな認証方式が用意されていますが、ここでは基本ともいえるGoogleアカウントを利用しましょう。既にFirebaseを使っているのですから、当然、Googleアカウントは持っているわけで、すぐに利用できますね。

また、Google以外のもの(TwitterやFacebookといったもの)は、開発者登録してアプリケーションIDやAPIキーなどを取得するなど、けっこう面倒なのです。Googleアカウントなら、ここで設定するだけで使えるようになります。この点でも、まず最初はGoogleアカウントから始めるのがベストです。

では、表示されている認証方式のリストから「Google」をクリックして下さい。画面に、設定のダイアログが現れます。ここで、「有効にする」をONにしましょう。これで、その下に以下の項目を設定します。

プロジェクトの公開名	プロジェクト名を入力します。これはデフォルトで入力されているはずですから、そのままでかまいません。
プロジェクトのサポートメール	メールアドレスを選択します。自分のメールアドレスを選択して下さい。

その下にも設定がありますが、これらはオプションなので設定する必要はありません。2つの設定を行ったら、下にある「保存」ボタンをクリックして下さい。これでGoogleユーザー認証が使えるようになります。

図6-34　Googleのユーザー認証を有効にする。

 Authenticationによる認証の基本処理 

では、AuthenticationサービスでGoogle認証を利用するためのスクリプトについて説明しましょう。Authenticationサービスは、firebaseオブジェクトにある「auth」というメソッドを使ってオブジェクトを取得します。

●Authオブジェクトの取得

```
firebase.auth()
```

これで得られるオブジェクトの中に、Authenticationサービスに関する全ての機能が用意されています。Firestoreを利用するのにfirebase.firestore()でオブジェクトを取り出し利用したのを思い出してください。Authenticationも、それと同様にfirebase.auth()でオブジェクトを取り出して利用するのです。

認証プロバイダについて

認証を行うとき、最初に理解しなければいけないのは「認証プロバイダー」です。ユーザー認証を利用するためには、まず認証プロバイダーというものを作成しないといけません。

●AuthProviderの作成

```
変数 = new firebase.auth.GoogleAuthProvider()
```

認証プロバイダーというのは、さまざまな認証方式の基本的な仕組みを管理するオブジェクトです。Firebaseでは、さまざまな認証方式を用意していますが、利用する方式の認証プロバイダーを用意しています。Googleアカウントを使うならGoogle用の認証プロバイダを、Facebookならそれようの認証プロバイダを、というように各認証方式ごとに認証プロバイダは用意されており、それを使って認証を行います。

今回はGoogleのユーザー認証を有効にしていました。これは「GoogleAuthProvider」という認証プロバイダーとして用意されています。このオブジェクトを作成して変数などに入れておきます。

Google認証を行う

Googleアカウントによる認証は、いくつかのやり方があります。もっとも簡単でわかりやすいのは、ポップアップウインドウを使ったやり方でしょう。これは、authオブジェクトにある「signInWithPopup」メソッドで行なえます。

●ポップアップでGoogle認証する

```
《auth》.signInWithPopup( 認証プロバイダ )
```

引数には、用意した認証プロバイダのオブジェクトを指定します。Google認証なら、先ほどのGoogleAuthProviderを指定すればいいでしょう。

これを実行すると、新たにポップアップウインドウが現れ、ここでGoogleアカウントによるログインを行えるようになります。

認証後の処理

このsignInWithPopupメソッドは、非同期で実行されます。画面にログインのウインドウを開いて、ログインされたらsignInWithPopup後の処理を行うわけですから、非同期でないと難しいですね。

このsignInWithPopupは、Promiseオブジェクトを返します。また登場しましたね、Promise。覚えてますか？ そう、非同期の処理を完了した後に実行する内容を設定するものでしたね。

```
《Promise》.then( (result)=> {……認証後の処理……})
```

これで認証した後の処理が行えるようになります。thenに用意されるアロー関数では、1つだけ引数が用意されます。ここから認証に関する情報が得られます。

認証したアカウントの情報

認証したアカウントは、thenのアロー関数で渡される引数のオブジェクトから「user」プロパティとして取り出すことができます。こんな感じですね。

```
.then( (result)=> {
  変数 = result.user
})
```

このuserオブジェクトの中に、ログインしているアカウントの情報がまとめられています。用意されるプロパティには以下のようなものがあります。

providerID	利用しているOAuthProviderのID
uid	ユーザーに割り当てられたID
displayName	表示される名前
email	メールアドレス
phoneNumber	電話番号

中には、値が得られない項目もあるので注意して下さい。Googleアカウントの場合、displayNameとemailはまず間違いなく取り出せると考えていいでしょう。Googleアカウントはメールアドレスを ID 代りに登録しますから、emailの値がアカウントのIDに相当するものと考えればいいでしょう。

それ以外のものは、使用する認証プロバイダによって利用されるもの、されないものがあると考えて下さい。例えば匿名アカウントの場合はuidしか得られませんし、電話番号による認証は当然ですがphoneNumberしか得られません。

ログイン状態のチェック

ユーザー認証を利用したアプリでは、何かする度に「ログインしているかどうか」をチェックします。これは、authオブジェクトからチェックすることができます。

```
《auth》.currentUser
```

authのオブジェクトのcurrentUserに、認証されたユーザー情報のオブジェクトが設定されています。これを調べれば、認証されているか確認できます。

このcurrentUserで得られるものは、先ほど認証後のthen処理でresult.userで得られたオブジェクトと基本的に同じものです。ですから、ここからログインしているアカウントの情報を取り出すこともできます。

Googleによるログインを利用する

では、実際にユーザー認証を使ってみましょう。「pages」フォルダ内の「fire」フォルダにあるindex.jsを書き換えて試してみましょう。以下のように内容を修正して下さい。

リスト6-8

```
import {useState, useEffect} from 'react'
import Layout from '../../components/layout'
import firebase from 'firebase'
import '../../components/fire'

const auth = firebase.auth()
const provider = new firebase.auth.GoogleAuthProvider();

export default function Home() {
  const [message, setMessage] = useState('wait...')

  useEffect(() => {
    auth.signInWithPopup(provider).then(result=> {
      setMessage('logined: ' + result.user.displayName)
    })
  }, [])

  return (
    <div>
      <Layout header="Next.js" title="Top page.">
      <div className="alert alert-primary text-center">
        <h5 className="mb-4">{message}</h5>
        <p className="h6 text-left">
          uid: {auth.currentUser != null ? auth.currentUser.uid : ↲
            ''}<br/>
          displayName: {auth.currentUser != null ? ↲
            auth.currentUser.displayName : ''}<br/>
          email: {auth.currentUser != null ? auth.currentUser.email : ↲
            ''}<br/>
          phoneNumber: {auth.currentUser != null ? ↲
            auth.currentUser.phoneNumber : ''}

        </p>
```

```
      </div>
      </Layout>
    </div>
  )
}
```

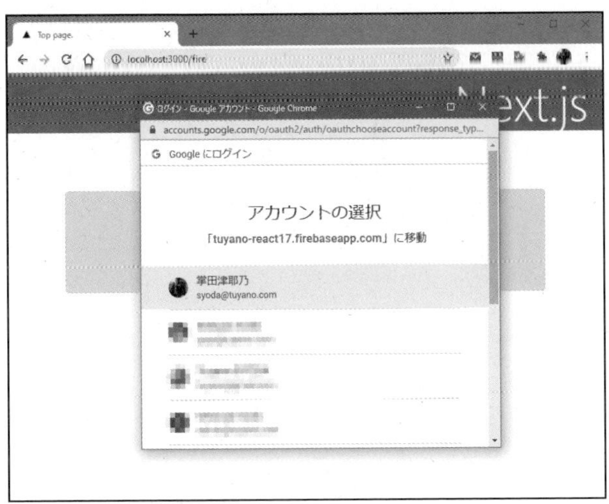

図6-35 アクセスするとGoogleアカウントのログインウィンドウが現れ、ここでログインするとその情報が表示される。

保存した後、http://localhost:3000/fireにアクセスしてみて下さい。画面にGoogleアカウントにログインするウインドウがポップアップして現れます。ここでアカウントを選択し、ログインすると、ログインしたアカウントの情報が表示されます。

コラム Googleのログインウィンドウが表示されない！ Column

Webブラウザによっては、ポップアップウインドウが現れない場合もあるかも知れません。これはブラウザでポップアップウインドウの表示が禁止されているためです。

設定を解除して再度アクセスして下さい。

Chromeの場合は、http://localhost:3000/にアクセスしたらアドレスバー左端のアイコンをクリックすると、サイトの情報がポップアップして現れます。ここから「サイトの設定」を選ぶと、localhostの設定が現れます。ここから「ポップアップとリダイレクト」を許可すればポップアップウインドウが表示されるようになります。

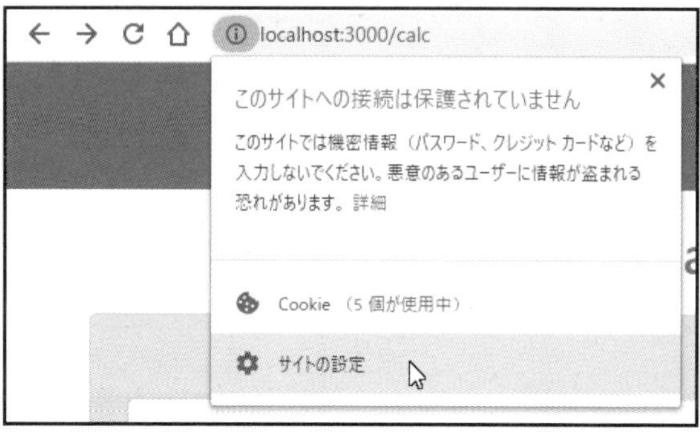

図6-36 アドレスバーからポップアップされた表示の「サイトの設定」をクリックする。

ログイン処理の流れ

では、行っている処理を見てみましょう。まず、関数コンポーネントに入る前に、authと認証プロバイダの準備をしておきます。

```
const auth = firebase.auth()
const provider = new firebase.auth.GoogleAuthProvider();
```

これらを利用して認証を行うことになります。実際のログイン処理は、関数コンポーネント内に副作用フックを使って用意しています。

```
useEffect(() => {
  auth.signInWithPopup(provider).then(result=> {
    setMessage('logined: ' + result.user.displayName)
  })
}, [])
```

この部分ですね。auth.signInWithPopup(provider)を呼び出してログインウィンドウによるログイン処理を実行しています。そしてthenのアロー関数内で、result.user.displayNameの値をsetMessageで表示しています。これで、ログインしたユーザーの名前が表示されるようになります。

後は、表示するJSX内でログイン情報を以下のような形で用意してあります。

```
<p className="h6 text-left">
  uid: {auth.currentUser != null ? auth.currentUser.uid : ''}<br/>
  displayName: {auth.currentUser != null ? auth.currentUser.displayName ↲
    : ''}<br/>
  email: {auth.currentUser != null ? auth.currentUser.email : ''}<br/>
  phoneNumber: {auth.currentUser != null ? auth.currentUser.phoneNumber ↲
    : ''}

</p>
```

auth.currentUserがnullでなければ(つまりログインしていれば)、uid, displayName, email, phoneNumberといったものを表示しています。もちろんすべての値が得られるわけではありません。アカウントに設定されていない項目もあるでしょう。実際にログインして、どのような情報があるのか確認しておきましょう。

Firestoreをログイン必須にする

ユーザー認証の基本がわかったら、これを利用してFirebaseのサービスにアクセスするようにしましょう。先に、Firestoreによるデータベースアクセスを行いました。あれを、「ログインしているときだけアクセスできるようにする」ことはできるでしょうか。つまり、認証されていないとアクセスできないようにするのです。

これは、可能です。これはセキュリティルールを修正することで行なえます。Firebaseの左側のリストから「Cloud Firestore」をクリックして選択して下さい。そして、「ルール」のリンクをクリックしてセキュリティルールを表示します。この内容を以下のように書き換えて下さい。

リスト6-9

```
rules_version = '2';
service cloud.firestore {
  match /databases/{database}/documents {
    match /{document=**} {
      allow read, write: if request.auth != null;
    }
  }
}
```

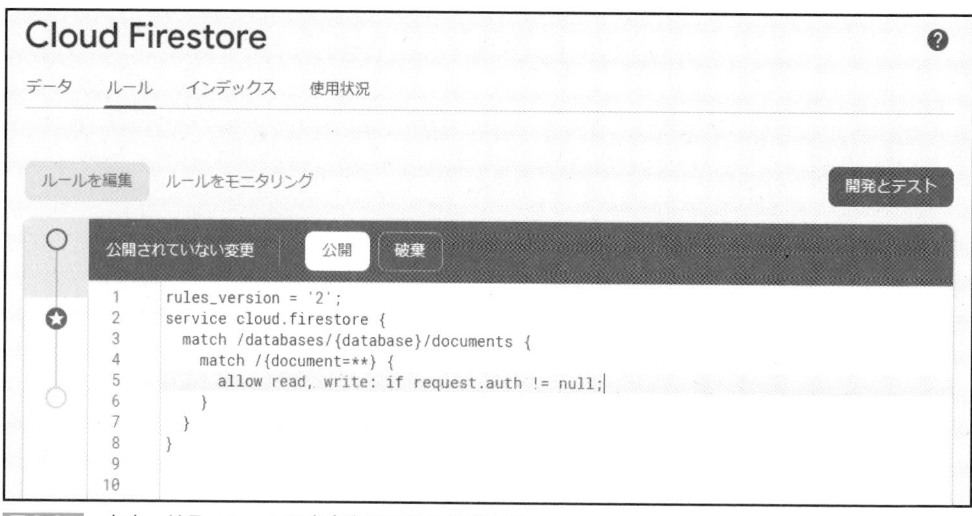

図6-37　セキュリティルールの内容を書き換え公開する。

修正したのは、「allow 〜」の文です。これを「allow read, write: if request.auth != null;」という形に書き換えています。これで、Authenticationにより認証されている場合のみアクセスできるようになります。修正をしたら「公開」ボタンをクリックして公開しておきましょう。

ログインしたらFirestoreを表示する

では、ログインしたらFirestoreのデータを表示するようにしてみましょう。「fire」フォルダのindex.jsを以下のように書き換えて下さい。

リスト6-10

```
import {useState, useEffect} from 'react'
import Layout from '../../components/layout'
import firebase from 'firebase'
import '../../components/fire'

const db = firebase.firestore()
const auth = firebase.auth()
const provider = new firebase.auth.GoogleAuthProvider();

auth.signOut() //☆ログアウトする

export default function Home() {
  const mydata = []
```

```
const [data, setData] = useState(mydata)
const [message, setMessage] = useState('wait...')

useEffect(() => {
  auth.signInWithPopup(provider).then(result=> {
    setMessage('logined: ' + result.user.displayName)
  }).catch((error) => {
    setMessage('not logined.')
  })
},[])

useEffect(() => {
  if (auth.currentUser != null) {
    db.collection('mydata').get().then((snapshot)=> {
      snapshot.forEach((document)=> {
        const doc = document.data()
        mydata.push(
          <tr key={document.id}>
            <td><a href={'/fire/del?id=' + document.id}>
                {document.id}</a></td>
            <td>{doc.name}</td>
            <td>{doc.mail}</td>
            <td>{doc.age}</td>
          </tr>
        )
      })
      setData(mydata)
    })
  } else {
    mydata.push(
      <tr key="1"><th colSpan="4">can't get data.</th></tr>
    )
  }
}, [message])

return (
  <div>
    <Layout header="Next.js" title="Top page.">
    <div className="alert alert-primary text-center">
      <h5 className="mb-4">{message}</h5>
      <table className="table bg-white text-left">
        <thead>
          <tr>
            <th>ID</th>
            <th>Name</th>
```

```
              <th>Mail</th>
              <th>Age</th>
            </tr>
          </thead>
          <tbody>
            {data}
          </tbody>
        </table>
      </div>
      </Layout>
    </div>
  )
}
```

Next.js

Top page.

logined: 掌田津耶乃

ID	Name	Mail	Age
1	taro	taro@yamada	39
2	hanako	hanako@flower	28
3	sachiko	sachiko@happy	17
4	jiro	jiro@change	6
5	mami	mami@mumemo	41

copyright SYODA-Tuyano.

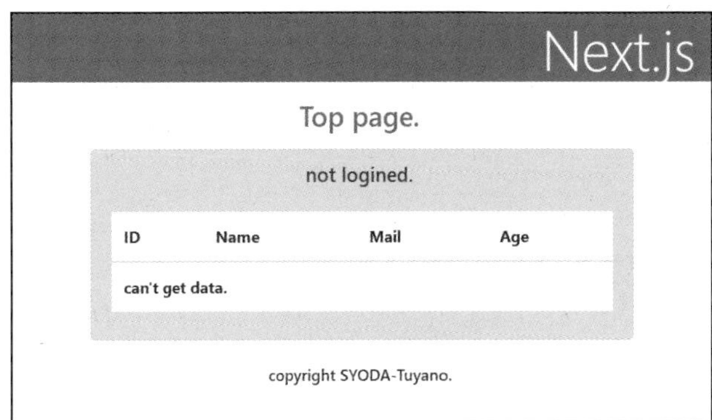

図6-38　ログインするとmydataが表示される。ログインしていないと表示されない。

http://localhost:3000/fireにアクセスすると、Googleのログインウィンドウが現れます。

ここでログインすると、Firestoreのmydataが表示されます。ログインせずにポップアップウインドウを閉じてしまうと、データは表示されません。

ユーザー認証のuseEffect

ここでは、ログインの処理を行うuseEffectと、Firestoreアクセスの処理を行うuseEffectの2つの副作用フックを用意しています。

まず、ログインの処理から見てみましょう。こんなものが用意されていますね。

```
useEffect(() => {
  auth.signInWithPopup(provider).then(result=> {
    setMessage('logined: ' + result.user.displayName)
  }).catch((error) => {
    setMessage('not logined.')
  })
},[])
```

auth.signInWithPopupでログイン処理を呼び出し、thenでsetMessageしています。このあたりは既にわかりますね。

その後を見ると、then()の後に更に.catch()というものが付け足されています。これは、signInWithPopupによるログインに失敗した際に発生する例外(エラーのこと)を処理するためのものです。authのログイン処理では、こんな具合に「ログインしなかった場合の処理」を用意できるのです。

```
auth.signInWithPopup(provider)
    .then( ログイン時の処理)
    .catch( ログイン失敗時の処理 )
```

このように、signInWithPopup().then().catch()というように連続してメソッドを呼び出していくことで、ログインできたときとそうでないときの処理をそれぞれ用意できるのです。

FirestoreアクセスのためのuseEffect

続いて、Firestoreにアクセスする処理を行う副作用フックを見てみましょう。mydataを取得してJSX配列にしていくあたりは既に作成したものですから、ここでは「ログインしたときだけアクセスする」という処理の仕組みを見てみましょう。

```
useEffect(() => {
  if (auth.currentUser != null) {
    db.collection('mydata').get().then((snapshot)=> {
```

Chapter 1
Chapter 2
Chapter 3
Chapter 4
Chapter 5
Chapter 6
Addendum

```
        ……Firestoreの処理……
      })
    } else {
      ……ログインしてないときの処理……
    }
  }, [message])
```

整理すると、こんな形で処理が用意されていますね。まず、ifでauth.currentUserがnullかどうかをチェックしています。ログインしていればここにuserオブジェクトが保管されますが、していない場合はnullになります。このifの中でdb.collection('mydata').get()を実行し、データを取得しているのですね。

ログイン状態に応じた処理は、このようにauth.currentUserの状態に応じて処理を実行するようにしておけばいいでしょう。

ログアウトについて

最後に、ログアウトの処理についても触れておきましょう。サンプルでは、アクセスするとまずログアウトして、それからログイン処理を行うようにしています。ログインは、リロードしたり他のサイトに移動してから戻ってきたりしても保持されますから、最初に明示的にログアウトをしてから再ログインするようにしておいたわわけです。

このログアウトを行っているのが以下の文です。

```
auth.signOut()
```

authの「signOut」を呼び出すだけでログアウトできます。ログアウトは非常に簡単に行なえますね!

これで、ログインからログアウトまでユーザー認証の基本的な機能は一通りできるようになりました。後は、実際にAuthenticationを使ったアプリを作って慣れていくだけです。

メッセージが送れるアドレスブック

メッセージ機能付きアドレス帳

React/Next.jsとFirebaseが使えるようになれば、ちょっとしたアプリはもう作れるようになっているはずです。そこで最後に、簡単なサンプルアプリを作ってみることにしましょう。

今回作るのは、「メッセージ機能付きアドレスブック」です。いわゆる住所録ですね。ただ、住所やメールアドレスを整理するだけでは面白くないので、登録した相手にメッセージを送ってやり取りする機能を追加しました。

ここでは、/addressというアドレスで作成をしてあります。Webブラウザからアクセスした直後は、まだ何もデータは表示されません。大勢が使えることを考え、このアドレス帳はログインして使うようになっています。ログインしていない状態だと何も表示されません。

図6-39　ログインしていない状態でアクセスすると、何も表示されない。

Googleアカウントの利用

画面の右上にある「LOGINED:」と表示されている部分をクリックすると、Googleアカウントでログインするページがポップアップして現れます。そこでログインすると、住所録が表示されます。

ログインすると、その人の住所録画表示されるようになっています。表示されるのは、名前とメールアドレスだけです。この住所録では、メールアドレスで登録した人を管理しています。従って、同じメールアドレスのデータを複数登録することはできないので注意して下さい。

なお、名前の前にチェックマークが表示されていることがあります。これは、何らかのメッセージが送られてきている知らせです。

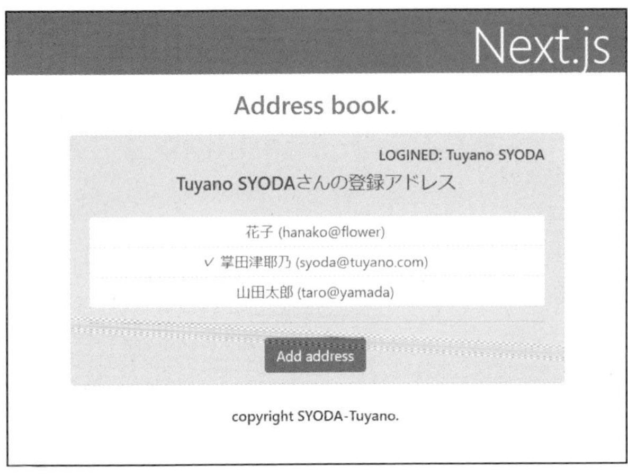

図6-40 ログインすると、登録した人がリスト表示される。

住所録の登録

アドレス帳への登録は、「Add address」ボタンをクリックして行います。これで登録の画面に移動します。名前、メールアドレス、電話番号、メモといった項目を記入して「Add」ボタンを押すとアドレス帳に登録がされます。

なお、この住所録はメールアドレスをキーにして登録しています。既に登録されているメールアドレスを使って再度登録をすると、前のデータは上書きされてしまうので注意して下さい。

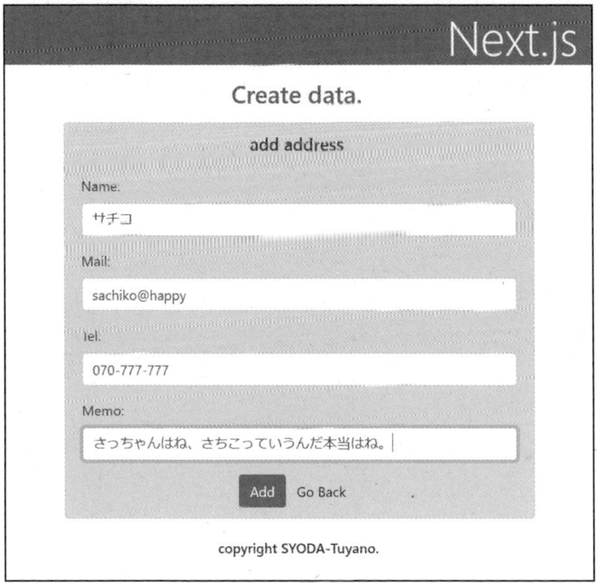

図6-41　名前、メールアドレス、電話番号、メモを記入し「Add」ボタンを押すと登録される。

登録情報の表示

トップページで表示されるメールアドレスの一覧リストから項目をクリックすると、そのデータの詳細が表示されます。

登録データの下には、メッセージ送信のフォームとメッセージの一覧が表示されます。フォームにメッセージを書いてボタンを押せば、メッセージを送ることができます。送られたメッセージは、自分と相手側の両方に表示されます。なお、こちらから送ったメッセージは「to:○○」、向こうから送られたメッセージは「from:○○」と表示されます。

なお、メッセージは、既にアカウントが登録されている相手でないとやり取りできません(登録されてない場合、送信時にエラーになります)。例えば、abc@mail.addressでログインした人が、xyz@mail.addressをアドレス帳に追加してメッセージを送信する場合、相手のxyz@mail.addressさんもログインしてアカウントが登録されていないとメッセージのやり取りはできないので注意しましょう。

Next.js

Info & messages.

address info

Name: 掌田津耶乃
Mail: syoda@tuyano.com
Tel: 000-000-000
Memo: ペンネームじゃ。

Message:

Send Message Go Back

From: ところで、締切っていつだっけ？
To: 了解。頑張って。
From: ちゃんと作ってるよ。明日まで待って。
To: アドレスブックのサンプル、まだ？
From: おっ、届いた。
To: さっそく送ってみるぞ。

copyright SYODA-Tuyano.

図6-42 登録データの詳細表示。下の方には、やり取りしたメッセージが表示されている。

アプリの設計をしよう

では、アプリを作成しましょう。今回も、Next.jsプロジェクトを利用します。/addressというページとして作成をしますので、ここまで使っていたNext.jsプロジェクトに追加して作ってもかまいません。もちろん、新たにプロジェクトを用意して作ってもいいでしょう。

今回は、3つのページを組み合わせて作成します。

●/address

これがトップページになります。登録してあるデータのリスト、登録ページへの移動ボタンなどを用意します。

●/address/add

データの登録ページです。データを入力するフォームを用意します。

●/address/info

選択したデータの詳細表示ページです。データの内容の他、メッセージ送信のフォーム、送信メッセージのリストが表示されます。

作成するファイル

これらのスクリプトは、/address下で呼び出されます。ということは、「address」フォルダにまとめるわけですね。「pages」フォルダ内に「address」というフォルダを用意して下さい。そこにスクリプトファイルを作成していきましょう。

作成するファイルは、以下の3つになります。

index.js	トップページの登録したアドレスを一覧表示するページです。
add.js	新たにアドレスを登録するページです。
info.js	アドレスの情報とメッセージのやり取りを表示するページです。

この3つのファイルを作成すればアプリは完成します。では、順に作成していきましょう。

index.jsを作成する

まず最初に作成するのは、トップページの「index.js」です。「address」フォルダ内にindex.jsファイルを作成し、以下のように記述しましょう。

リスト6-11

```
import {useState, useEffect} from 'react'
import Layout from '../../components/layout'
import { useRouter } from 'next/router'
import firebase from 'firebase'
import '../../components/fire'

const db = firebase.firestore()
const auth = firebase.auth()
const provider = new firebase.auth.GoogleAuthProvider();

auth.signOut()

export default function Index() {
  let addresses = []
  const [user, setUser] = useState(null)
  const [data, setData] = useState(addresses)
  const [message, setMessage] = useState('please login...')
  const router = useRouter()
```

```
// ログイン処理
const login = ()=> {
  auth.signInWithPopup(provider).then(result=> {
    setUser(result.user.displayName)
    setMessage('logined: ' + result.user.displayName)
  }).catch((error) => {
    setUser('NONE')
    setMessage('not logined.')
  })
}

// ログアウト処理
const logout = ()=> {
  auth.signOut()
  setUser(null)
  addresses = []
  setData(addresses)
  setMessage('logout...')
}

// ログイン表示をクリックしたとき
const doLogin = (e)=> {
  if (auth.currentUser == null) {
    login()
  } else {
    logout()
  }
}

// /addへの移動
const doAction = (e)=> {
  router.push('/address/add')
}

// アドレスのページへの移動
const doLink = (e)=> {
  const id = e.target.id
  router.push('/address/info?id=' + id)
}

// アドレスデータの取得と表示
useEffect(() => {
  if (auth.currentUser != null) {
    setUser(auth.currentUser.displayName)
    setMessage(auth.currentUser.displayName + 'さんの登録アドレス')
```

```
      db.collection('address')
          .doc(auth.currentUser.email)
          .collection('address').get()
          .then((snapshot)=> {
        snapshot.forEach((document)=> {
          const doc = document.data()
          addresses.push(
            <li className="list-group-item list-group-item-action p-1"
                onClick={doLink} id={document.id}>
              {doc.flag ? '√' : ''}{doc.name} ({doc.mail})
            </li>
          )
        })
        setData(addresses)
      })
    } else {
      addresses.push(
        <li key="1">can't get data.</li>
      )
    }
  }, [message])

  return (
    <div>
      <Layout header="Next.js" title="Address book.">
      <div className="alert alert-primary text-center">
        <h6 className="text-right" onClick={doLogin}>
          LOGINED: {user}
        </h6>
        <h5 className="mb-4">{message}</h5>
        <ul className="list-group">
          {data}
        </ul>
        <hr/>
        <button className="btn btn-primary"
            onClick={doAction}>Add address</button>
      </div>
      </Layout>
    </div>
  )
}
```

addressのデータ構造

このindex.jsは、ログインの管理とアドレスデータの管理がもっとも重要な部分となります。とはいえ、ログインやログアウトの基本は既に説明済みですし、Firestoreからデータを取得するやり方もわかっていますから、じっくり読めばだいたいやっていることはわかるでしょう。

それよりも頭に入れておきたいのは、「データ構造」です。ここではアドレスブックのデータを取り出すのに以下のようなやり方をしています。

```
db.collection('address')
    .doc(auth.currentUser.email)
    .collection('address').get()
```

「address」というコレクションから、ログインしているアカウントのemailのドキュメントを取得しています。つまり、address内には、各アカウントのメールアドレスをキーにしてデータがまとめられている、というわけですね。

ここでは、取り出したドキュメントから更に「address」というコレクションを取り出しています。これが、ログインしているアカウントのアドレスデータです。

今回のアプリでは、大勢がログインして利用することを考えています。従って、単純にアドレスデータをそのままコレクションに入れておけばいいわけではありません。各アカウントごとに個別にデータを用意できないといけないのです。

そこで、「addressコレクション内に各アカウントのドキュメントを用意し、その中の「address」コレクションにアドレスブックのデータを追加する」という形にしているのです。

Firestoreでは、ドキュメントの中にフィールドだけでなくコレクションを追加することもできるのです。コレクション内のドキュメントに更にコレクションを追加することで、あるドキュメント内に多数のデータを保管できるようになります。db.collection().doc().collection().doc().……というように幾重にも階層的にコレクションを組み込んでいけるのです。

この手法は、Firestoreで複雑なデータを構築していくのに良く用いられる手法です。どのようにデータを作成しているのか、よく頭に入れておきましょう。

コラム 冒頭にサインアウトしていても大丈夫？ Column

index.jsのスクリプトを呼んでいくと、関数コンポーネントの前にauth.signOut()を実行してログアウトしているのに気がつきます。これ、大丈夫なんでしょうか。このアドレス帳では、/addressのページ以外にも/address/addや/address/infoといったページを用意しています。これらのページに移動して、また/addressに戻ると、

auth.signOut()でログアウトしてしまうのでは？ 毎回、/addressに戻るたびにログアウトしても大丈夫？

これは、実は大丈夫なのです。なぜなら、/address/addや/address/infoから/addressに戻っても、スクリプトの冒頭にあるauth.signOut()は実行されないからです。

私たちは普段利用しているWebサイトの感覚で、アドレスが変わると別のページにジャンプし、そのページをロードしていると思いがちです。が、実をいえばNext.jsの複数ページは、ページ移動しても一切リロードはしていません。これは、アドレスに応じて表示するコンポーネントを切り替えているだけなのです。

もちろん、Webブラウザのアドレスバーに直接アドレスを記入して移動すればそのページに完全に切り替わります。しかし、router.pushで表示を移動する場合は、実際にはページは移動せず、表示しているコンポーネントを切り替えているだけなのです。

 add.jsを作成する 

続いて、新たにアドレスデータを作成する「add.js」を作りましょう。「address」フォルダ内にファイルを用意し、以下のように内容を記述して下さい。

リスト6-12

```
import {useState, useEffect} from 'react'
import Layout from '../../components/layout'
import firebase from 'firebase'
import { useRouter } from 'next/router'
import '../../components/fire'

const db = firebase.firestore()
const auth = firebase.auth()

export default function Add() {
  const [message, setMessage] = useState('add address')
  const [name, setName] = useState('')
  const [mail, setMail] = useState('')
  const [tel, setTel] = useState('')
  const [memo, setMemo] = useState('')
  const router = useRouter()

  // ログインしてなければトップページに戻る
  useEffect(() => {
    if (auth.currentUser == null) {
      router.push('/address')
    }
```

```
  },[])

  // name, mail, tel, memoの入力処理
  const onChangeName = ((e)=> {
    setName(e.target.value)
  })
  const onChangeMail = ((e)=> {
    setMail(e.target.value)
  })
  const onChangeTel = ((e)=> {
    setTel(e.target.value)
  })
  const onChangeMemo = ((e)=> {
    setMemo(e.target.value)
  })

  // アドレスの登録
  const doAction = ((e)=> {
    const ob = {
      name:name,
      mail:mail,
      tel:tel,
      memo:memo,
      flag:false
    }
    db.collection('address').doc(auth.currentUser.email)
        .collection('address').doc(mail).set(ob).then(ref=> {
      router.push('/address')
    })
  })

  // トップページに戻る
  const goBack = (e)=> {
    router.push('/address')
  }

  return (
    <div>
      <Layout header="Next.js" title="Create data.">
      <div className="alert alert-primary text-center">
        <h5 className="mb-4">{message}</h5>
        <div className="text-left">
          <div className="form-group">
            <label>Name:</label>
            <input type="text" onChange={onChangeName}
```

```
            className="form-control" />
        </div>
        <div className="form-group">
          <label>Mail:</label>
          <input type="text" onChange={onChangeMail}
            className="form-control" />
        </div>
        <div className="form-group">
          <label>Tel:</label>
          <input type="text" onChange={onChangeTel}
            className="form-control" />
        </div>
        <div className="form-group">
          <label>Memo:</label>
          <input type="text" onChange={onChangeMemo}
            className="form-control" />
        </div>
      </div>
      <button onClick={doAction} className="btn btn-primary">
        Add
      </button>
      <button onClick={goBack} className="btn">
        Go Back
      </button>
    </div>
    </Layout>
  </div>
  )
}
```


IDを指定してドキュメントを追加するには？

ここでは、フォームにテキストを入力し、その内容をFirestoreに保存しています。アドレスデータは、Firestoreの「address」コレクション内にある自身のメールアドレスのブック内に、更に「address」というコレクションを用意して、この中に保管しています。

今回、ボタンをクリックするとフォームの内容をFirestoreに保存していますが、これはdoAction関数で行っています。この中で、実際にドキュメントを保存しているのは以下の処理です。

```
db.collection('address').doc(auth.currentUser.email)
    .collection('address').doc(mail).set(ob)
```

コレクションにドキュメントを追加するときは、collection().add()というように、collection内にあるaddを呼び出していました。が、このやり方では、保管するドキュメントのIDにランダムなテキストが設定されてしまいます。

今回は、「address」コレクションの中に、登録情報のメールアドレスをキーに指定してドキュメントを作成します。このように「あらかじめ用意したキー（ID）にドキュメントを保管する」のはどうすればいいのでしょうか。

これは、docでそのキーのドキュメントを指定し、それに「set」でデータを設定する、というやり方をすれば問題ありません。この「set」は、ドキュメントの内容を更新するのに使うメソッドです。引数に保管する値をオブジェクトにまとめて渡せば、それらが指定のドキュメントに設定されます。

この「ドキュメントの更新」を行うsetメソッドを使い、メールアドレスをキーに指定したドキュメントを用意し、これにsetで値を設定すれば、思った通りのキーにデータを保管できるようになります。

Chapter 1
Chapter 2
Chapter 3
Chapter 4
Chapter 5
Chapter 6
Addendum

info.jsを作成する

残るは、「info.js」ファイルのみです。これは、選択したアドレスデータの内容を表示するものでしたね。では、「address」フォルダの中に、新たに「Info.js」ファイルを作成し、以下のように記述しましょう。

リスト6-13 info.js

```
import {useState, useEffect} from 'react'
import Layout from '../../components/layout'
import firebase from 'firebase'
import { useRouter } from 'next/router'
import '../../components/fire'

const db = firebase.firestore()
const auth = firebase.auth()

export default function Info() {
  const [message, setMessage] = useState('address info')
  const [cmt, setCmt] = useState('')
  const [mydata, setMydata] = useState(null)
  const [msgdata, setMsgdata] = useState([])
  const router = useRouter()

  // ログインしてなければトップページに戻る
  useEffect(() => {
```

```
  if (auth.currentUser == null) {
    router.push('/address')
  }
},[])

// 入力フィールドの処理
const onChangeCmt = ((e)=> {
  setCmt(e.target.value)
})

// メッセージの投稿
const doAction = ((e)=> {
  const t = new Date().getTime()
  const to = {
    comment:'To: ' + cmt,
    time:t
  }
  const from = {
    comment:'From: ' + cmt,
    time:t
  }
  // 自身のアドレス内にメッセージを追加
  db.collection('address')
      .doc(auth.currentUser.email)
      .collection('address')
      .doc(router.query.id)
      .collection('message').add(to).then(ref=> {
    // 相手のアドレス内にメッセージを追加
    db.collection('address')
        .doc(router.query.id)
        .collection('address')
        .doc(auth.currentUser.email)
        .collection('message').add(from).then(ref=> {
      // 相手のアドレス内のflagを変更
      db.collection('address')
          .doc(router.query.id)
          .collection('address')
          .doc(auth.currentUser.email).update({flag:true}).then(ref=> {
        router.push('/address')
      })
    })
  })
})

// トップページに戻る
```

```
const goBack = (e)=> {
  router.push('/address')
}

// アドレスデータとメッセージを取得し表示
useEffect(() => {
  if (auth.currentUser != null) {
    db.collection('address')
        .doc(auth.currentUser.email)
        .collection('address')
        .doc(router.query.id).get()
        .then((snapshot)=> {
      setMydata(snapshot.data())
    })
    db.collection('address')
        .doc(auth.currentUser.email)
        .collection('address')
        .doc(router.query.id)
        .collection('message').orderBy('time', 'desc').get()
        .then(snapshot=> {
      const data = []
      snapshot.forEach((document)=> {
        data.push(<li className="list-group-item px-3 py-1">
          {document.data().comment}
        </li>)
      })
      setMsgdata(data)
    })
    db.collection('address')
      .doc(auth.currentUser.email)
      .collection('address')
      .doc(router.query.id).update({flag:false})
  } else {
    setMessage("no data")
  }
}, [message])

return (
  <div>
    <Layout header="Next.js" title="Info & messages.">
    <div className="alert alert-primary text-center">
      <h5 className="mb-4">{message}</h5>
      <div className="text-left">
        <div>
          <div>Name: {mydata != null ? mydata.name : ''}</div>
```

```
            <div>Mail: {mydata != null ? mydata.mail : ''}</div>
            <div>Tel: {mydata != null ? mydata.tel : ''}</div>
            <div>Memo: {mydata != null ? mydata.memo : ''}</div>
          </div>
          <hr/>
          <div className="form-group">
            <label>Message:</label>
            <input type="text" onChange={onChangeCmt}
              className="form-control" />
          </div>
        </div>
        <button onClick={doAction} className="btn btn-primary">
          Send Message
        </button>
        <button onClick={goBack} className="btn">
          Go Back
        </button>
      </div>
      <ul className="list-group">
        {msgdata}
      </ul>
      </Layout>
    </div>
  )
}
```

異なるドキュメントを並行して取得する

このinfo.jsでは、複数のドキュメントを取得し表示します。1つは、アクセスしているアドレスデータのドキュメント。これはわかりますね。そしてもう1つ、そのアドレスデータのドキュメント内にある「message」コレクションのドキュメント。これが、そのアカウントに送られたメッセージになります。

ドキュメント内にコレクションがある場合、ドキュメントを取り出しただけではコレクション内のデータは得られません。ドキュメントの内容の取得とは別に、ドキュメント内にあるコレクションの全ドキュメントを取り出すようにしなければいけないのです。

今回のinfo.jsでは、指定したキーのアドレスデータと、そこにある「message」コレクション内のメッセージデータを以下のように取り出しています。

```
db.collection('address')
    .doc(auth.currentUser.email)
    .collection('address')
    .doc(router.query.id).get()
```

```
db.collection('address')
      .doc(auth.currentUser.email)
      .collection('address')
      .doc(router.query.id)
      .collection('message').orderBy('time', 'desc').get()
```

見ればわかるように、2つのgetを並行して実行させ、それぞれ結果を受け取るようにしています。1つ目は、「address」コレクション内のログインしているアカウントのメールアドレスのドキュメントを取得し、2つ目は更にその中にあるコレクションを取り出しています。そしてそれぞれの内容をページ内に表示しているのですね。

Chapter 1
Chapter 2
Chapter 3
Chapter 4
Chapter 5
Chapter 6
Addendum

複数コレクションへの追加

もう1つ、メッセージの送信も重要です。ここではメッセージを送信すると、Firestoreで以下の3つの操作を行っています。

1. ログインユーザーの「message」にメッセージを追加する。
2. 送信先のアカウントの「message」にメッセージを追加する。
3. 送信先のアカウントにあるログインユーザーのflagをtrueに変更する。

重要なのは、これら3つはすべて非同期で行うわけで、しかもすべてが完了してからでないとリダイレクトできない、という点です。そこで、以下のようにしてこれらの処理を行っています。

```
db.collection('address')
     .doc(auth.currentUser.email)
     .collection('address')
     .doc(router.query.id)
     .collection('message').add(to).then(ref=> {
  db.collection('address')
       .doc(router.query.id)
       .collection('address')
       .doc(auth.currentUser.email)
       .collection('message').add(from).then(ref=> {
    db.collection('address')
         .doc(router.query.id)
         .collection('address')
         .doc(auth.currentUser.email).update({flag:true}).then(ref=> {
           ……ここでリダイレクト……
         })
```

```
    })
})
```

なんだかメソッドの呼び出しがいくつも続いていて、何をやっているのかよくわからないですね。もう少し整理しましょう。

```
《ログインユーザー側のmessageコレクション》.add(to)..then(ref=> {
    《送信先アカウント側のmessageコレクション》.add(from).then(ref=> {
        《送信先アカウント側のドキュメント》.update({flag:true}).then(ref=> {
            ……リダイレクト……
        })
    })
})
```

わかりますか？ addを実行し、そのthen内でまたaddを実行し、そのthen内でupdateを実行し、そのthen内でリダイレクトを実行する。このように、非同期処理のthen内から更に次の非同期処理を呼び出し、そのthenないから更に次の非同期処理を呼び出す、というように「非同期処理の入れ子構造」になっているのですね。

慣れないとこの書き方はかなりわかりにくいですが、複数の非同期処理を確実に順番通りに実行していくことができます。まぁ、今すぐ理解する必要はないですが、「こういうやり方もできる」ということは知っておくと将来役に立ちますよ。

まだまだ説明していないことはたくさんありますが、とりあえず以上のポイントに留意してスクリプトをじっくり読めば、何をやっているのかは少しずつわかってくるはずです。後は、実際にアプリを作って動かしながら、それぞれで調べてみてくださいね。

これから先はどうするの？

というわけで、Reactの説明はこれですべて終わりです。Next.jsやFirebaseが登場したあたりから、グン！ と難易度が上がった感じがあるでしょう。途中でわけがわからなくなってきた人、一応最後まで読んだけどまるでわからない人、最初から全然わからなかった人、さまざまな人がいることと思います。

ここで、そうした人に向けて一言いっておきましょう。

「こんな本を読んだだけで、Reactをマスターできる人間なんて絶対にいない！」

一応、本書は入門書(超入門書？)です。だから、「読めばReactを覚えられますよ」というスタンスで書いてはあります。けれど、正直いって、こんな分厚い本に書かれていることを、一回読んだだけで全部覚えられる人います？ 筆者は、絶対に無理です。覚えられるわけがありません。そうでしょう？

だから、一度ざっと読んだ程度で「全然わからない！」と頭を抱えるのは、ある意味、正しい反応です。そんな、普通できませんよ、一度読んだぐらいでは。大切なのは、「そこから先」なんです。

この本は、Reactの入門というより、「入り口まで誘導する、導入書」です。ここから、Reactの本格的な学習が始まるのです。

とりあえず、Reactの基本的な機能がどういうものかざっとわかりました。よく使われるパッケージが組み込まれたNext.jsがどういうものかもだいたいわかりましたし、Firebaseと連携すればデータベース機能が使えるようになることもわかりました。

が、わかったからといって、「じゃあ、すらすらプログラムが書けるようになったか」といえば、まるでなっていません(でしょう？)。説明を読んで「わかった」というのと、実際に「使える」というのは、まるで別のことなのです。

本書は、なんとなく「わかった」気がする、ぐらいになることを目指しました。後は、そこから「使える」ところまで、それぞれで勉強し歩んでいってほしいのです。幸い、本書で「Reactがだいたいどういうものか」はなんとなくわかっています。「こういうことは、こういうやりかたをするんだよな」というだいたいのイメージはつかめているでしょう。それは、これから先の学習において、大きな力となってくれるはずです。

では、これから先、どうやって学習を進めていけばいいのでしょうか。簡単な道標をまとめておきます。

Chapter 1
Chapter 2
Chapter 3
Chapter 4
Chapter 5
Chapter 6
Addendum

まずは、最初から復習！

最初にやるべきことは、「新しいReact入門書を買ってくる」こと、ではありません。この本を、もう一度最初からきっちりと読み返していきましょう。その際、書いてあるリストはすべて「自分で一から書いて動かす」こと。これは重要です。

プログラミングというのは、「書いて覚える」ものです。自分でどれだけコードを書いたか、それが全てなのです。読んだだけでマスターできるのは天才だけです。普通の人は、ひたすらコードを書く。書いて書いて書きまくって覚えるしかありません。入門書のたぐいをヤギに食わせるほど買い込んでくるより、「ひたすら書く」ほうが安上がりだし、最終的には早くマスターできるんです。

サンプルを改造しよう！

一通り復習が終わったら、一度目よりもだいぶReactの使い方がわかってきているはずです。そうしたら、実際にプログラムを書いていきましょう。といっても、一から全てを書いていくのは大変ですから、まずは本書のサンプルをベースに、その機能を少しずつ改造するなどしてカスタマイズしてみて下さい。

プログラマは、さまざまな機能の作り方をたくさん引き出しにストックしています。小さな処理を組み合わせて大きな処理を作っていくのです。ですから、「さまざまな、小さい処理の仕方」を学んでいくことはとても重要です。

オリジナルアプリに挑戦！

いろんな機能の作り方が少しずつ身についてきたら、完全なオリジナルのアプリに挑戦してみてもいいでしょう。アプリの作成は、プログラミングとはまた違った技能が必要です。考えているアプリの機能を具体的な処理に分解し組み立てていく能力、アプリ全体を設計しまとめる能力などです。

これらは、実際に試行錯誤し頭を抱えることで身につきます。ひたすら悩んで、自分だけのアプリ作りに挑戦して下さい。そして失敗を恐れないで！ エラーの数だけプログラマは成長するのですから。

ここまでくれば、あなたも立派なプログラマ。例え「すらすらプログラムを作れる」ようにはなっていなかったとしても、あちこちで頭をぶつけ、あちこちで調べ、なんとか形になるぐらいに作り上げることはできるようになっているでしょう。そして、それでいいんです。というより、それこそが「プロのプログラマ」の本当の姿なんですから。

では、いつの日か、あなたの作ったアプリとインターネット上で出会えることを願って。

2021.1 掌田津耶乃

Addendum

JavaScript超入門！

Reactを学ぶためには、JavaScriptの知識が必要です。が、ただ「変数や構文ぐらいはわかる」というだけでは、Reactを学ぶにはちょっと心もとないでしょう。関数やオブジェクト、そしてクラスといったものについてもある程度の知識が必要です。そうした基礎知識について、ここで超圧縮して説明しましょう！

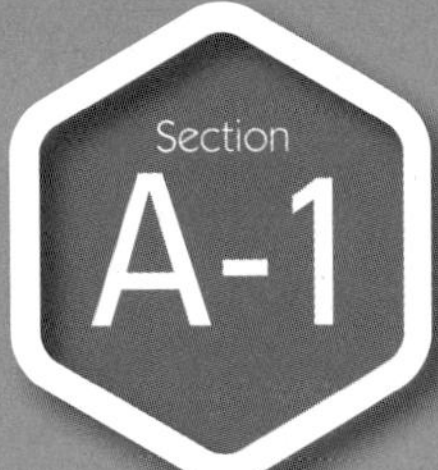

JavaScriptの基本を超簡単おさらい！

 この章の目的は？ 

この章の目的は、「JavaScriptに関する必要最小限の知識を詰め込んで、なんとかReactの説明が読めるようにする」ということです。このため、細かな文法などは大幅にカットし、必要最低限の説明だけをコンパクトにまとめてあります。

ですから、ここでの説明はざっと斜め読みして、「なんとなくわかった」ならばそれで十分、と割りきって下さい。その程度の知識があれば、とりあえずこの本は読めます。

ただし、「これでJavaScriptをマスターできる」というわけではありませんよ。本書に掲載されるソースコードをすべてきっちり理解しようと思ったら、きちんとしたJavaScriptの入門書を買ってしっかり勉強して下さい。

これは、「今すぐこの本を読みたい人」のために、必要最低限のものを詰め込んだ「救急BOX」のようなものです。多少の切り傷ぐらいならこれで十分。でも骨折したら病院に行かないとダメ。そういうものです。あまり期待しすぎてはダメですよ。ちゃんとJavaScriptを使いたいなら、大ケガする前に必ずきちんとした入門書で学びなおしてくださいね。

では、超スピードで解説していきましょう！

 この章で説明すること 

ここでは、JavaScriptの基本的な文法についてまとめていきます。「基本的な文法」というのは、ざっと以下のようなものです。

- 値、変数、計算
- 制御構文
- 配列
- 関数

● オブジェクト

これらの中でも、最初の3つは、なんとなく聞いたことがあるでしょう。詳しく説明しなくとも、これからスクリプトをいろいろと眺めていけば自然にわかるものでしょう。

ですから、これらについては、「これだけ頭に入れておけばOK！」というものを次々と並べていくので、ざっと流し読みして下さい。それで十分です。その後の「関数」については、Reactではけっこう重要なのでもう少し詳しく説明しておきます。最後の「オブジェクト」は、基本をきっちり理解してないとまずいので、基本部分について重点的に説明をします。ただし、「わからなくても本書を読む上では支障ない」と思うものは、たとえ重要でもバッサリ切り捨ててあります。

値と変数について

では、最初の「値、変数、計算」といったものからまとめていきましょう。これらは、1つ1つ細かく説明するより、全部まとめて「こう使うんだよ」とざっくり理解しておけばそれで十分です。そのうち、イヤでも使い方は覚えるはずですから。

まずは、主な値がどういうもので、どう書くのか、まとめておきましょう。

数の値

数の値、その数字を普通に書くだけです。小数点は、ドット(.)記号を使います。また負の値は半角のマイナスを前につけます。他に余計なものを付けてはいけません。

```
例）123          0.001          100000.01
```

テキストの値

テキストは最初と最後にクォート記号("または')をつけて書きます。どちらの記号を使っても、働きはまったく同じです。「どちらを使えばいいか」と悩む必要はありません。

```
例）"Hello"          'あいう'          'This is "React" ！'
```

真偽値

真偽値は「真か、偽か」という二者択一の状態を示すのに用いられる値です。これは「true」「false」という2つの値しかありません。

例）true　　　false

変数について

変数は、値を保管しておくための入れ物です。プログラミング言語では、必要な値を変数に入れておき、この変数を使って計算などを行います。さまざま変数を用意して計算したり表示したりして処理を行っていきます。

変数宣言は、varとletがありますが、varはスクリプト全般で使い、letは変数を用意したところだけで使います。まぁ、このへんの違いは今は意識する必要はありません。

●変数の宣言

```
var 変数
let 変数
```

●値の代入

```
変数 = 値
```

●値の取得

```
取り出し先 = 変数
```

●宣言と代入

```
var 変数 = 値
let 変数 = 値
```


定数について

一度値を設定したら二度と変更できない入れ物が「定数」です。これは、最初に以下のように宣言をして使います。定数は、宣言をした時に値を設定し、それ以後は一切変更できません。

●定数の宣言と代入

```
const 定数 = 値
```

四則演算について

数字の計算の基本は「四則演算」です。これは「-」「*」「/」といった記号を使って行います。また「%」という記号で、割り算の余りを計算することもできます。この他、演算の優先順位を決める()も使えます。

```
例）var x = 12 + 34 - 56
  y = (1 / 2) * 3
```

テキストの演算について

テキストは「+」記号を使って他のテキストとつなげることができます。これは、テキスト以外の値とつなげることもできます。

```
例）var x = "abc" + 123
  y = x + "end"
```

比較演算子について

比較演算子は、2つの値を比較する式です。これは以下のような演算子が用意されています(AとBを比べる形で記述します)。

A == B	AとBは等しい
A != B	AとBは等しくない
A < B	AはBより小さい
A <= B	AはBと等しいかそれより小さい
A > B	AはBより大きい
A >= B	AはBと等しいかそれより大きい

これらの演算子を使った式は、真偽値の値として扱うことができます。式が成立する場合はtrue、しない場合はfalseになります。これは、制御構文の条件でよく使われます。

文の終わりについて

次の「構文」に入る前に、JavaScriptの「文」について少し触れておきましょう。JavaScriptのプログラムは、実行する内容を記した「文」を順番に書いていきます。この文は、以下の2つの書き方で終わります。

1. 改行する。
2. 最後にセミコロン(;)をつける。

例えば、AAA、BBB、CCCという3つの文を実行しようと思ったら、こんな具合に書くでしょう。

```
AAA
BBB
CCC
```

これは、セミコロンを使ってこんな具合に1行にまとめて書くこともできます。

```
AAA;BBB;CCC;
```

従来は、この両方を使って、以下のように書くのが一般的でした。これがおそらく一番見慣れた書き方でしょう。

```
AAA;
BBB;
CCC;
```

ただ、「そこまでしなくてもいいんじゃない？」という意見もあり、最近では改行で文が終わるときはセミコロンは省略することも多いようです(本書も基本的にはそうしています)。とりあえず、上記の3通りの書き方は「すべて同じものだ」ということは知っておきましょう。

制御構文について

処理の流れを制御するためのものが「制御構文」です。これは条件によって処理を分岐させる「条件分岐」と、決まった処理を繰り返し実行する「繰り返し」があります。構文の基本をざっとまとめておきましょう。

if構文

ifは「条件分岐」の基本となる構文です。このif文は、条件に応じて実行する処理を変更するのに使います。条件には、真偽値を指定します。

●if文の基本形(1)

```
if ( 条件 ) {
    ……正しいときの処理……
}
```

●if文の基本形(2)

```
if ( 条件 ) {
  ……正しいときの処理……
} else {
  ……正しくないときの処理……
}
```

switch構文

3つ以上の分岐処理が必要な場合もあります。こういうときに用いられるのが、「switch」構文です。

●switchの基本形

```
switch( 条件 ){
case 値1:
  ……値1のときの処理……
  break
case 値2:
  ……値2のときの処理……
  break

……必要なだけcaseを用意する……

default:
  ……それ以外のときの処理……
}
```

while構文

whileは、もっとも簡単な繰り返し構文です。条件を指定し、それがtrueである間は繰り返しを続けます。条件がfalseとなると繰り返しを抜け、次に進みます。

●while文の基本形

```
while ( 条件 ){
  ……繰り返す処理……
}
```

for構文

「for」構文も繰り返しのためのものですが、whileに比べるとかなり複雑な形をしています。また普通のforの他に配列用のforというものもあります(これは、この後で説明)。

●for文の基本形

```
for ( 初期化 ; 条件 ; 後処理 ) {
  ……繰り返す処理……
}
```

配列について

たくさんの値をまとめて扱いたいときに用いられるのが「配列」です。配列は、「インデックス」という番号を割り振った保管場所がたくさん用意されていて、そこに1つ1つ値を保管できます。

●配列の値の書き方

```
[ 値1, 値2, …… ]
```

●配列の作成

```
var 変数 = new Array()
var 変数 = new Array( 要素の数 )
var 変数 = [ 値1, 値2, …… ]
```

●配列の値のやり取り

```
配列 [ 番号 ] = 値
変数 = 配列 [ 番号 ]
```

配列に保管されている値は、変数名の後に[]という記号でインデックスの番号を指定してやり取りをします（これは「添字」と呼ばれます）。このインデックス番号は、ゼロ番から順に割り振られます。

例えば、Aという変数に配列が入っているなら、その最初の値はA[0]と表され、2番目の値はA[1]、3番目はA[2]……という具合に値を指定していくことができます。

配列のfor構文

JavaScriptには、配列用のfor構文が用意されています。これは以下のように記述します。

```
for ( 変数 in 配列 ){
  ……繰り返し処理……
}
```

このfor構文では、配列から順にインデックスの値を取り出して変数に代入します。繰り返し部分では、このインデックス番号を使って配列から値を取り出し利用します。注意したいのは、「変数に取り出されるのは配列のインデックス番号であって、値ではない」という点です。繰り返し内では、変数に取り出したインデックス番号を使って配列から値を取り出して利用します。

 「関数」について 

関数は、メインのプログラムから切り離され、いつでも実行できるようにまとめられたプログラムのかたまりです。この関数は、Reactでは非常に重要な役割を果たします。関数は、さまざまな書き方や使い方ができるので、それらを一通り頭に入れておかないと、Reactでうまく関数を利用できないでしょう。

関数の基本的な形はいくつかあります。まずは、基本の2つの書き方を挙げておきましょう。

●関数の書き方(1)

```
function 関数 ( 引数 ) {
    ……実行する処理……
}
```

関数は、「function」「関数の名前」「引数」の３つの要素でできています。「function」は、関数を作るときのキーワードです。そして、その後にその関数の名前を用意します。

引数は、関数が必要とする値を渡すためのものです。これは、いくつでも用意できます。2つ以上の引数を用意したい場合は、それぞれをカンマ(,)記号でつなげて書きます。また特に値を渡す必要がなければ引数は用意しなくてもかまいません。ただし、その場合も()だけはつけておきます。

関数の書き方(2)

関数は、値として変数に入れて利用することもできます。この場合は、以下のような書き方をします。

```
var 変数 = function ( 引数 ) {
    ……実行する処理……
}
```

引数や{}の書き方などは(1)と全く同じです。また、どちらの書き方をしても働きは全く同じです。「普段は(1)の書き方をするけど、こういうときは(2)の書き方をする」というような使い分けもまったくありません。どういうときでも、2つのどちらの書き方をしても構いません。

関数と戻り値

関数には、処理をただ実行するだけのものと、結果を返すものがあります。結果を返す関数では、関数の処理の中で「return」というものを使います。

```
function 関数 ( 引数 ) {
  ……実行する処理……
  return 値
}
```

このreturnは、そこで処理を抜け、指定した値を呼び出し元に送り返す働きをします。値を返す関数は、変数などと同じく、返す値と同じ感覚で扱うことができます。

関数を使ってみる

では、簡単な関数を作って利用する例を挙げておきましょう。テキストエディタなどで以下のスクリプトを記述し、「sample.html」といった名前で保存しましょう。そしてファイルをWebブラウザで開いてみて下さい。

リストA-1

```
<!DOCTYPE html>
<html lang="ja">
<head><title>Sample</title></head>
<body>
<h1>Index</h1>
<script>
function hello(name){
  document.write('<p>こんにちは、' + name + 'さん！</p>')
}

hello('たろう')
hello('花子')
</script>
</body>
</html>
```

これをWebブラウザで開くと、画面に「こんにちは、たろうさん！」「こんにちは、花子さん！」といったメッセージが表示されます。JavaScriptのスクリプトが実行されていることがよくわかるでしょう。

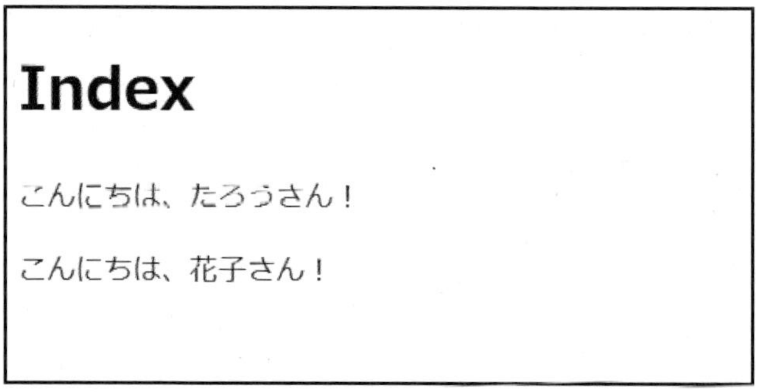

Index

こんにちは、たろうさん！

こんにちは、花子さん！

図A-1　ファイルを表示すると、このような表示が現れる。

スクリプトは<script>タグに書く

JavaScriptのスクリプトは、HTMLの中に<script>タグとして用意します。<script>と</script>の間にJavaScriptのスクリプトを記述すると、それが読み込まれる際に実行されます。こんな形ですね。

```
<script>
……スクリプト……
</script>
```

なお、サンプルでは「document.write」というものが使われていますが、これは、Webブラウザに表示されるドキュメントに値を書き出すものです。よくわからないでしょうが、「document.write(○○) と書くと、数字やテキストをブラウザに表示できる」と考えて下さい。

関数の定義と呼び出し

最初の function hello(name){ ～ } の部分が、関数の定義部分です。そして、その後にあるhello('たろう') や hello('花子') という部分が、関数を呼び出して実行しているところです。

関数の定義は、こんな具合に function ○○() で始まり、その後の{}の部分に処理を書いておきます。そしてその関数を実行するには、○○() というように関数名とその後の()の部分(引数という部分です)を書いて呼び出します。

これが、関数の利用の基本です。「定義」と「呼び出し」のやり方さえわかれば、関数は使えます。

また、ここでは2回、hello関数を呼び出していますね。関数は1度書いておけば、いつでも何度でも呼び出して利用することができます。

関数は「値」だ！

関数の書き方で紹介したものの内、(2)の書き方は、あんまり見たことないな、と思った人も多いことでしょう。こういう書き方ですね。

```
var 変数 = function ( 引数 ) {……}
```

この書き方からなんとなく想像できると思いますが、関数というのは「値」なのです。これは、function (引数) {……} という関数を、変数に代入する文なのですね。

関数は、オブジェクトなのです。オブジェクトについては後で触れますが、「関数も、オブジェクトという値の一種だ」ということは頭に入れておきましょう。

値なんですから、変数に入れて利用することもできます。例えば、こんな具合です。

リストA-2

```
function a(){
  return "hello"
}

let b = a
let c = a()
```

関数aを定義し、それを利用しています。b = aとすると、変数bには、関数aそのものが入ります(関数aの結果ではありません)。そして c = a() とすると、変数cには関数aの実行結果("hello"というテキスト)が入ります。

()をつけるとその関数が実行され、つけないと「関数の値」として扱うことができる、というわけです。

アロー関数について

関数の中には、関数名を持たず、その場で利用するだけのものもあります。「アロー関数」と呼ばれるもので、以下のように記述します。

```
( 引数 )=>{ ……実行する処理……}
```

これは、関数を引数に関数を使うような場合に用いられます。特にReactでは、「関数の引数に関数を用意する」といったことがよくあるのです。こうした場合に、アロー関数は多用されます。

アロー関数の書き方、使い方がわかっていれば、そうしたスクリプトを見ても「何だこれ？」と慌てずにすみます。

関数を引数にする？

では、実際にアロー関数がどのように使われるのか、見てみましょう。ここでは、引数にアロー関数を用意するhello関数を作成して、これを利用してみます。リストA-1の<script>～</script>の間の部分を以下のように書き換えてみて下さい。

リストA-3

```
function hello(getName, name){
  document.write('<p>こんにちは、' + getName(name) + 'さん！</p>')
}
hello((name)=>{ return '<b>' + name + '</b>'; }, 'たろう')
hello((name)=>'<<<' + name + '>>>', '花子')
```

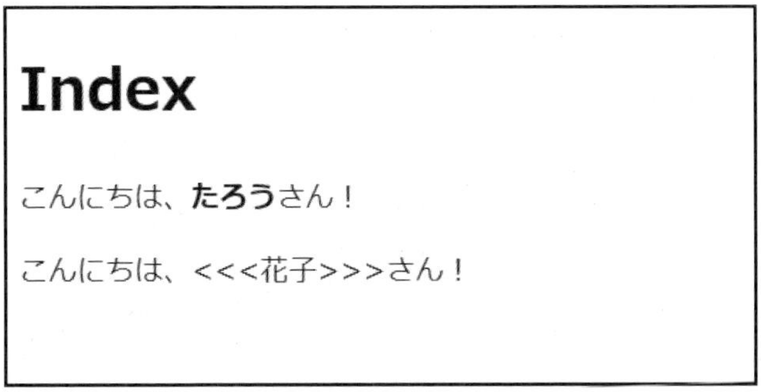

Index

こんにちは、**たろう**さん！

こんにちは、<<<花子>>>さん！

図A-2　hello関数を２回呼び出す。名前とその表示がまるで違うのがわかる。

ここでは、function hello(getName, name){ ～というように関数が定義されています。引数には、getNameとnameが用意されています。関数の中では、getName(name)というようにして、nameを引数にしてgetName関数を実行した結果が表示されるようになっています。

これを利用しているのが、その下の文です。

```
hello((name)=>{ return '<b>' + name + '</b>'; }, 'たろう')
```

ちょっとわかりにくいですが、これは第1引数に、(name)=>{ return '<b>' + name + '</b>'; }というアロー関数が設定されています。そして第2引数のnameを引数に使ってアロー関数を実行し、その結果が表示されているのがわかるでしょう。

このhello関数の呼び出しは、もうちょっと簡単な書き方ができます。

```
hello((name)=> '<<<' + name + '>>>', '花子')
```

これもアロー関数です。「(name)=> ○○」と書かれていますね。単に何かの値を返すだけのアロー関数は、このように()=>の後に返す値を書くだけでOKです。

このアロー関数は、Reactではあちこちで使われているため、今から慣れておいたほうがいいのは確かです。が、「なんだかよくわからない」なら、普通の関数で書いても全然かまいません。どういう書き方をしても、関数は関数です。働きは同じなのです。

オブジェクトについて

JavaScriptでは、複雑な情報をまとめて扱うのに「オブジェクト」というものが多用されます。「オブジェクト」は、さまざまな値や処理(関数)をひとまとめにして扱えるようにしたプログラムのかたまりです。JavaScriptでは、このオブジェクトが多用されます。特にReactでは、オブジェクトを使わないと何もできない、というぐらいに多用されています。

ですから、オブジェクトについては、基本的な考え方や使い方ぐらいは、ここできっちりと頭に入れておく必要があります。

オブジェクトの書き方

オブジェクトは、さまざまな形で作ることができます。もっとも基本的な書き方は以下のような形になります。

●オブジェクトの書き方

```
{ プロパティ1 : 値1 , プロパティ2 : 値2 , …… }
```

これは、「オブジェクトリテラル」という、オブジェクトを記述する際の基本となる表記法です。「リテラル」というのは、ソースコード内に直接記述される値のことです。JavaScriptでは、この書き方はもっともよく見られるものでしょう。Reactでも多用されています。

このオブジェクトリテラルでは、{}記号の中に、プロパティと呼ばれる値の名前と、それに設定する値をカンマで区切って記述していきます。このままだとちょっと見づらいので、改行して書くことが多いでしょう。

```
{
    プロパティ1 : 値1 ,
    プロパティ2 : 値2 ,
    ……
}
```

こんな感じですね。

この表記法は、「JSON」というもので多用されています。JSONは「JavaScript Object Notation」の略で、JavaScriptのオブジェクトをテキストとして記述するためのフォーマットです。JSONは、複雑な構造のデータをやり取りするのに、さまざまなところで使われています。

JSONのおかげもあって、この表記法は「JavaScriptのオブジェクトを作成する」ときの基本となっています。本書でも、これから頻繁に使うことになります。「オブジェクトリテラル」がどういうものでどう書くのか、ここでしっかり頭に入れておいて下さいね。

プロパティについて

オブジェクトには、プロパティと呼ばれるものを用意できます。プロパティにはさまざまな値が保管できます。

これは、配列をイメージすると捉えやすいでしょう。配列では、A[1]というように、インデックス番号を指定して値をやり取りします。オブジェクトでは、そのインデックス番号の代りに「プロパティ」と呼ばれるものを指定して値をやり取りできるようになっているのです。プロパティは数字だけでなく、アルファベットを使った普通の名前をつけることができます。

このプロパティの値は、配列と同様に○○[プロパティ]と書いて取り出すこともできますが、ドットを使い、○○.プロパティ という形で記述することもできます。通常は、この書き方が使われます。

●**オブジェクトの値のやり取り**

```
オブジェクト . プロパティ = 値
変数 = オブジェクト . プロパティ
```

オブジェクトを使う

では実際にオブジェクトを作成して利用する処理を挙げておきましょう。red, green, blueといったプロパティを持つオブジェクトを作り、その値を利用してみます。また、<script>～</script>の間の部分を書き換えて使って下さい。

リストA-4

```
const ob = { red:255, green:125, blue:0 }
document.write('<p>RED: ' + ob.red + '</p>')
document.write('<p>GREEN:' + ob.green + '</p>')
document.write('<p>BLUE: ' + ob.blue + '</p>')
```

Index

RED: 255

GREEN:125

BLUE: 0

図A-3　ブラウザで表示すると、オブジェクトのred, green, blueの値を表示する。

ここでは、変数obにオブジェクトを代入しています。そして変数obのred, green, blueといったプロパティの値を表示しています。

ここでは、まず以下のようにオブジェクトを用意しています。

```
const ob = { red:255, green:125, blue:0 }
```

オブジェクトリテラルを使ってオブジェクトを書いています。red, green, blueという3つのプロパティが用意されていますね。そして、これらの値を表示しています。

```
document.write('<p>RED: ' + ob.red + '</p>')
document.write('<p>GREEN:' + ob.green + '</p>')
document.write('<p>BLUE: ' + ob.blue + '</p>')
```

ここでは、ob.red、ob.green、ob.blueというようにして3つのプロパティの値を取り出し表示しています。こんな具合に、オブジェクトのプロパティは、オブジェクト名の後にドットを付けてプロパティ名を記述して使うことができます。

メソッドについて

オブジェクトのプロパティにはさまざまな値が代入できます。関数も入れることができます。JavaScriptでは、関数も値(オブジェクト)ですから、プロパティに関数を入れて実行させることだってできるのです。

このように、関数を値として設定したプロパティのことを「メソッド」といいます。では、メソッドの利用例を挙げましょう。サンプルの<script>～</script>の間の部分を以下のように書き換えて下さい。

リストA-5

```
const ob = {
    red:255, green:125, blue:0,

    print: function(){
      document.write('<p>RED: ' + this.red + '</p>')
      document.write('<p>GREEN:' + this.green + '</p>')
      document.write('<p>BLUE: ' + this.blue + '</p>')
    }
}
ob.print()
```

先ほどのobに、printというメソッドを追加しました。このメソッドは、ob.print()というようにして実行することができます。呼び出し方は関数と同じで、ただ前にオブジェクト名がつく、という違いがあるだけです。

このprintメソッドに用意されている処理を見ると、オブジェクトのプロパティを使うのに「this」というものを使っていることがわかります。thisは、そのオブジェクト自身を示す値です。メソッドの中で、オブジェクト内にあるプロパティや他のメソッドを呼び出すときは、this.○○という形で記述します。

メソッドのfunctionは省略できる

このprintメソッドは、実はもっとシンプルに記述することができます。以下のように記述しても全く同じように働きます。

リストA-6

```
let ob = {
    red:255, green:125, blue:0,

    print(){
        ……略……
    }
};
document.write(ob.print());
```

print: function(){ ～とする部分がprint(){ ～になっています。これでもちゃんと動きます。リストA-5の書き方のほうが、「これはこの関数を実行するメソッドだ」ということが明確にわかりますね。Reactでは、リストA-6の書き方もよく使われています。「両方とも同じものだ」ということは知っておきましょう。

クラスを使おう！

{}を使ったオブジェクトの記述は、同じオブジェクトをいくつも作るようなときはかなり面倒です。そこで最近は「クラス」と呼ばれるものも使われるようになってきました。

Reactでも、「コンポーネント」と呼ばれる部品を作るときに、このクラスが利用されます。ですから、基本的な書き方と使い方ぐらいはしっかり覚えておきたいですね。

クラスは、以下のような形で記述します。

```
class クラス名 {

    constructor( 引数 ){
        this.プロパティ = 値 ;
        ……必要なだけ初期化処理を用意……
    }

    メソッド ( 引数 ){
        ……実行内容……
    }

    ……必要なだけメソッドを用意……

}
```

クラスは、「class ○○」という形で作成します。その中には、constructorという名前のメソッドを用意します。これは特別な役割を与えられているメソッドです。このクラスを元にオブジェクトを作成するとき、自動的にこのconstructorが呼び出され、初期化処理を行うのです。

クラスにプロパティを用意するときは、constructorの中でプロパティに値を代入する処理を用意しておけば、それらのプロパティが自動的に作成されます。

またメソッドは、「function」をつけず、ただメソッドの名前と引数を指定して書くだけでOKです。

クラスを作る

では、クラスの利用例を見てみましょう。MyObjというクラスを用意し、そこにred, green, blueといったプロパティといくつかのメソッドを用意してみます。<script>タグの部分を書き換えて使って下さい。

リストA-7

```
class MyObj {
    constructor(r, g, b){
        this.red = r
        this.green = g
        this.blue = b
    }

    get hex(){
        return '#' + ('00' + this.red.toString(16)).substr(-2)
            + ('00' + this.blue.toString(16)).substr(-2)
            + ('00' + this.green.toString(16)).substr(-2)
    }

    get startP(){
        return '<p style="background-color:'
            + this.hex + '">'
    }

    get endP(){
        return '</p>'
    }

    print(){
        document.write(this.startP)
        document.write('RED:  ' + this.red + '<br/>')
        document.write('GREEN:' + this.green + '<br/>')
        document.write('BLUE: ' + this.blue + '<br/>')
        document.write(this.endP)
    }
};

let ob = new MyObj(255,200,200)
ob.print()

let ob2 = new MyObj(0, 150, 200)
ob2.print()
```

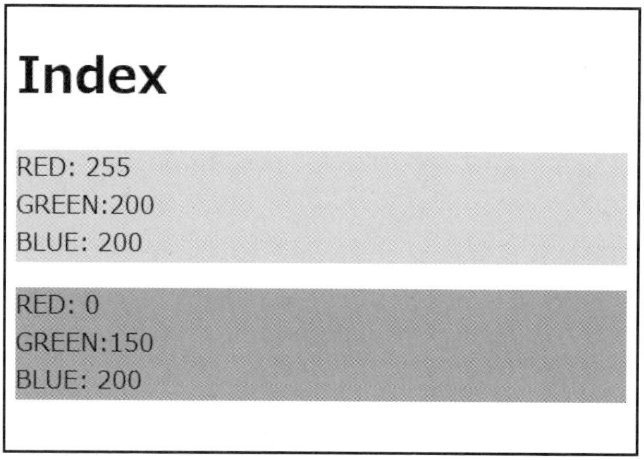

Index

RED: 255
GREEN:200
BLUE: 200

RED: 0
GREEN:150
BLUE: 200

図A-4　実行すると、2つのMyObjを作り、その内容を表示する。

MyObjクラスを用意し、newでMyObjを作成しprintで出力をしています。MyObj作成では、引数を使ってr, g, bの値を渡しています。

クラスを使うと、このように「値(プロパティ)」と「処理(メソッド)」が複雑に組み合わせられているオブジェクトをすっきり整理して書くことができます。またクラスは一度書いてしまえば、それを使って同じオブジェクトをいくらでも作ることができます。「たくさんのオブジェクトを作って利用したい」というときには圧倒的にクラスが便利なのです。

 Reactのために必要な知識とは？ 

……以上で、JavaScriptのオブジェクト超入門は終わりです。「まだ全然JavaScriptを使えるようになってない！」という悲鳴が聞こえてきそうですね。でも最初にいったように、これは「Reactを使うために必要となる最低限の知識」を身につけるための超入門です。JavaScriptをマスターするのが目的ではありません。

Reactの入門を読むために必要になるJavaScriptの知識って何でしょう？ これはだいたい以下のようなものになるでしょう。

- JavaScriptの基本文法。値や変数の基本、計算や文の書き方、基本的な制御構文など。
- 関数についての基礎知識。基本的な関数だけでなく、「値」としての関数の使い方、アロー関数の使い方など。
- オブジェクトの基礎。オブジェクトのリテラルの書き方はとても重要。プロパティやメソッドの書き方と使い方全般ももちろん必要。
- クラスの定義と使い方。constructorの使い方やメソッドの書き方、呼び出し方はしっかりと覚える。

これらが最低限わかっていないと、Reactの説明を読んでも全くわけがわからないでしょう。

プログラミングの能力は、一朝一夕に身につくものではないのですから、じっくり取りかかる必要があります。ここでの説明や本書によるReactの学習とは別に、時間をかけてじっくりと学んで下さい。

が、それとは別に、「今すぐReactを使いたい！」という人も、とりあえずここでの知識があれば何とか説明を読み勧められるはずです。多分……。

というわけで、本編に戻ってさっそくReactを始めましょう！

Index

索 引

記号

&& 103
<Head> 292
<React.StrictMode> 147
<script> 443
<style jsx> 98, 296
.gitignore 41
「.next」フォルダ 290

A

add 387
Ajax 313
alert- 87
Array 440
auth 401
Authentication 399

B

Babel 89
bg- 80
bind(this) 164
Bootstrap 74
btn- 85

C

case 439
catch 411
CDN 21
class 76
className 94
Client Side Rendering 285
Cloud Firestore 363
collection 381
const 436
constructor 136
container 76
Content Delivery Network 21
contextType 191
createContext 191
createElement 69
Create React App 37
CSR 285
currentUser 403

D

data 382
Data Object Model 16, 66
default 439
display- 79
displayName 403
doc 391
document 68, 382
document.write 443
DOM 16, 66

E

Element 66
else 439
email 403
endAt 396
event.preventDefault 184
export 150
extends 136

Chapter 1 Chapter 2 Chapter 3 Chapter 4 Chapter 5 Chapter 6 Addendum

F

fetch 313
fetch API 313
firebase 376
Firebase 352
firebase.apps 376
Firebase SDK 359
Firebase コンソール 354
firestore 380
for 440
forEach 381
form-check 84
form-control 82
form-group 82
Form Validation 184
function 441

G

get 381
getItem 258
GoogleAuthProvider 402

H

Hooks 202

I

if 438
import 147
initializeApp 376

J

Japanese Language Pack for Visual Studio Code 55
JavaScript Object Notatin 229
JavaScript Object Notation 447
json 318
JSON 229, 447
JSX 89

L

let 436
list-group 85
list-group-item 85
localStorage 258
Long-Term Support 28
LTS 28

M

m- 81
map 108
max 186
maxlength 186
min 186
minlength 186

N

Next.js 284
Node.js 15, 27
「node_modules」フォルダ 41
node --version 36
npm 18
npm init react-app 38
npm install 48
npm run build 39, 42, 288
npm run dev 287
npm run eject 39
npm start 39, 40, 288
npm test 39
npx create-next-app 287
npx create-react-app 37

O

Object.entries 348
onChange 122

orderBy……396

P

p-……81
package.json……41
package-lock.json……41
「pages」フォルダ……290
parse……260
pattern……185
phoneNumber……403
Promise……317
props……152
Provider……194
providerID……403
「public」フォルダ……41, 143, 290

Q

query……328
querySelector……68

R

React……24
React.Component……136
React.createElement……24
React Developer Tools……44
react-devtools……49
ReactDOM……24, 70
react-dom.js……65
react.js……65
README.md……41
Realtime Database……363
render……24, 70, 137
Request……325
required……185
Resonse……325
Response……318
router.query……391

S

Server Side Rendering……285
setItem……258
setState……161
signInWithPopup……402
signOut……412
Single Page Application……285
SPA……285
「src」フォルダ……41, 143
SSG……285
SSR……285
startAt……396
Static Site Generator……285
statusCode……326
Strictモード……147
stringify……231
styled-jsx……296
「styles」フォルダ……290
super(props)……136
switch……439
SWR……319

T

table……86
text-……80
then……313
this.context……191
this.props.children……178
this.state……159
type="text/babel"……91

U

uid……403
useEffect……232
useRouter……388
useState……205
useSWR……320

V

var…… 436
Visual Studio Code…… 51

W

where…… 393
while…… 439

Y

yarn…… 39
yarn build…… 39
yarn eject…… 39
yarn.lock…… 41
yarn start…… 39
yarn test…… 39

あ行

アロー関数…… 109
エレメント…… 24, 66
オブジェクト…… 446

か行

仮想DOM…… 17
関数…… 441
関数コンポーネント…… 127
クラス…… 450
コレクション…… 367
コンテキスト…… 191
コンポーネント…… 126

さ行

三項演算子…… 104
ステータスコード…… 326
ステート…… 158
ステートフック…… 204
セキュリティルール…… 371

た行

ターミナル…… 60
定数…… 436
同期処理…… 313
ドキュメント…… 367

な行

認証プロバイダー…… 401
ノード…… 67

は行

配列…… 440
バックエンド…… 12
パッケージ管理ツール…… 18
パディング…… 81
比較演算子…… 437
引数…… 441
非同期処理…… 314
ビルトインCSS…… 98
フィールド…… 367
副作用フック…… 232
フック…… 202
フレームワーク…… 13
プロバイダー…… 194
プロパティ…… 447
フロントエンド…… 12
分割代入…… 205
文法拡張…… 89
変数…… 436

ま行

マージン…… 81
メソッド…… 448
戻り値…… 442

や行

ユーザー認証…… 398

ら行

リアクティブ・プログラミング 16
リージョン 365
ルーティング.. 285
レンダリング... 24
ローカルストレージ................................. 258

著者紹介

掌田 津耶乃（しょうだ　つやの）

日本初のMac専門月刊誌「Mac+」の頃から主にMac系雑誌に寄稿する。ハイパーカードの登場により「ビギナーのためのプログラミング」に開眼。以後、Mac、Windows、Web、Android、iOSとあらゆるプラットフォームのプログラミングビギナーに向けた書籍を執筆し続ける。

■近著：

「Vue.js3超入門」（秀和システム）
「Electronではじめるデスクトップアプリケーション開発」（ラトルズ）
「Unity C＃ ゲームプログラミング入門 2020対応」（秀和システム）
「ブラウザだけで学べる シゴトで役立つやさしいPython入門」（マイナビ）
「Android Jetpackプログラミング」（秀和システム）
「Node.js超入門 第3版」（秀和システム）
「Python Django3超入門」（秀和システム）

●著書一覧

http://www.amazon.co.jp/-/e/B004L5AED8/

●ご意見・ご感想

syoda@tuyano.com

React.js & Next.js超入門 第2版

発行日	2021年　3月　3日	第1版第1刷
	2022年　7月 10日	第1版第3刷

著　者　掌田 津耶乃

発行者　斉藤　和邦

発行所　株式会社　秀和システム

〒135-0016
東京都江東区東陽2-4-2　新宮ビル2F
Tel 03-6264-3105（販売）　Fax 03-6264-3094

印刷所　三松堂印刷株式会社

ISBN978-4-7980-6398-0 C3055

定価はカバーに表示してあります。
乱丁本・落丁本はお取りかえいたします。
本書に関するご質問については、ご質問の内容と住所、氏名、電話番号を明記のうえ、当社編集部宛FAXまたは書面にてお送りください。お電話によるご質問は受け付けておりませんのであらかじめご了承ください。